高等教育应用型本科人才培养系列教材

U0276259

计算机网络与应用

石　敏　主编

哈尔滨工程大学出版社
Harbin Engineering University Press

内容简介

本书主要讲解了计算机网络的基础知识和主流技术,其中包括计算机网络概述、网络的体系结构和协议、局域网技术、广域网与网络互联、Internet 应用等。

本书既可作为网络工程师学习和工作时的参考资料,也可作为参加高等教育自学考试学生自学计算机网络与应用的教材。

图书在版编目(CIP)数据

计算机网络与应用 / 石敏主编. — — 哈尔滨 :
哈尔滨工程大学出版社,2018.12
高等教育应用型本科人才培养系列教材
ISBN 978 – 7 – 5661 – 2183 – 7

Ⅰ. ①计… Ⅱ. ①石… Ⅲ. ①计算机网络 –
高等学校 – 教材 Ⅳ. ①TP393

中国版本图书馆 CIP 数据核字(2018)第 293774 号

选题策划　夏飞洋
责任编辑　张忠远　张如意
封面设计　刘长友

出版发行　哈尔滨工程大学出版社
社　　址　哈尔滨市南岗区南通大街 145 号
邮政编码　150001
发行电话　0451 – 82519328
传　　真　0451 – 82519699
经　　销　新华书店
印　　刷　哈尔滨市石桥印务有限公司
开　　本　787 mm×1 092 mm　1/16
印　　张　15
字　　数　382 千字
版　　次　2018 年 12 月第 1 版
印　　次　2018 年 12 月第 1 次印刷
定　　价　45.00 元
http://www.hrbeupress.com
E-mail:heupress@ hrbeu.edu.cn

前　　言

　　当今世界瞬息万变,互联网在其中发挥了不可替代的推动作用。如今的互联网技术已经发展到各个领域,对人类的日常生活和工业生产均产生了极大的影响。随着我国通信和电子信息产业的发展,计算机网络及应用技术也越来越重要。同时,计算机网络与应用是计算机、电子、通信等专业学生的必修课,也是一门重要的专业课,该课程在专业建设和课程体系中占据重要的地位和作用。随着 Internet 的飞速发展,网络购物、网络直播等网络应用的不断普及,互联网应用技术人才需求也不断增加,使得计算机网络与应用成为一个热门专业。

　　为了适应时代的发展和不断变化的市场需求,我们编写了《计算机网络与应用》一书。本书经过精心策划,定位准确、概念清晰、深入浅出、内容翔实、体系合理、重点突出。本书是主要供高职院校计算机类专业的学生、教师及计算机网络技术爱好者使用的计算机相关教材,能让读者更好地了解计算机网络的基本结构、计算机网络的发展历程,以及计算机网络相关应用技术,从而使读者有能力从事小型网络的建设和维护。

　　本书不仅系统介绍了计算机网络技术基础理论知识,还通过课后习题增加了学习的有效性,使学习目的更加明确。笔者以能力培养为目标,精心设计课程框架和内容,每章先明确学习目标,然后展开各节内容。章末的小结、习题既便于教师指导学生把握重点,也有利于学生自学和复习时巩固提高。

　　本书共分 10 章,覆盖的知识面较广。第 1 章计算机网络概述,介绍了计算机网络的定义、发展、功能、分类、组成等。第 2 章数据通信基础,介绍了数据通信的基本概念和基础理论,以及数据通信技术、信道多路复用技术、数据交换技术等。第 3 章网络的体系结构和协议,介绍计算机网络体系结构、网络协议、网络参考模型 OSI 和 TCP/IP 等。第 4 章局域网组网技术,介绍了局域网协议和体系结构、假设局域网的硬件设备、局域网主要技术及虚拟局域网等相关技术。第 5 章广域网与网络互联,介绍了广域网技术、广域网链路的选择、广域网的实施及网络互联的相关知识。第 6 章 Internet 技术与 Intranet,介绍了 Internet 技术、Internet 接入方式、Internet 服务和 Intranet 网络的相关知识。第 7 章 Internet 应用,介绍了万维网、搜索引擎、电子邮件、FTP 和电子商务等网络应用技术。第 8 章网络操作系统,介绍了Windows 系列操作系统、UNIX 操作系统、Linux 操作系统和 Mac OS X 操作系统。第 9 章网络管理与网络安全,对网络安全问题进行了概述,并介绍了数据加密技术、防火墙技术、入侵检测技术,通过本章的学习,希望提高读者对网络安全重要性的认识,增强防范意识,不断增强网络安全保障能力。本章还介绍了网络管理技术,网络的管理是一个比较细致、琐碎的工作。现在的网络管理可以通过操作系统自带的工具实现,并且需要辅以一定的故障检测和排查手段,网络管理可以通过 SNMP 协议实现。第 10 章无线局域网 WLAN,介绍了无线局域网 WLAN 的基本概念、无线网络的接入技术、无线局域网的组网方式、无线网络的安全、无线局域网类型、无线局域网的组成和无线局域网的媒体访问控制等内容的介绍。通过对以上内容的学习,对无线局域网技术有了更好的了解。

计算机网络本质上是一门理论与实践相结合的课程。因此,本书系统地介绍网络理论知识时,以必需、够用为原则,充分注意知识的完整性、时效性和可操作性,注重对读者实际能力的培养。希望读者在学习完本书后,能够逐步实现对计算机网络知识的认知和技能的掌握。

本书由哈尔滨理工大学现代教育技术中心石敏、杨迪编写,其中第 1、2、3、4、6、7 章由石敏编写,第 5、8、9、10 章由杨迪编写,本书由石敏担任主编,负责统稿。

我们真切地希望读者在使用本书之后,可以更好地了解计算机网络技术,增强实践操作技能,更好地学习计算机网络与应用。

由于作者水平有限,书中难免存在疏漏和不足之处,恳请广大读者及专家不吝赐教!

编　者

2018 年 5 月

目　　录

第1章 计算机网络概述

学习目标

● 掌握计算机网络的基本概念
● 了解计算机网络的分类
● 理解计算机网络的软硬件组成

1.1 认识计算机网络

计算机网络也称计算机通信网,是一些相互连接的、以共享资源为目的的、自治的计算机的集合。

从逻辑功能看,计算机网络由传输介质和通信设备组成,是以传输信息为基础目的,用通信线路将多个计算机连接起来的计算机系统的集合。

从用户角度看,计算机网络是存在着一个能被用户自动管理的网络操作系统,由它调用完成用户所调用的资源,而整个网络像一个大的计算机系统一样,对用户是透明的。

一个比较通用的定义是:利用通信线路将地理上分散的、具有独立功能的计算机系统和通信设备按不同形式连接起来,以功能完善的网络软件及协议实现资源共享和信息传递的系统。

从整体上来说计算机网络就是把分布在不同地理区域的计算机与专门的外部设备用通信线路互连成一个规模大、功能强的系统,从而使众多的计算机可以方便地互相传递信息,共享硬件、软件、数据信息等资源。简单来说,计算机网络就是由通信线路互相连接的许多自主工作的计算机构成的集合体。

最简单的计算机网络只有两台计算机和连接它们的一条链路,即两个节点和一条链路。

1.2 计算机网络的产生和发展

纵观计算机网络的发展历史可以发现,它和其他事物的发展一样,也经历了从简单到复杂,从低级到高级的过程。在这一过程中,计算机技术与通信技术紧密结合,相互促进,共同发展,最终产生了计算机网络。总体看来,网络的发展可以分为4个阶段。

在计算机网络出现之前,信息的交换是利用磁盘实现数据交换的,如图1-1所示。

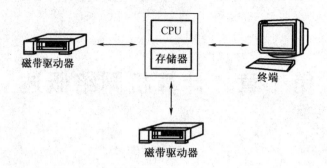

图 1 - 1　利用磁盘实现数据交换示意图

　　1946 年,世界上第一台数字计算机问世。由于当时计算机的数量非常少,且非常昂贵,而通信线路和通信设备的价格相对低些,当时很多人都很想使用主机中的资源,主机资源共享和信息的采集及综合处理就显得特别重要。1954 年,联机终端是主要的系统结构形式之一,这种以单主机互联系统为中心的互联系统,即面向终端的单主机互联系统诞生了,如图 1 - 2 所示。

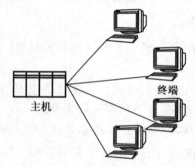

图 1 - 2　面向终端的单主机互联系统

　　终端用户通过终端机向主机发送一些数据运算处理请求,主机运算后又发给终端机。终端用户在主机中存储数据,终端机并不保存任何数据。第一代网络并不是真正意义上的网络,而是一个面向终端的互联通信系统。当时的主机负责以下两方面任务:

　　(1) 终端用户的数据处理和存储;

　　(2) 主机与终端之间的通信过程。

　　终端就是不具有处理和存储能力的计算机。

　　随着终端用户对主机资源需求量的增加,主机的作用就改变了,由于通信控制器(Communication Control Processor,CCP)的产生,CCP 的主要作用是完成全部的通信任务,由主机专门进行数据处理,以提高数据处理的效率,如图 1 - 3 所示。

　　当时主机的主要作用是处理和存储终端用户发出对主机的数据请求,通信任务主要由通信控制器来完成,集线器主要负责从终端到主机的数据集中收集及主机到终端的数据分发。这样,主机的性能就会有很大的提高。

　　联机终端网络典型的范例是 20 世纪 60 年代美国航空公司与 IBM 公司投入使用的飞机订票系统(SABRE - I),当时在全美广泛应用。

　　为了克服第一代计算机网络的缺点,提高网络的可靠性和可用性,人们开始研究将多台计算机相互连接的方法。20 世纪 60 年代中期到 70 年代中期(第二代网络),随着计算机技术和通信技术的进步,已经形成了将多个单主机互连系统相互连接起来,以多处理机为中心的网络,并利用通信线路将多台主机连接起来,为终端用户提供服务,如图 1-4 所示。

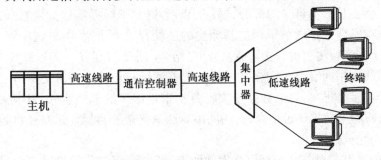

图 1-3　利用通信控制器实现通信

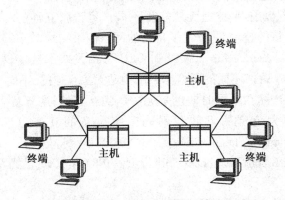

图 1-4　多主机互联系统

第二代网络是在计算机网络通信网的基础上通过完成计算机网络体系结构和协议的研究,形成的计算机初期网络,如 20 世纪 60 至 70 年代初期由美国国防部高级研究计划局研制的 ARPANET 网络,它将计算机网络分为通信子网和资源子网,如图 1-5 所示。

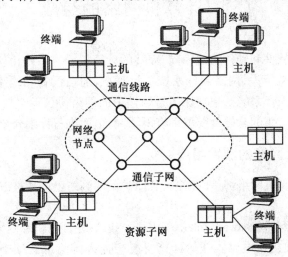

图 1-5　通信子网和资源子网

通信子网一般由通信设备、网络介质等物理设备组成(图 1-4 中虚线所连接的部分);

资源子网的主体为网络资源设备,如服务器、用户计算机(终端机或工作站)、网络存储系统、网络打印机、数据存储设备(图1-4中虚线以外的设备)等。在现代计算机网络中资源子网和通信子网也是必不可少的部分,通信子网为资源子网提供信息传输服务,资源子网上用户间的通信是建立在通信子网的基础上的。没有通信子网,网络就不能工作;没有资源子网,通信子网的传输也就失去了意义,两者结合起来组成了统一的资源共享网络。

第二代网络应用网络分组交换技术进行数据远距离传输。分组交换是主机利用分组技术将数据分成多个报文,每个数据报文自身携带足够多的地址信息,当报文通过节点时暂时存储并查看报文目标地址信息,运用路由算法选择最佳目标传送路径将数据传送给远端的主机,从而完成数据转发。

20世纪80年代是计算机局域网络发展的盛行时期(第三代网络),当时采用的是具有统一的网络体系结构并遵守国际标准的开放式和标准化的网络。

在第三代网络出现以前,网络是无法实现不同厂家设备互连的。早期,各厂家为了霸占市场,均采用自己独特的技术,并开发了自己的网络体系结构,如IBM发布的系统网络体系结构(System Network Architecture,SNA)和DEC公司发布的数字网络体系结构(Digital Network Architecture,DNA)。不同的网络体系结构是无法互连的,不同厂家的设备也无法达到互连,即使是同一家产品在不同时期也是无法达到互连的,这样就阻碍了大范围网络的发展。为了实现网络大范围的发展和不同厂家设备的互连,1977年国际标准组织(International Organization for Standardization,ISO)提出一个标准框架——开放系统互连参考(Open System Interconnection/Reference,OSI)模型。1984年,OSI正式发布,厂家设备、协议达到全网互连。

20世纪90年代至今都属于第四代网络。第四代网络是随着数字通信的出现和光纤的接入而产生的,其特点是网络化、综合化、高速化及计算机协同。同时,快速网络接入Internet的方式也在不断诞生,如ISDN、ADSL、DDN、FDDI和ATM网络等。

1.3　计算机网络的组成

与计算机系统由软件和硬件组成相同,完整的计算机网络系统由网络硬件系统和网络软件系统组成。如定义所说,网络硬件系统由计算机、通信设备和线路系统组成。网络软件系统则主要由网络操作系统及包含在网络软件中的网络协议等组成。不同技术、不同覆盖范围的计算机网络所用的软硬件配置都有所不同,下面进行详细介绍。

1.3.1　计算机网络的硬件组成

现在我们用的计算机网络都是以太网,其他类型的网络已逐渐被市场淘汰。

1.网卡

网卡又名网络适配器(Network Interface Card,NIC),是计算机和网络线缆之间的物理接口,是一个独立的附加接口电路。任何计算机要想连入网络都必须确保在主板上接入网卡,因此网卡是计算机网络中最常见也最重要的物理设备之一。网卡的作用是将计算机要发送的数据整理分解为数据包,并转换成串行的光信号或电信号送至网线上传输;同样也把网线上传过来的信号整理转换成并行的数字信号,提供给计算机。因此网卡的功能可概

括为并行数据和串行信号之间的转换、数据包的装配与
拆装、网络访问控制和数据缓冲等。现在流行的无线上
网,则需要无线网卡,如图 1-6 所示为网卡。

图 1-6　网卡

2. 网线

计算机网络中计算机之间的线路由网线组成。网
线有很多种类,常用的有双绞线(图 1-7)和光纤跳线
(图 1-8)两种。其中双绞线一般用于局域网或计算机
间少于 100 m 的连接。光纤一般用于传输速率快、传输
信息量大的计算机网络(如广域网、城域网等)。光纤
的传输质量好、速度快,但造价和维护费用较高;双绞线简单易用,造价低廉,但只适合近距
离通信。计算机的网卡上有专门的接口供网线接入。

图 1-7　双绞线

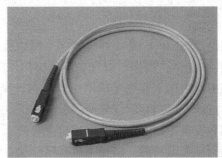

图 1-8　光纤跳线

3. 集线器

集线器(图 1-9)的主要功能是对接收到的信号进行再
生放大以扩大网络的传输距离,同时把所有节点集中在以它
为中心的节点上。集线器工作在网络最底层,不具备任何智
能,它只是简单地把信号放大,然后转发给所有接口。集线

图 1-9　集线器

器一般只用于局域网,需要加电,可以把若干个计算机用双绞线连接起来组成一个简单的
网络。

4. 调制解调器

调制解调器(Modem)是计算机与电话线之间进行信号转换的装置,可以完成计算机的
数字信号与电话线的模拟信号的互相转换,ADSL 调制解调器如图 1-10 所示。使用调制
解调器可以让计算机接入电话线,并利用电话线接入因特网。由于电话的使用远远早于因
特网,电话线路系统早已渗入千家万户,并且十分完善和成熟。如果利用现有的电话线上
网,可以省去搭建因特网线路系统的费用,可节省大量的资源。因此现在大多数人在家都
利用调制解调器接入电话线上网,如 ADSL 接入技术等,简单易用,有内置和外置两种。

5. 交换机

交换机(Switch)又称网桥(图 1-11),在外形上交换机和集线器很相似,且都应用于局
域网,但交换机是一个拥有智能和学习能力的设备。交换机接入网络后可以在短时间内学
习掌握此网络的结构及与它连接的计算机的信息。可以对接到的数据进行过滤,而后将数
据包送至与主机相连的接口。因此交换机比集线器传输速度更快,内部结构也更加复杂。

一般人们可用交换机组建局域网或者用它把两个网络连接起来。市场上最简单的交换机造价在 100 元左右,而用于机构的局域网的交换机则需要上千甚至上万元。

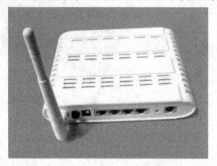

图 1-10　ADSL 调制解调器

图 1-11　交换机

6. 路由器

路由器(Router)是一种连接多个网络或网段的网络设备,它能将不同网络或网段之间的数据信息进行"翻译",以使它们能够相互"读"懂对方的数据,从而构成一个更大的网络。因此路由器多用于互联局域网与广域网。路由器比交换机更加复杂,功能更加强大,它具有分组过滤、分组转发、优先级、复用、加密、压缩和防火墙功能,并且可以进行性能管理、容错管理和流量控制。路由器的造价远远高于交换机,一般用它把社区网、企业网、校园网或者城域网接入因特网。市场上也有造价几百元的路由器,不过那只是功能不完全的简单路由器,只可用于把几个电脑连入网络。

7. 服务器

通常在计算机网络中都有部分用于或专门用于服务其他主机的计算机,这些计算机叫作服务器。其实服务器并不能说它是一台计算机,准确地说它是一个计算机中用于服务的进程。因为一台计算机中可以同时运行多个服务进程和客户端进程,它在服务别的主机的同时也可以接受服务,所以很多时候是很难界定服务器的。当然,大多数时候人们一定会在计算机网络中选择几台硬件性能不错的计算机专门用于网络服务,这就是人们通常意义上所说的服务器。但不管怎样,服务器是计算机网络当中一个重要的成员。比如,上网浏览的网页就来源于 WWW 服务器。除此之外,还有动态分址的 DHCP 服务器,共享文件资源的 FTP 服务器及提供发送邮件服务的 E-mail 服务器等。

8. 计算机网络终端

按照定义,计算机网络终端一定是一台独立的计算机。但随着硬件技术的飞速发展,已经有很多终端虽然不是计算机,但有了智能,例如手机,有很多手机不仅可以听音乐、发短信,而且有了自己的操作系统,可以阅读文档、拍照、录像、上网,以及大容量存储,甚至可以视频对话、观看电影、语音输入。因此,未来"终端"和"独立的计算机"可能会逐渐失去严格的界限,很可能会有许多的智能设备出现在未来的计算机网络中。

以上介绍的 8 种设备组成了今天的计算机网络,这 8 种设备在网络中的位置如图 1-12 所示。

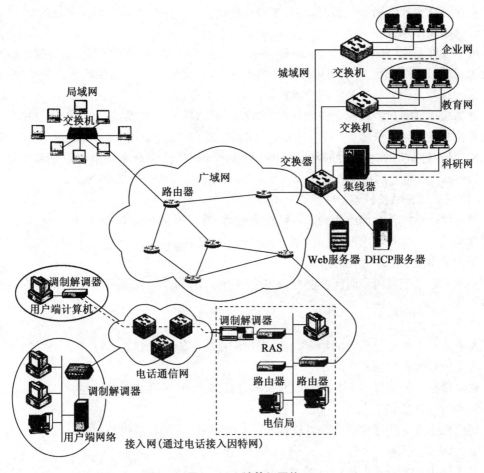

图 1 – 12　计算机网络

1.3.2　计算机网络的软件组成

除了硬件外,计算机网络必须有软件的支持才能发挥作用。如果硬件系统是计算机网络的躯体,那么软件系统就是计算机网络的灵魂。计算机网络软件系统是驾驭和管理计算机网络硬件资源,使用户能够有效利用计算机网络的软件集合。在计算机网络的软件中,网络协议是最重要、最底层的内容,有了网络协议的支持才有网络操作系统和其他网络软件。

1. 网络协议

协议是通信双方为了实现通信而设计的约定或通话规则。网络协议则是网络中的计算机为了相互通信和交流而约定的规则。就好比人类在实施沟通的时候约定"点头"表示同意,"摇头"表示不同意,"微笑"表示快乐,"皱眉"表示伤心等。计算机和人类一样,相互传输读取信息时也需要约定。比如在大多数时候它们约定相互传输数据前必须由一方向另外一方发出请求,在双方都收到对方"同意"的信息时才开始传送和接收数据。这样的约定或规则就是计算机网络协议。当然计算机网络的协议比大家想象的要复杂得多。现在流行的因特网协议包括 TCP/IP 协议,以及我们上网用得最多的 HTTP 协议、FTP 协议等。网络协议是计算机网络软件系统的基础,网络没有了协议就好比失去了规则,会失去控制。

计算机只有在遵守网络协议的前提下,才能在网络上与其他计算机进行正常的通信。

2. 网络操作系统

网络操作系统(Network Operating System,NOS)是计算机网络的心脏,负责管理整个网络资源,提供网络通信,并给予用户友好的操作界面,为网络用户提供服务。简单地说,网络操作系统就是用来驾驭和管理计算机网络的平台,就像单机操作系统是用来管理和掌控单个计算机一样。只要在网络中的一台计算机上装入网络操作系统,就可以通过这个平台管理和控制整个网络资源。一般的网络操作系统是在计算机单机操作系统的基础上建立起来的,只不过是加入了强大的网络功能,如 Windows 操作系统家族里有单机版的操作系统 Windows XP,也有网络操作系统 Windows 2000 Server、Windows 2003 Server。

(1)网络操作系统特点

网络操作系统作为网络用户和计算机之间的接口,通常具有复杂性、并行性、高效性和安全性等特点。一般要求网络操作系统具有如下功能:

①支持多任务

要求操作系统在同一时间能够处理多个应用程序,每个应用程序在不同的内存空间中运行。

②支持大内存

要求操作系统支持较大的物理内存,以便应用程序能够更好地运行。

③支持对称多处理器

要求操作系统支持多个处理器以减少事务处理时间,提高操作系统性能。

④支持网络负载平衡

要求操作系统能够与其他计算机构成一个虚拟系统,满足多用户访问时的需求。

⑤支持远程管理

要求操作系统能够支持用户通过 Internet 远程管理和维护,如 Windows Server 2003 操作系统支持的终端服务。

(2)网络操作系统结构

局域网的组建模式通常有对等网络和客户机/服务器网络两种。客户机/服务器网络是目前组网的标准模型。客户机/服务器网络操作系统由客户机操作系统和服务器操作系统两部分组成。Novell NetWare 是典型的客户机/服务器网络操作系统。

客户机操作系统一方面能够让用户使用本地资源,处理本地的命令和应用程序;另一方面可以实现客户机与服务器的通信。服务器操作系统的主要功能是管理服务器和网络中的各种资源,实现服务器与客户机的通信,提供网络服务和网络安全管理。

(3)常见网络操作系统

①Windows 操作系统

Windows 操作系统是微软开发的一种界面友好、操作简便的网络操作系统。Windows 操作系统客户端产品有 Windows 95/98/ME、Windows WorkStation、Windows 2000 Professional 和 Windows XP 等。Windows 操作系统的服务器端产品包括 Windows NT Sever、Windows 2000 Server 和 Windows Server 2003 等。Windows 操作系统支持即插即用、多任务、对称多处理和群集等一系列功能。

②UNIX 操作系统

UNIX 操作系统是在麻省理工学院开发的一种分时操作系统的基础上发展起来的网络

操作系统。UNIX 操作系统是目前功能性强、安全性和稳定性最高的网络操作系统,通常与硬件服务器产品一起捆绑销售。UNIX 是一种多用户、多任务的操作系统。

③Linux 操作系统

Linux 是芬兰赫尔辛基大学的学生 Linux Torvalds 开发的具有 UNIX 操作系统特征的新一代网络操作系统。Linux 操作系统的最大特征在于其源代码向用户完全公开,任何一个用户可根据自己的需要修改 Linux 操作系统的内核,所以 Linux 操作系统的发展速度非常迅猛。Linux 操作系统具有如下特点:

a. 可完全免费获得,不需要支付任何费用;

b. 可在任何基于 X86 的平台和 RISC 体系结构的计算机系统上运行;

c. 可实现 UNIX 操作系统的所有功能;

d. 具有强大的网络功能;

e. 完全开放源代码。

3. 其他网络软件

对于计算机网络软件系统来说,网络操作系统只是一个使用平台。要想真正地驾驭网络硬件、利用网络资源,还必须在网络操作系统这个平台里加装应用软件。这就好比单个计算机装入 Mndows 3D 后,还是不能制表格、看动画、上网听音乐等,必须要装入 Office、Flash 等应用软件才可以真正地利用计算机来做人们想要完成的事情。

网络应用软件种类繁多、五花八门。它们运行在网络操作系统这个平台上,并且都能够借助网络操作系统来使用某些网络硬件资源,完成不同的网络任务。每天开发出来的新网络软件成千上万,经常用的网络软件如下:

(1)聊天类软件

腾讯 QQ、微软 MSN、网易 NN、新浪 UC 等。现在这些聊天软件的功能发展得非常强大。在网上可以利用它们和别人进行文字聊天、语音聊天、视频聊天、传输文件,甚至可以举行视频会议。特别是中国人经常用的腾讯 QQ 还提供博客(QQ 空间)、通信录、网络硬盘、多人在线通信(QQ 群)、天气预报、新闻资讯、游戏等功能。

(2)Web 浏览器

有 Internet Explorer、Mozilla Firefox、QQ 浏览器等。Web 浏览器是用来浏览网页的工具。浏览网页几乎占领了大部分的上网时间,因为因特网资源的呈现载体以网页为主。网页上可以承载资源的种类很多,有图片、文字、音频、视频、动画等。由于 Web 浏览器上集成了相关的网络协议与网络软件,因此通过浏览器就可以直接浏览图像、观看视频、上传信息甚至在线聊天等。当然网页中应用最多的还是"超级链接"。通过"超级链接",可以进入下一个网页,继续浏览网页资源。

(3)杀毒软件

杀毒软件一般拥有防毒、查毒、杀毒等功能。所有的计算机只要连上网络就必须要装入杀毒软件,以防止被网络病毒感染,如诺顿、卡巴斯基、朗星、江民、金山毒霸等。

所有的杀毒软件都需要定期更新病毒库,以保持对病毒的最新认知。一般地,防火墙和杀毒软件构筑了计算机的防毒壁垒。

(4)网络播放器

网络播放器用于对网络音频和视频资源的播放。通过它可以在线看电影、听歌、欣赏动画等。由于很多网络软件都集成了网络播放器,网络播放器已经渗入网络的每一个角落。常见的有 Windows Media Player、Realone Player、暴风影音、千千静听等。

（5）网络下载工具

现在的网络下载工具都是 P2P 软件,支持点对点传输。这就使得下载网络资源不再单纯依靠专门的下载服务器,而是可以利用这些软件与网络上所有拥有这些资源的计算机进行连接,并进行点到点的传输。这样做极大地利用了现有资源,也可以比以前更加方便和快速地下载自己想要的网络资源。常见的有迅雷(Thunder)、酷狗(KuGou)等。

1.4 计算机网络的功能

一般来说,计算机网络具有以下一些功能,又称为服务。其中最主要的功能是资源共享和数据通信。

1. 资源共享

（1）网络硬件资源

网络硬件资源主要包括大型主机、大容量磁盘、光盘库、打印机、网络通信设备、通信线路和服务器硬件等。

（2）网络软件资源

网络软件资源主要包括网络操作系统、数据库管理系统、网络管理系统、应用软件、开发工具和服务器软件等。

（3）网络数据资源

网络数据资源主要包括数据文件、数据库和光磁盘所保存的各种数据。数据是网络中最重要的资源,包括文字、图表、图像和视频等。

资源共享是计算机网络产生的主要原动力。通过资源共享,网络中各处的资源互通有无、分工协作,从而大大提高系统资源的利用率,如计算机网络允许用户使用网上各种不同类型的硬件资源,这些共享的硬件资源有高性能计算机、大容量磁盘、高性能打印机和高精度图形设备等。另外,网络上还提供了许多专用软件,并发布了大量信息,以供网络用户调用或访问。

2. 数据通信

数据通信即在计算机之间传送信息,是计算机网络最基本的功能之一。通过计算机网络,不同地区的用户可以快速和准确地相互传送信息,这些信息包括数据、文本、图形、动画、声音和视频等。用户还可以收发 E-mail、VOD(视频点播)和 IP 电话等。

3. 分布处理与负载均衡

计算机网络中,各用户可根据需要合理选择网内资源,以便就近处理,如用户在异地通过远程登录可直接进入自己办公室的网络,当需要处理综合性的大型作业时(如人口普查、售火车票),通过一定的算法将负载性较大的作业分解并交给多台计算机进行分布式处理,起到负载均衡的作用,这样就能提高处理速度,充分发挥设备的利用率,提高设备的效率。

协同式计算方式就是利用网络环境的多台计算机来共同完成一个处理任务。

4. 提高可靠性

提高可靠性表现在计算机网络中的多台计算机可以通过网络相互备用,一旦某台计算机出现故障,其任务可由其他计算机代其处理。避免出现单机损坏无后备机的情况,如某台计算机由于故障原因而导致系统瘫痪,这时可以由其他计算机作为后备,从而提高整个网络系统的可靠性。

1.5　计算机网络的分类

计算机网络的分类标准有很多,可以从覆盖范围、拓扑结构、交换方式、传输介质、通信方式等方面进行分类。

1.5.1　根据网络的覆盖范围分类

1.局域网

局域网(Local Area Network,LAN)是最常见、应用最广的一种网络。随着计算机网络技术的发展和提高,局域网得到充分的普及和应用,几乎每个单位都有自己的局域网,甚至有的家庭都有自己的小型局域网。很明显,局域网就是在局部地区范围内的网络,它所覆盖的地区范围较小。局域网在计算机数量配置上没有太多的限制,少的可以只有两台,多的可达几百台。一般来说在企业局域网中,工作站的数量在几十到 200 台。网络所涉及的地理距离一般为几米至 10 km。局域网一般位于某个建筑物或公司内,不存在寻径问题,不包括网络层的应用。

局域网的特点是连接范围窄、用户数少、配置容易、连接速率高。目前局域网最快的速率要算现今的 10 G 以太网了。IEEE 的 802 标准委员会定义了多种主要的 LAN 网:以太网(Ethernet)、令牌环网(Token Ring)、光纤分布式接口网络(FDDI)、异步传输模式网(ATM)及最新的无线局域网(WLAN)。

2.城域网

一般来说,城域网(Metropolitan Area Network,MAN)是在一个城市,但不在同一地理小区范围内的计算机互联。这种网络的连接距离是 10 ~ 100 km,它采用的是 IEEE 802.6 标准。与 LAN 相比,MAN 的扩展距离更长,连接的计算机数量更多,可以说是 LAN 网络在地理范围上的延伸。在大型城市或都市地区,一个 MAN 通常连接着多个 LAN,如连接政府机构的 LAN、医院的 LAN、电信的 LAN、公司企业的 LAN 等。光纤连接的引入使 MAN 中高速的 LAN 互联成为可能。

城域网多采用 ATM 技术做骨干网。ATM 是一个用于数据、语音、视频及多媒体应用程序的高速网络传输方法。ATM 包括一个接口和一个协议,该协议能够在一个常规的传输信道上,在比特率不变及变化的通信量之间进行切换。ATM 也包括硬件、软件及与 ATM 协议标准一致的介质。ATM 提供一个可伸缩的主干基础设施,以便能够适应不同规模、速度及寻址技术的网络。ATM 的最大缺点就是成本太高,所以一般在政府城域网中应用,如邮政、银行、医院等。

3.广域网

广域网(Wide Area Network,WAN)也称远程网,覆盖范围比城域网(MAN)更广,它一般在不同城市之间的 LAN 或者 MAN 网络互联,地理范围可从几百千米到几千千米。因为距离较远,信息衰减比较严重,所以这种网络一般要租用专线,通过 IMP(接口信息处理)协议和线路连接起来,构成网状结构,解决循径问题。这种城域网因为所连接的用户多,总出口带宽有限,所以用户的终端连接速率一般较低,通常为 9.6 kbit/s～45 Mbit/s,如邮电部的 CHINANET、CHINAPAC 和 CHINADDN 网。

4. 互联网

互联网(Internet)因其英文单词的谐音,又称英特网。在互联网应用如此发达的今天,它已是我们每天都要打交道的一种网络,无论从地理范围还是从网络规模来讲,它都是最大的一种网络,就是我们常说的 Web、WWW 和万维网等多种叫法。从地理范围来说,它可以是全球计算机的互联,这种网络最大的特点就是不定性,整个网络的计算机每时每刻随着人们网络的接入而不断变化。当连接互联网时,计算机可以作为互联网的一部分;一旦断开互联网的连接,计算机就不属于互联网了。但它的优点也是非常明显的,即信息量大,传播广。无论身处何地,只要联上互联网就可以对任何可以联网用户发出你的信函和广告。

1.5.2　根据网络的交换方式分类

根据计算机网络的交换方式,可以将计算机网络分为电路交换网、报文交换网和分组交换网 3 种类型:

1. 电路交换网

电路交换网是在用户开始通信前,先申请建立一条从发送端到接收端的物理信道,并且在双方通信期间始终占用该信道。

2. 报文交换网

报文交换网是把要发送的数据及目的地址包含在一个完整的报文内,报文的长度不受限制。报文交换采用存储－转发原理,每个中间节点要为途经的报文选择适当的路径,使其最终到达目的端。

3. 分组交换网

分组交换网是在通信前,发送端先把要发送的数据划分为一个个等长的单位(即分组),这些分组逐个由各中间节点采用存储－转发方式进行传输,最终到达目的端。由于分组长度有限,可以比报文更加方便地在中间节点机的内存中进行存储处理,其转发速度大大提高。

1.5.3　根据网络的传输介质分类

根据网络的传输介质可以将计算机网络分为有线网、光纤网和无线网 3 种类型:

1. 有线网

有线网是采用同轴电缆或双绞线连接的计算机网络。用同轴电缆连接的网络成本低,安装较为便利,但传输率和抗干扰力一般,传输距离较短。用双绞线连接的网络价格低,安装方便,但其易受干扰,传输率也较低,且传输距离比同轴电缆要短。

2. 光纤网

光纤网也是有线网的一种,但由于它的特殊性而单独列出。光纤网采用光导纤维作为传输介质,光纤传输距离长,传输率高;抗干扰性强,不会受到电子监听设备的监听,是高安全性网络的理想选择。但其成本较高,且需要高水平的安装技术。

3. 无线网

无线网是用电磁波作为载体来传输数据的,目前无线网联网费用较高,还不太普及。

但由于联网方式灵活方便,是一种很有前途的联网方式。

1.5.4　根据网络的通信方式分类

根据网络的通信方式可分为广播式传输网络和点到点传输网络。

1.广播式传输网络

广播式传输网络指数据在公用介质中传输,即所有联网的计算机都共享一个通信信道,如无线网和总线型网络就采用这种传输方式。

2.点到点传输网络

点到点传输网络指数据以点到点的方式在计算机或通信设备中传输。它与广播网络正好相反,在点到点传输网络中,每条物理线路连接一对计算机,如星型网和环型网。

除了以上几种分类方式外,还可按网络信道的带宽分为窄带网和宽带网;按网络的用途分为科研网、教育网、商业网、企业网等。

1.6　网络标准化组织

标准化不仅可以使不同的计算机通信,而且可以使符合标准的产品扩大市场,这将导致大规模生产、制造业的规模经济及成本的降低,从而推动计算机网络的发展。

标准可分为两大类:既成事实的标准和合法的标准。既成事实的标准是那些没有正式计划,仅仅出现了的标准,如 TCP/IP 协议、UNIX 操作系统。合法的标准是由一些权威标准化实体采纳的正式的、合法的标准。国际权威通常分为两类:根据国家政府间的协议而建立的和自愿的非协议组织。在计算机网络标准领域有以下几个不同类型的组织:

1.6.1　电信界最有影响的组织

1.国际电信联盟(ITU)

国际电信联盟(International Telecommunication Union,ITU)的工作是标准化国际电信,早期的时候是电报。当电话开始提供国际服务时,ITU 又接管了电话标准化的工作。

ITU 有 3 个主要部门。

(1)无线通信部门(ITU - R);

(2)电信标准化部门(ITU - T);

(3)开发部门(ITU - D)。

ITU - T 的任务是制定电话、电报和数据通信接口的技术建议。它们都逐渐成为国际承认的标准,如 V 系列建议和 X 系列建议。V 系列建议针对电话通信,定义了调制解调器如何产生和解释模拟信号;X 系列建议针对网络接口和公用网络,如 X.25 建议定义了分组交换网络的接口标准;X.400 建议针对电子邮件系统。

1953—1993 年,ITU - T 曾被称为 CCHT(国际电报电话咨询委员会)。

2.电子工业协会(EIA)

电子工业协会(Electronic Industries Association,EIA)的成员包括电子公司和电信设备制造商。EIA 主要定义设备间的电气连接和数据的物理传输,如 RS - 232(或 EIA - 232)标准已成为大多数 PC 与调制解调器或打印机等设备通信的规范。

1.6.2　国际标准界最有影响的组织

国际标准是由国际标准化组织（International Standards Organization，ISO）制定的，它是在1946 年成立的一个自愿的、非条约的组织。ISO 为大量科目制定标准，从螺钉、螺帽到计算机网络的 7 层模型。美国在 ISO 中的代表是 ANSI（美国国家标准协会）。

ISO 采纳标准的程序最开始是某个国家标准化组织认为在某领域需要有一个国际标准，随后就成立一个工作组，以提出委员会草案（Comminee Draft，CD），此委员会草案在所有的成员实体上多数赞同后，就被制定成一个修订的文档，称为国际标准草案（Draft Internation Standard，DIS），最后获得核准和出版。

电器和电子工程师协会（Institute of Electrical and Electronics Engineers，IEEE）是世界上最大的专业组织。除了每年出版大量的杂志和召开很多次会议外，在电子工程师和计算机领域内，IEEE 有一个标准化组织制定各种标准，如 IEEE802 就是关于局域网的标准。

因特网有自己的标准化机构，如下：

①因特网活动委员会（Internet Activities Board，IAB）。

②因特网体系结构委员会（Internet Architecture Board，IAB）。

③请求评注（Request for Comments，RFC）。

1.7　本　章　小　结

本章主要介绍了计算机网络的概念、分类、发展和组成，对整个计算机网络进行了整体描述，让读者对计算机网络有一个整体的轮廓和印象。本章的重点是计算机网络的分类和组成难点是计算机网络的定义。要求读者在学完本章后，能够理解计算机网络的概念，了解计算机网络的组成。

习　　题

1. 简述什么是计算机网络。

2. 简述计算机网络功能。

3. 简述计算机网络的组成。

4. 计算机网络的发展经历了哪几个阶段？

5. 计算机网络如何分类？

第 2 章　数据通信基础

学习目标

● 了解数据通信的基本概念
● 了解通信信道的分类、数据通信系统的主要技术指标、并行和串行通信等数据通信技术
● 了解数据传输的同步技术、数据通信的方向、信号的传输方式等数据通信技术
● 了解信道多路复用技术、数据交换技术、传输介质等数据通信基础

2.1　数据通信基本概念

1. 数据

数据(Data)是传递(携带)信息的实体。在某个层次概念上来说,计算机网络中传送的东西都是"数据"。从广义上说,"数据"一般指在传输时可用离散的数字信号(0 和 1)逐一准确表示的文字、符号、数码等。几乎涉及一切最终能以离散的数字信号表示、可被送到计算机进行处理的各种信息。从狭义上说,"数据"就是由计算机输入、输出和处理的一种信息编码(或消息表示)形式。

2. 信息

信息(Information)是人们想要得到的数据,是数据的内容或解释。按照一定要求以一定形式组织起来的数据,凡经过加工处理或换算到人们想要得到的数据,即可称为信息。信息的表示形式可以是数字、文字、图形、声音、图像、动画等,这些表示媒体归根结底都是数据的一种形式。

3. 信号

信号(Signal)是数据的具体的物理表现,是为消息的传播而表达消息的一种载体(如随时间变化的波形)。在电(光、声)通信中,消息的自然形式必须将它转换成电(光、声)信号形式后才能进行传递和识别。所谓"模拟信号"是一种随时间连续变化的量值波形,并以单向传输。"数字信号"则是不连续变化的离散量值波形,并以双向传输,如图 2-1 所示。使用模/数转换装置可以将模拟信号转换成数字信号。

4. 数据处理

数据处理(Date Processing)是把数据加工处理成所需的信息的过程。数据处理通常是数据的计算机处理,如将一组原始数据输入计算机以一定的数学模型计算所需的结果。

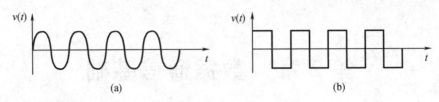

图 2－1　模拟与数字信号

5. 信息处理

信息处理（Information Processing）也是把数据加工处理成所需的信息的过程，不过信息处理的含义比数据处理广泛得多。对数据加工处理包括进行数据的错误检索、排序、合并、比较、计算、修改格式等处理功能，以得到所需信息。信息处理包含数据处理和字处理两方面内容，字处理不进行计算，只把数据排列起来，组成所需格式的信息用来输出。

6. 通信

按照传统的理解，通信（Communication）就是信息的传输与交换。通信中所采用的信息传送方式是多种多样的，然而不论采用何种通信方式，对一个通信系统来说，都必须具备 3 个基本要素：信源、信息传输介质和信宿。其中，信源是信息产生和出现的发源地；信息传输介质是信息传输过程中承载信息的媒体；信宿是接收信息的目的地。通信的目的是在信源点与信宿点之间通过传递消息的形式来交流信息。

7. 数据通信

简单地说，数据通信（Data Communication）就是以传送数据为业务的通信，即特指传递数据类消息的通信方式。它只涉及机器间的"纯数据"通信，而不涉及数据的类型、含义、表示和应用等方面。数据通信包括用模拟传输制式实现的"模拟的数据通信"和用数字传输制式实现的"数字的数据通信"。

8. 数据通信网

数据通信网（Data Communication Network）就是数据通信系统的网络形态。它是广域计算机通信网或计算机网络的基础通信设施的代名词，如以太网、公用数据网、ISDN、ATM 网等，它们都可以称为数据通信网，其主要作用是为各种信息网络提供"通信子网"资源。

9. 计算机通信

只要是介入与计算机相互通信的系统，即计算机通信（Computer Communications）系统，由多台计算机（包括主机系统及用计算机实现的通信处理机）、节点交换机、线路或终端集中器（集线器和其他智能设备）互联构成的通信网络，就可称为计算机通信网。计算机通信网更加强调的是计算机与计算机之间在功能和服务上更为完备的通信过程。

10. 码元

码元（Symbol）是对网络中传送二进制数字中的每一位的通称。如二进制数字 1010011 是由 7 个码元组成的序列，通常称码字。在 7 位 ASCII 码中，这个码字就是字符 S。

2.2　通信信道的分类

信道是传输信息的通路。在计算机网络中，信道分为物理信道和逻辑信道。物理信道指用于传输数据信号的物理通路,由传输介质及有关通信设备组成;逻辑信道指在物理信道的基础上,发送与接收数据信号的双方通过中间结点所实现的逻辑通路,由此为传输数据信号形成的逻辑通路。物理信道有多种不同的分类,按传输介质不同可分以下两种:

(1)有线信道

有线信道使用有形的媒体作为传输介质,包括双绞线、同轴电缆、光缆及电话线等。

(2)无线信道

无线信道以电磁波在空间传播,包括无线电、微波、红外线和卫星通信信道等。

信道上传送的信号还有基带和频带(宽带)之分。基带信号就是将由不同电压表示的数字信号 1 或 0 直接送到线路上传输;频带信号则是将数字信号调制后形成的模拟信号。

2.3 数据通信系统的主要技术指标

数据通信系统的技术指标主要从数据传输的质量和数量来体现。质量指信息传输的可靠性,一般用误码率来衡量。数量指标包括两方面:一方面指信道的传输能力,用信道容量来衡量;另一方面指信道上传输信息的速度,一般用数据传输速率来衡量。

1. 数据传输速率

数据传输速率有两种度量单位:波特率和比特率。

(1)波特率

波特率又称波形速率或码元速率,指数据通信系统中线路上每秒传送的波形个数,单位是波特(Band)。

(2)比特率

比特率又称信息速率,反映一个数据通信系统每秒所传输的二进制位数,单位是比特(位)每秒,以 bit/s 或 bps 表示。

注意:这里是 b ,b 相当于 bit,代表数据传输的容量;而一般在存储数据时使用的是 B,B 指 byte。

2. 误码率

误码率是衡量通信系统线路质量的一个重要参数。它的定义为:二进制符号在传输系统中被传错的概率,近似等于被传错的二进制符号数与所传二进制符号总数的比值。计算机网络通信系统中,要求误码率低于 10^{-9}。

3. 信道带宽

信道带宽(Channel Bandwidth)指信道所能传送的信号的频率宽度,即可传送信号的最高频率与最低频率之差。例如,一条传输线可以接受 300~3 000 Hz 的频率,则在这条传输线上传送频率的带宽就是 2 700 Hz。信道的带宽由传输介质、接口部件、传输协议和传输信息的特性等因素所决定。它在一定程度上体现了信道的传输性能,是衡量传输系统的重要指标之一。信道的容量、传输速率和抗干扰性等均与带宽有密切的联系。通常,信道的带宽大,信道的容量也大,其传输速率相应也高。

4. 信道容量

信道容量是衡量信道传输数字信号的重要参数,信道容量指单位时间内信道上所能传输数据的最大容量,单位是 bit/s。

信道容量和传输速率之间应满足以下关系:信道容量 > 传输速率,否则高的传输速率在低信道上传输,其传输速率受信道容量所限制,难以达到原有指标。

2.4　并行和串行通信

并行通信指数据以成组的方式在多个并行信道上同时传输。一般情况下,并行通信一次传送 8 个比特,如图 2-2 所示。并行通信的优点是速度快,但发送端与接收端之间有若干条线路,费用高,仅适合于近距离和高速率的通信。并行通信在计算机内部总线及并行通信中已得到广泛应用。

串行通信指数据以串行方式在一条信道上传输,如图 2-3 所示。由于计算机内部都采用串行通信,因此,数据在发送之前,要将计算机中的字符进行并/串转换,在接收端再通过串/并行转换,还原成计算机的字符结构,这样才能实现串行通信。串行通信的优点是收发双方只需要一条传输信道,易于实现,成本低。串行通信通过计算机的串行口得到广泛应用,在远程通信中一般采用串行通信方式。

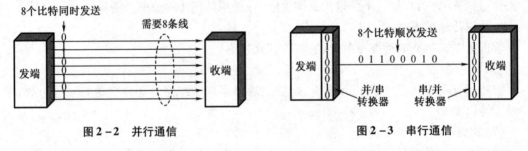

图 2-2　并行通信　　　　　　　　　图 2-3　串行通信

2.5　数据传输的同步技术

数据通信中,通信双方收发数据序列必须在时间上取得一致,这样才能保证接收的数据与发送的数据一致,这就是数据通信中的同步。如果不采用数据传输的同步技术,则有可能产生数据传输的误差。在计算机网络中,实现数据传输的同步技术有同步通信和异步通信两种方法。

2.5.1　同步通信

同步通信就是使接收端接收的每一位数据块或一组字符都要与发送端准确地保持同步,在时间轴上,每个数据码字占据等长的固定时间间隔,码字之间一般不得留有空隙,前后码字接连传送,中间没有间断时间。收发双方不仅保持着码元(位)同步关系,而且保持着码字(群)同步关系。如果在某一期间确实无数据可发,则需用某一种无意义码字或位同步序列进行填充,以便始终保持不变的数据串格式和同步关系。否则,在下一串数据发送之前,必须发送同步序列(一般在开始使用同步字符 SYN"01101000"表示,或同步字节"01111110"表示,并且在结束时使用同步字符或同步字节),以完成数据的同步传输过程,如图 2-4 所示。

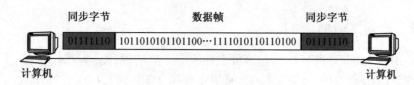

图2－4 同步通信传输

2.5.2 异步通信

异步通信又称起止式传输,指发送者和接收者之间不需要合作。也就是说,发送者可以在任何时间发送数据,只要被发送的数据已经是可以发送的状态。只要数据到达,接收者就可以接收数据。异步通信在每一个被传输的字符的前后各增加一位起始位、一位停止位,用起始位和停止位来指示被传输字符的开始和结束,在接收端,去除起始位、停止位,中间就是被传输的字符。这种传输技术由于增加了很多附加的起始位、停止位,因此传输效率不高,异步通信传输如图2－5所示。

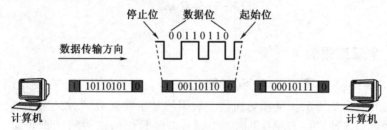

图2－5 异步通信传输

在数据传输的同步技术中,一般串行通信广泛采用的同步方式有同步通信和异步通信两种;而并行通信则一般采用同步通信。

2.6 数据通信的方向

通信线路可由一个或多个信道组成,根据信道在某一时间信息传输的方向,可以分为单工、半双工和全双工3种通信方式。

2.6.1 单工通信

所谓单工(Simplex)通信是指传送的信息始终是一个方向的通信,对于单工通信,发送端把信息发往接收端,根据信息流向即可决定一端是发送端,而另一端就是接收端,如图2－6所示。单工通信的信道一般是二线制。也就是说,单工通信存在两个信道,即传输数据用的主信道和监测信号用的监测信道,如听广播和看电视就是单工通信的例子,信息只能从广播电台和电视台发射并传输到各家庭接收,而不能从用户传输到电台或电视台。

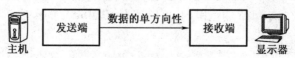

图2－6 单工通信

2.6.2　半双工通信

半双工(Half Duplex)通信指信息流可以在两个方向传输,但同一时刻只限于一个方向传输,如图2-7所示。对于半双工通信,通信双方都具备发送和接收装置,即每一端既可以是发送端也可以是接收端,信息流是轮流使用发送和接收装置的。监测信号有两种方式传输,一种是在应答时转换传输信道;另一种是把主信道和监测信道分开设立,另设一个容量较小的窄带传输。

信道供传输监测信号使用,如对讲机的通信就是半双工通信。

图2-7　半双工通信

2.6.3　全双工通信

全双工(Full Duplex)通信指同时可以做双向通信,即通信的一方在发送信息的同时也能接收信息,如图2-8所示。全双工通信一般采用多条线路或频分法来实现,也可采用时分复用或回波抵消等技术。若采用四线制,则有两个数据信道进行数据传输,有两个监测信道进行监测信号传输,这样,通信线路两端的发送和接收装置就能够同时发送和接收信息;若采用频分信道,传输信道可分成高频群信道和低频群信道,这时使用的是二线制。这种全双工通信方式适合计算机与计算机之间的通信,如两个人正在面对面交谈。

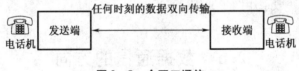

图2-8　全双工通信

2.7　信号的传输方式

2.7.1　基带传输

基带传输在数据传输时会占用整个信道,采用的是数据信号、双向传输。就数字信号而言,它是一个离散的矩形波,"0"代表低电平,"1"代表高电平。一般来说,要将信源的数字信号经过编码,变换为可以传输的信号。基带传输系统安装简单、成本低,主要用于总线拓扑结构的局域网,在2.5 km的范围内,可以达到10 Mbit/s的传输速率。

2.7.2　宽带传输

宽带传输采用75Ω的CATV电视同轴电缆或光纤作为传输媒体,带宽为300 MHz。使用时通常将整个带宽划分为若干个子频带,分别用这些子频带来传送音频信号、视频信号及数字信号。宽带同轴电缆原是用来传输电视信号的,当用它来传输数字信号时,需要利用电缆调制解调器(Cable Modem)将数字信号变换成频率为几十兆赫兹至几百兆赫兹的模拟信号。

可利用宽带传输系统来实现声音、文字和图像的一体化传输,这也是通常所说的"三网合一",即语音网、数据网和电视网合一。另外,使用电缆调制解调器上网就是基于宽带传输系统实现的。

2.8 信道多路复用技术

信道复用的目的是让不同的计算机连接到相同的信道上,以共享信道资源。多路复用示意如图 2−9 所示。当建设通信网络时,铺设线路特别是长距离、大规模的铺设线路是很昂贵的,而现有的传输介质又没有得到充分利用,如一对电话线的通信频带一般在 100 kHz以上,而一路电话信号的频带一般在 4 kHz 以下。因此,我们可以用共享技术在一条传输介质上传输多个信号,提高线路的利用率,降低网络的成本。这种共享技术就是多路复用技术。

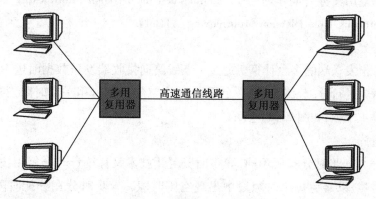

图 2−9 多路复用示意图

信道多路复用一般采用频分多路复用(FDM)和时分多路复用(TDM)两种技术。

2.8.1 频分多路复用

如果传输介质的可用带宽超过要传输信号所要求的总带宽,可以采用频分多路复用技术。几个信号输入一个多路复用器中,由这个多路复用器将每一个信号调制到不同的频率,分配给每一个信号以它的载波频率为中心的一定带宽,称为通道。为了避免干扰,用频谱中未使用的部分作为保护带隔开每一个通道。在接收端,由相应的设备恢复成原来的信号,如图 2−10 所示。例如,有线电视台使用频分多路复用技术,将很多频道的信号通过一条线路传输,用户可以选择收看其中的任何一个频道。

采用频分多路复用技术时,输入到多路复用器的信号既可以是数字信号,也可以是模拟信号。

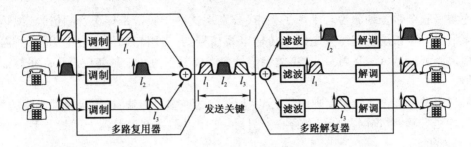

图 2-10　频分多路复用原理图

2.8.2　时分多路复用

当传输介质可达到的数据传输率超过要传输的数字信号的总的数据传输率时,可以采用时分多路复用技术。将几个低速设备产生的信号输入一个多路复用器,保存在相应的缓冲器中(通常缓冲器为一个字符大小),按照一定的周期顺序扫描每一个缓冲器,可以将这些信号顺序传输在高速线路上。在接收端,由相应设备分离这些数据,恢复成原来的信号。采用时分多路复用时,输入到多路复用器的信号一般是数字信号。

时分多路复用又分为同步时分(Synchronous Time Division Multiplexing,STDM)和异步时分(Asysnchronous Time Division Multiplexing,ATDM)。

1. 同步时分

同步时分指发送端的多台计算机通过一条线路向接收端发送数据时进行分时处理,它们以固定的时隙进行分配,例如:第一个周期,4个终端分别占用一个时隙发送 A、B、C、D,则 ABCD 就是 4 个帧,如图 2-11 所示。

2. 异步时分

异步时分与同步时分有所不同,异步时分复用技术又称统计时分复用技术,它能动态地按需分配时隙,以避免每个时隙段中出现空闲时隙。异步时分在分配时隙时不是固定的,而是只给想发送数据的发送端分配其时隙段,当用户暂停发送数据时,则不给它分配时隙,如图 2-12 所示。

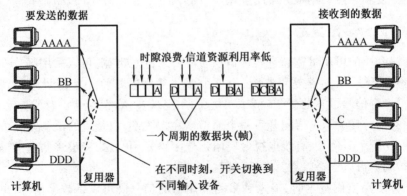

图 2-11　同步时分多路复用原理图

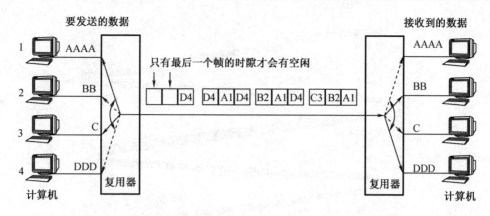

图 2 - 12　异步时分多路复用原理图

2.9　数据交换技术

最初的数据通信是在物理上两端直接相连的设备间进行的,随着通信设备的增多、设备间距离的增大,这种每个设备都直连的方式是不现实的。两个设备间的通信需要一些中间节点来过渡,我们称这些中间节点为交换设备。这些交换设备并不需要处理经过它的数据的内容,只是简单地把数据从一个交换设备传到下一个交换设备,直到数据到达目的地。这些交换设备以某种方式互相连接成一个通信网络,从某个交换设备进入通信网络的数据通过从交换设备到交换设备的转接、交换被送达目的地。

通常使用 3 种交换技术:电路交换、报文交换和分组交换。

2.9.1　电路交换

电路交换(Circuit Switching)即在通信两端设备间,通过一个一个交换设备中线路的连接,实际建立了一条专用的物理线路,在该连接被拆除前,两端设备单独占用该线路进行数据传输。

电话系统采用线路交换技术。通过一个一个交换机中输入线与输出线的物理连接,在呼叫电话和接收电话间建立了一条物理线路。通话双方可以一直占有这条线路通话。通话结束后,这些交换机中的输入线与输出线断开,物理线路被切断,如图 2 - 13 所示。

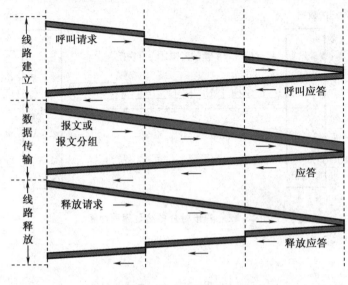

图 2 – 13　电路交换

电路交换有以下优点：

（1）连接建立后，数据以固定的传输率被传输，传输延迟小；

（2）由于物理线路被单独占用，因此不可能发生冲突；

（3）适用于实时大批量连续的数据传输。

电路交换有以下缺点：

（1）建立连接将跨多个设备或线缆，需要花费很长的时间；

（2）连接建立后，由于线路是专用的，即使空闲，也不能被其他设备使用而造成一定的浪费；

（3）对通信双方而言，必须做到双方的收发速度、编码方法、信息格式和传输控制等一致才能完成通信。

2.9.2　报文交换

报文交换（Message Switching）是一种存储转发技术，它没有在通信两端设备间建立一条物理线路。发送设备将发送的信息作为一个整体（又称报文），并附加目的地地址，交给交换设备。交换设备接收该报文，暂时存储该报文，等到有合适的输出线路时把该报文转发给下一个交换设备。当路由器接收到报文后会对报文进行处理，查看其目的地址，计算出到达目的地的最佳路径后将报文送往下一个路由器，经过若干个交换设备的存储、转发后，该报文到达目的地。报文交换技术适用于非实时的通信系统，如公共电报收发系统。

报文交换有以下优点：

（1）线路的利用率较高。许多报文可以分时共享交换设备间的线路。

（2）当接收端设备不可用时，可暂时由交换设备保存报文，在传输时对报文的大小没有限制。

（3）在线路交换网中，当通信量变得很大时，某些连接会被阻塞，即网络在其负荷下降前，不再接收更多的请求。而在报文交换网络中，却仍然可以接收报文，只是会增加传送延迟。

（4）能够建立报文优先级。可以把暂存在交换设备里的许多报文重新安排先后顺序，优先级高的报文先转发，减少高优先级报文的延迟。

（5）交换设备能够复制报文副本，并把每一个拷贝送到多个所需目的地。

（6）报文交换网可以进行速率和码型的转换。利用交换设备的缓冲作用，可以解决不同数据传输率的设备的连接。交换设备也可以很容易地转换各种编码格式，如从 ASCII 码转换为 EBCDIC 码。

报文交换有以下缺点：

（1）数据的传输延迟比较长，而且延迟时间长短不一，因此不适用于实时或交互式的通信系统。

（2）当报文传输错误时，必须重传整个报文。

2.9.3　分组交换

分组交换（Packet Switching）又称报文分组交换，或包交换，也是一种存储转发技术。在报文交换中，报文的长度不确定，交换设备的存储器容量大小如果按最长的报文计算，显然不经济。如果利用交换设备的外存容量，则内外存间交换数据会增加报文处理的时间。分组交换中，将报文分解成若干段，每一段报文加上交换时所需的地址、控制和差错校验信息，按规定的格式构成一个数据单位。

在分组交换网中，控制和管理通过网络的交换分组流，有两种方式：数据报（Datagram）和虚电路（Virtual Circuit）。

在数据报方式中，每个报文分组作为一个单独的信息单位来处理，每个报文分组又叫数据报。报文中的各个分组可以按照不同的路径、不同的顺序分别到达目的地，在接收端再按原先的顺序将这些分组装配成一个完整的报文，如图 2 – 14 所示。

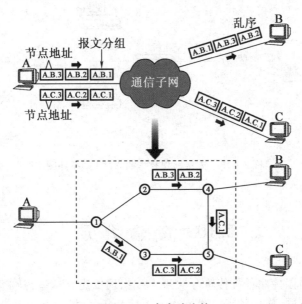

图 2 – 14　虚电路交换

在虚电路方式中，发送分组前，首先必须在发送端和接收端之间建立一条路由。只是一条路由，而且是像电路交换那样的一条专用线路，报文分组在经过各个交换设备时仍然需要缓冲,并且需要等待排队输出。路由建立后,每个分组都由此路由到达目的地。

虚电路方式和数据报方式的区别为:数据报方式中,发送每个分组都要进行路由选样,每次选样的路由不尽相同。因此,各个分组不一定按照发送顺序到达目的地。而虚电路方式中,所有分组的路由都是在发送报文前建立的,各分组依发送顺序到达目的地。虚电路方式适用于大批量、长时间的数据交换。

与报文交换相比,在分组交换中,交换设备以分组作为存储、处理、转发的单位,这将节省缓冲存储器容量,提高缓冲存储器容量利用率。从而降低交换设备的费用,缩短处理时间,加快信息的传输。分组交换中,如果部分分组传输错误,只需重传这些错误的分组,不必重传整个报文。

2.9.4 ATM 信元交换技术

异步传输模式(Asynchronous Transfer Mode Switching,ATM)是 CCITT 为 B – ISDN 制定的信息传送标准。ATM 的基本思想是进一步提高通信的速度,适应各种速率的业务需求。因此,ATM 采用异步时分复用数据传输技术,这种交换方式综合了分组交换和线路交换的优点,使网络的处理工作变得十分简单。与同步时分交换 TDM(如数字程控交换)所不同的是,ATM 用户信息与时隙的位置在不同的帧中不是固定不变的,这就是“异步”的含义。ATM 的基本特征是信息的传输、复用和交换以一定长度的信元(Cell)为统一的信息单位。信元的格式是统一的,信元的种类各不相同。信息码流由不同的信元灵活组成,这样就容易实现高达数百兆比特每秒以上的传输速率。与传统的同步时分交换相比,ATM 具有带宽宽、无速率限制、进网灵活、时延小等优点。ATM 可大大提高网络资源利用率,支持远程教学的 ATM 网拓扑如图 2 – 15 所示。

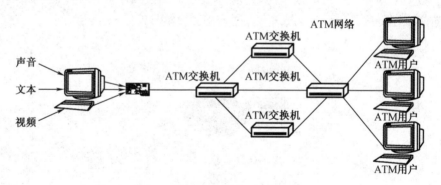

图 2 –15 支持远程教学的 ATM 网拓扑图

2.10 传 输 介 质

计算机网络中可以使用各种传输介质来组成物理信道。这些传输介质的特性不同,因而使用的网络技术不同,应用的场合也不同。下面介绍各种常用的传输介质的特点。

2.10.1 有线传输介质

有线传输介质指在两个通信设备之间实现的物理连接部分,它能将信号从一方传输到另一方。有线传输介质主要有双绞线、同轴电缆和光纤。双绞线和同轴电缆传输电信号，光纤传输光信号。

1. 双绞线

双绞线由两条互相绝缘的铜线组成，其典型直径为 1 mm。这两条铜线拧在一起，就可以减少邻近线对电气的干扰。双绞线既能用于传输模拟信号，也能用于传输数字信号，其带宽取决于铜线的直径和传输距离。但是在许多情况下，几千米范围内的传输速率可以达到几兆比特每秒。由于其性能较好且价格便宜，双绞线得到了广泛应用，双绞线可以分为非屏蔽双绞线和屏蔽双绞线两种，屏蔽双绞线性能优于非屏蔽双绞线。双绞线共有6类，其传输速率为 4~1 000 Mbit/s。

2. 同轴电缆

同轴电缆比双绞线的屏蔽性要更好，因此在更高速度上可以传输得更远。同轴电缆以硬铜线为芯（导体），外包一层绝缘材料（绝缘层），这层绝缘材料再用密织的网状导体环绕构成屏蔽，其外又覆盖一层保护性材料（护套）。同轴电缆的这种结构使它具有更高的带宽和极好的噪声抑制特性。1 km 的同轴电缆可以达到 1~2 Gbit/s 的数据传输速率。

3. 光纤

光纤是由纯石英玻璃制成的。纤芯外面包围着一层折射率比纤芯低的包层，包层外是一塑料护套。光纤通常被扎成束，外面有外壳保护。光纤的传输速率可达 100 Gbit/s。

2.10.2　无线传输介质

无线传输介质指我们周围的自由空间。利用无线电波在自由空间的传播可以实现多种无线通信。在自由空间传输的电磁波根据频谱可将其分为无线电波、微波、红外线、激光等，信息被加载在电磁波上进行传输。无线传输介质通常用于广域互联网的广域链路的连接。

无线传输的优点在于安装、移动和变更都较容易，不会受到环境的限制。但信号在传输过程中容易受到干扰和被窃取，且初期的安装费用较高。

1. 微波传输

微波是频率为 $10^8 \sim 10^{10}$ Hz 的电磁波。大于 100 MHz，微波就可以沿直线传播，因此可以集中于一点。通过抛物线状天线把所有的能量集中于一小束，便可以防止他人窃取信号和减少其他信号对它的干扰，但是发射天线和接收天线必须精确地对准。由于微波沿直线传播，所以如果微波塔相距太远，地表就会挡住去路。因此，隔一段距离就需要一个中继站，微波塔越高，传播距离越远。微波通信被广泛用于长途电话通信、监察电话、电视传播和其他方面的应用。

2. 红外线

红外线是频率为 $10^{12} \sim 10^{14}$ Hz 的电磁波。无导向的红外线被广泛用于短距离通信。电视、录像机使用的遥控装置都利用了红外线装置。红外线有一个主要缺点：不能穿透坚实的物体。但正是由于这个原因，一间房屋里的红外系统不会对其他房间里的系统产生串扰，所以红外系统防窃听的安全性要比无线电系统好。因此，应用红外系统不需要得到政府的许可。

3. 激光传输

通过装在楼顶的激光装置来连接两栋建筑物里的 LAN。由于激光信号是单向传输，因此每栋楼房都要配置激光及测光的装置。激光传输的缺点之一是不能穿透雨和浓雾，但是在晴天却可以很好地工作。

2.11 本 章 小 结

数据通信是计算机网络的基础,没有数据通信技术的发展,就没有计算机网络的今天。学习本章主要可以了解有关网络的通信部分的知识。本章由浅入深,首先简单介绍数据通信的基本概念和基础理论,然后介绍数据通信技术、信道多路复用技术、数据交换技术等。

习 题

一、选择题

1. 以太网的标准是( )。

A. IEEE 802.3 　　B. IEEE 802.4 　　C. IEEE 802.5 　　D. IEEE 802.11

2. 双绞线的有线传输距离是( )。

A. 185 m 　　　B. 500 m 　　　C. 100 m 　　　D. 1 km

3. 下列属于 OSI/RM 参考模型中数据链路层的设备是( )。

A. 路由器 　　　B. 交换机 　　　C. 集线器 　　　D. 中继器

4. 10 Mbit/s 和 100 Mbit/s 以太网的网络直径( )。

A. 相同 　　　B. 不同 　　　C. 有时相同 　　　D. 以上均不对

5. 进行两台计算机双机对连时,网线的两头水晶头线序( )。

A. 相同 　　　　　　　　　　B. 不同

C. 相同或不同都可以 　　　　D. 以上均不对

6. 以太网采用( )支持总线型结构。

A. CSMA/CD 　　B. 令牌环 　　　C. 令牌总线 　　　D. 以上都不是

7. ( )指在一条通信线路中可以同时双向传输数据的方法。

A. 单工通信 　　B. 半双工通信 　　C. 同步通信 　　D. 双工通信

二、简答题

1. 数据通信系统的主要技术指标从哪些方面体现?

2. 串并行通信有什么区别?

3. 信道多路复用技术有哪几种?

4. 数据交换技术有哪几种,有什么区别?

5. 传输介质如何分类?

第3章 网络的体系结构和协议

学习目标

- 学习网络体系结构的基本概念
- 学习网络中层次结构的基本思想
- 学习开放系统互联 OSI 参考模型
- 学习有关网络地址与子网掩码的内容
- 学习 TCP/IP 参考模型

3.1 计算机网络的体系结构

计算机网络是一个非常复杂的系统。为了说明这一点,可以设想一个简单的情况:连接在网络上的两台计算机要相互传送文件。

显然,这两台计算机之间必须有一条传送数据的通路,但这样远远不够,至少还有以下几项工作需要完成:

(1)发起通信的计算机必须将数据通信的通路进行激活。所谓激活就是要发出一些指令,确保要传送的计算机数据能在这条通路上正确发送和接收。

(2)告知网络如何识别接收数据的计算机。

(3)发起通信的计算机必须查明对方计算机是否已开机,并且与网络连接正常。

(4)必须清楚发起通信的计算机中的应用程序,对方计算机中的文件管理程序是否已做好接收和存储文件的准备。

(5)若计算机的文件格式不兼容,则至少其中一台计算机应完成格式转换功能。

(6)对出现的各种差错和意外情况,如数据传送错误、重复或丢失,网络中某个节点失效,交换机出现故障等,应该有可靠的措施保证对方计算机最终能够接收到正确的文件。

由此可见,相互通信的两个计算机系统必须高度协调工作,而这种协调是相当复杂的。为了设计这样复杂的计算机网络,早在最初的 APPANET 设计时即提出了分层的方法。分层可将庞大而复杂的问题转化为若干较小的局部问题,而这些较小的局部问题就比较容易研究和处理。

1974 年,美国 IBM 公司宣布了系统网络体系结构(System Network Architecture,SNA)。这个著名的网络标准就是按照分层的方法制定的。目前,IBM 大型构建的专用网络仍在使用 SNA,一些公司也相继推出自己公司的具有不同名称的体系结构,使用同一个公司生产的各种设备都能够很容易地相互联网。这种情况显然有利于公司垄断市场,用户一旦购买了某个公司的网络,当网络需要扩容时,就只能继续购买该公司的产品,如果购买了其他公司的产品,那么由于网络体系结构的不同,设备间很难互相连通。

然而,全球经济的发展使不同网络体系结构的用户迫切需要互相交换信息,为了使不同体系结构的计算机网络能够互联,国际标准化组织于 1977 年成立了专门机构研究该问题。不久,他们就提出一个试图使各种计算机在网络范围内互联成网的标准框架,即著名的开放系统互连基本参考模型 OSI/RM(Open System Interconnection Reference Model),简称 OSI。开放是指非独家垄断的。因此只要遵循 OSI 标准,系统就可以和位于世界上任何地方的也遵循这同一标准的任何其他系统进行通信。1983 年,形成了开放系统互联基本参考模型的正式文件,即著名的 ISO 7498 国际标准,也就是所谓的 7 层协议的体系结构。

3.2　ISO/OSI 参考模型

开放式系统互联。是 ISO 在 1985 年研究的网络互联模型,该体系结构标准定义了网络互联的 7 层框架(物理层、数据链路层、网络层、传输层、会话层、表示层和应用层),即 ISO 开放系统互连参考模型。在这一框架下进一步详细规定了每一层的功能,以实现开放系统环境中的互联性、互操作性和应用的可移植性。

OSI 参考模型中不同层完成不同的功能,如图 3 - 1 所示,各层相互配合通过标准的接口进行通信。

第 7 层应用层:OSI 中的最高层。为特定类型的网络应用提供了访问 OSI 环境的手段。应用层确定进程之间通信的性质,以满足用户的需要。应用层不仅要提供应用进程所需要的信息交换和远程操作,还要作为应用进程的用户代理,来完成一些为进行信息交换所必需的功能。它包括文件传送访问和管理 FTAM、虚拟终端 VT、事务处理 TP、远程数据库访问 RDA、制造报文规范 MMS、目录服务 DS 等协议;应用层能与应用程序界面沟通,以达到展示给用户的目的。在此常见的协议有 HTTP、HTTPS、FTP、TELNET、SSH、SMTP、POP3 等。

第 6 层表示层:主要用于处理两个通信系统中交换信息的表示方式。为上层用户解决用户信息的语法问题。它包括数据格式交换、数据加密与解密、数据压缩与终端类型的转换。

第 5 层会话层:在两个节点之间建立端连接。为端系统的应用程序之间提供了对话控制机制。此服务包括建立连接是以全双工还是以半双工的方式进行设置,尽管可以在第 4 层中处理双工方式;会话层管理登入和注销过程,具体管理两个用户和进程之间的对话。如果在某一时刻只允许一个用户执行一项特定的操作,会话层协议就会管理这些操作,如阻止两个用户同时更新数据库中的同一组数据。

第 4 层传输层:常规数据递送 - 面向连接或无连接。为会话层用户提供一个端到端的可靠、透明和优化的数据传输服务机制,包括全双工或半双工、流控制和错误恢复服务;传输层把消息分成若干个分组,并在接收端对它们进行重组。不同的分组可以通过不同的连接传送到主机。这样既可以获得较高的带宽,又不影响会话层。在建立连接时传输层可以请求服务质量,该服务质量指定可接受的误码率、延迟量、安全性等参数,还可以实现基于端到端的流量控制功能。

第 3 层网络层:通过寻址来建立两个节点之间的连接,是源端的运输层送来的分组,选择合适的路由和交换节点,准确无误地按照地址传送给目的端的运输层,包括通过互联网络来路由和中继数据;除了选择路由之外,网络层还负责建立和维护连接,控制网络上的拥塞及必要时生成计费信息。

第 2 层数据链路层:在此层将数据分帧,并处理流控制。屏蔽物理层,为网络层提供数据链路的连接,在一条有可能出差错的物理连接上,进行几乎无差错的数据传输(差错控制)。本层指定拓扑结构并提供硬件寻址,常用设备有网桥、交换机。

第 1 层物理层:处于 OSI 参考模型的最底层。物理层的主要功能是利用物理传输介质为数据链路层提供物理连接,以便透明地传送比特流。常用设备(各种物理设备)有网卡、集线器、中继器、调制解调器、网线、双绞线、同轴电缆。

数据发送时,从第 7 层传到第 1 层;数据收时则相反。

上 3 层总称应用层,用来控制软件方面;下 4 层总称数据流层,用来管理硬件。除物理层外,其他层都是通过软件实现的。

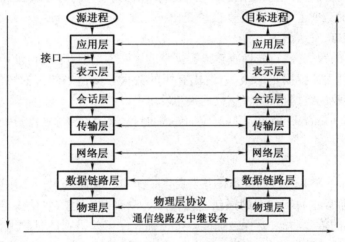

图 3 - 1　OSI 参考模型

3.3　TCP/IP 参考模型

TCP/IP 是最早出现在 Internet 上的协议,是一组能够支持多台相同或不同类型的计算机进行信息交换的协议。它是一个协议的集合,简称 Internet 协议族。传输控制协议(Transmission Control Protocol,TCP)和网际协议(Internet Protocol,IP)是其中两个极其重要的协议,除此之外,还有 UDP、ICMP 及 ARP 等。

TCP/IP 体系结构如图 3 - 2 所示。

应用层
传输层
互联网层
网络接口层

图 3-2　TCP/IP 层次参考模型

TCP/IP 协议是 OSI 7 层模型的简化,它分为 4 层:网络接口层、互联网层、传输层和应用层。

(1)网络接口层

从概念来说,网络接口层(Network Interface Layer)控制网络硬件,它负责接收 IP 数据报,并通过网络发送出去,或者从网络上接收物理帧,装配在 IP 数据报上交给互联网层。网络接口层有两种类型:一种是设备驱动程序;另一种是含自身数据链路协议的复杂系统。

(2)互联网层

互联网层(Internet Layer)是整个体系结构的核心部分,负责解决计算机到计算机的通信问题。具体功能如下:

①对来自运输层的分组发送请求进行处理,即收到请求后,将分组装入 IP 数据报,再填好数据报报头,确定把这个数据报直接递交出去还是发送给一个网关,然后把数据报传递给相应的网络接口,发送出去。

②处理到来的数据报,首先检查输入数据报的合法性,然后进行地址识别,如该数据报已到达目的地,则去掉数据报的报头,取出有用的数据并交适当的传输协议处理。如果不是本计算机要接收的数据报,就将该数据报转发出去。

③处理 ICMP(Internet Control Message Protocol)报文、路由选择、流量控制、拥塞控制等问题。

(3)传输层

传输层(Transport Layer)的根本任务是提供一个应用程序到另一个应用程序之间的通信,这样的通信通常称为端到端的通信。传输层可以对网络上的数据流进行有效的调节,该层也提供可靠的传输功能,确保数据能够按正确顺序无差错到达目的地。在接收方设置发回确认功能和要求重发丢失的报文分组的功能。传输软件把要发送的数据流分成若干小段,ISO 称此小段为报文分组(Packets),把每个报文分组连同目的地址一起传送给下一层,以便发送。通常在一台计算机中,可以同时有多个应用程序访问网络,这时传输层就要从几个用户程序接收数据,然后把数据传送给下一层,为此传输层要在每个报文分组上添加一些辅助信息,包括指明哪个应用程序发送这个报文分组的标识码,哪个应用程序应当接收这个报文分组的标识码及校验码,接收计算机使用这个校验码检验到达的报文分组是否完整无损,用目的标识码识别应当递送给哪个应用程序。

(4)应用层

应用层(Application Layer)向用户提供一组常用应用程序,如文件传输访问、电子邮件等。应用程序与传输层协议相互配合,发送或接收数据,每个应用程序应选用适当的数据形式,它可以设想为一系列报文,也可以设想为一种字节流,然后把数据传递给传输层,以便递交出去。

TCP/IP 模型将与物理网络相联系的那一部分称为网络接口,相当于 OSI 的物理层和数据链路层;互联网层和 OSI 的网络层对应,不过它是针对网络环境设计的,具有更强的网际通信能力;传输层与 OSI 的传输层相对应,主要包括 TCP、UDP 等协议;传输层以上统称为应用层,没有 OSI 层次中的会话层和表示层,主要定义了远程登录、文件传送和电子邮件等应用。TCP/IP 使用的协议及与 OSI 的关系如图 3 - 3 所示。

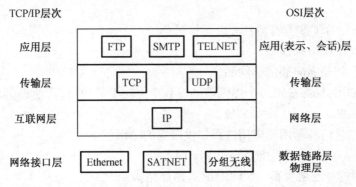

图 3 - 3　TCP/IP 使用的协议及与 OSI 的关系

在 TCP/IP 层次模型中,为了把各种各样的通信子网(如局域网 LAN、卫星网 SATNET 和分组无线网等)互联起来,专门设置了互联网层。该层是 TCP/IP 层次模型的核心,在该层运行的是 IP 协议。TCP/IP 并没有具体规定网络接口层运行的协议,任何一种通信子网只要其上的服务可以支持 IP 协议,都可接入 Internet,并通过它互联。如以太网(Ethernet)是使用最广的局域网,SATNET 是卫星通信网,分组无线网则是以分组方式传送信息的无线通信子网。传输层运行的协议主要有两个:一个是传输控制协议,该协议提供面向连接的服务;另一个是用户数据报协议(UDP),该协议提供无连接的服务。应用层中常用的 3 个协议是文件传输协议(File Transfer Protocol,FTP)、简单报文传输协议(Simple Message Transfer Protocol,SMTP)和远程网络登录协议(TELecommunication NETwork,TELNET),主要用于网络中的文件传输、电子邮件和终端通过网络登录到远程主机。

自 1970 年发布 IPv4 协议以来,IPv4 作为 Internet 的通信协议,已成为主流网络层协议。IPv4 的成功说明该协议设计是灵活的和强健的。但是随着 Internet 的发展,IPv4 暴露出了以下一些问题:

(1)IP 地址空间不足。目前的 IP(即 IPv4)地址总长度为 32 位,共提供 210 万多个网络号,37 亿多个主机,这使最初的设计者们非常满意,认为这足以容纳整个世界的用户,但随着 Internet 的迅猛发展,局域网和网络上的主机数急剧增长,按此速度,IP 地址空间将会很快耗尽。

(2)报头长度过短。IPv4 的报头长度为 4 位,它所能表示的最大值为 15,所能允许的最大报头长为 60 B,扣除定长报头外选项域只有 40 B,对于某些略长的选项会显得力不从心,如记录路由选项,在目前的网络环境下就很容易超过 40 B 的限制。

(3)安全性差。最初的计算机网络应用范围狭小,主要是面向科研人员和公司职员,但随着越来越多的用户通过网络办理各种事务,安全性问题已成为一个不容忽视的大问题,而 IPv4 在这方面的关心程度远远不够。

(4)IPv4 的自身结构影响着传输速度。随着网络开始处理语音、数据、视频等多种业务,这些业务要求比较低的延迟,因此对传输速度提出了更高的要求。但以前的 IPv4 结构的不合理性影响着路由器的处理效率,进而影响传输速度。

3.4 两种分层结构的比较

TCP/IP 模型与 OSI 参考模型具有以下相同点:

(1)它们都是层次结构模型。

(2)其最底层都是面向通信子网的。

(3)都有传输层,且都是第一个提供端到端数据传输服务的层,都能提供面向连接或无连接运输服务。

(4)最高层都是向各种用户应用进程提供服务的应用层。

TCP/IP 模型与 OSI 参考模型具有以下不同点:

(1)OSI 采用的是七层模型,而 TCP/IP 是四层结构。

(2)TCP/IP 参考模型的网络接口层实际上并没有真正的定义,只是一些概念性的描述。OSI 参考模型不仅分了两层,而且每一层的功能都很详尽,甚至在数据链路层又分出一个介质访问子层,专门解决局域网的共享介质问题。

(3)OSI 模型是在协议开发前设计的,具有通用性。TCP/IP 是先有协议集后建立模型,不适用于非 TCP/IP 网络。

(4)OSI 参考模型与 TCP/IP 参考模型的传输层功能基本相似,都是负责为用户提供真正的端对端的通信服务,也对高层屏蔽了底层网络的实现细节。所不同的是 TCP/IP 参考模型的传输层是建立在网络互联层基础之上的,而网络互联层只提供无连接的网络服务,所以面向连接的功能完全在 TCP 协议中实现,当然 TCP/IP 的传输层还提供无连接的服务,如 UDP;相反,OSI 参考模型的传输层是建立在网络层基础之上的,网络层既提供面向连接的服务,又提供无连接的服务,但传输层只提供面向连接的服务。

(5)OSI 参考模型的抽象力高,适合于描述各种网络;而 TCP/IP 是先有了协议,才制定 TCP/IP 模型的。

(6)OSI 参考模型的概念划分清晰,但过于复杂;而 TCP/IP 参考模型在服务、接口和协议的区别上不清楚,功能描述和实现细节相混合。

(7)TCP/IP 参考模型的网络接口层并不是真正的一层;OSI 参考模型的缺点是层次过多,划分意义不大,增加了复杂性。

(8)OSI 参考模型虽然被看好,但由于没有把握好时机,技术不成熟,因而实现困难;相反,TCP/IP 参考模型虽然有许多不尽如人意的地方,但还是比较成功的。

3.5 网 络 协 议

类似于一个完整的计算机系统包括硬件系统和软件系统,计算机网络只有硬件系统是不够的,还需要大量的网络系统软件来管理网络。计算机网络的目标是实现网络系统的资源共享,所以网上各系统之间要不断进行数据交换,但不同的系统可能使用完全不同的操作系统,采用不同标准的硬件设备等,差异很大。为了使不同厂家、不同结构的系统能够相互通信,通信双方必须遵守相同的规则和约定。在计算机网络中,为使各计算机之间或计算机与终端之间能正确地传送信息,必须对有关信息传输顺序、信息格式和信息内容等方面有一组约定和规则,这组规则即所谓的网络协议。网络协议由以下3个要素组成:

1. 语义

语义指对构成协议的协议元素含义的解释,即确定通信双方"讲什么"。协议元素包括用于协调同步和差错处理的控制信息。不同类型的协议元素规定了通信双方所要表达的不同内容(含义)。例如,在基本型数据链路控制协议中,协议元素 SOH 的语义表示所传输报文的报头开始,协议元素 STX 的语义表示正文开始。

2. 语法

语法包括数据格式、编码及信号电平等,即规定通信双方"如何讲"。数据格式是规定将若干个协议元素和数据组合在一起来表达一个完整的内容时所应遵循的格式,也就是对所表达内容对应的数据格式做出的一种规定。例如,在传输数据报文时,可用适当的协议元素和数据,按图的格式来表达。其中,SOH 是报文开始,HEAD 是报头,STX 是正文开始,TEXT 是要传送的数据,ETX 是正文结束,BCC 是检验码。

SOH	HEAD	STX	TEXT	ETX	BCC

3. 时序关系

时序关系包括事件的执行顺序和速度匹配。例如,在双方通信时,首先由源站发送一个数据报文。如果目标站收到的是正确的报文,就用协议元素 ACK 来响应,通知源站其所发出的报文已被正确接收;如果目标站收到的是一份错误报文,就用协议元素没有应答(Negative Acknowledgment,NAK)来响应,要求源站重发该报文。

下面介绍一些网络协议中常用的术语:

(1)分割与重组

协议的分割功能是将一个较大的数据单元分割成几个较小的数据单元。反之,将几个较小的数据单元合成一个较大的数据单元称为重组。

(2)传输服务

一个协议通常定义一个特定系统的几项传输服务,这些协议可以包括优先权及安全性。由于不同的系统具有不同的要求,给定环境中使用的传输服务应与系统的需要相符合。

(3)寻址

协议的寻址功能使得设备彼此识别,同时可以进行路径选择。例如,在一个交换网络中,网络必须了解目的站的身份,以便适当地选定数据路由或建立联系。在这种情况下,每当要建立连接时,协议就确定一个通信设备的名字和地址。

(4)封装与拆装

协议的封装功能指在源端对要发送的数据单元增加一些控制信息,便于数据单元在网络中的传输。其相反的过程是"拆封"(拆装)。

(5)排序

协议的排序功能指一系列数据报的发送与接收顺序的控制。

(6)多路传输

多路传输是在一条传输线上传输多个信号的过程,协议将确定在某一给定环境下要采用哪一种类型的多路传输,以便确保多路传输信息包的合适译码和接收。

（7）信息流控制

协议的信息流控制指在信息流过大时所采取的一系列措施。

（8）差错控制

协议的差错控制功能使数据能够在通信线路中正确地传输,并且能够满足一定的误码率指标。

（9）同步

协议的同步功能可以保证收发双方在数据传输时的一致性。

（10）连接控制

协议的连接控制功能是在通信实体之间可以建立和终止链路。

网络协议具有以下特性:

（1）层次性

在网络分层体系结构中,网络协议也相应地被分为各层协议。N 层协议规定了 N 层实体如何利用 $N-1$ 层提供的服务来实现 N 层所要完成的功能,从而进一步向 $N+1$ 层实体提供 N 层的服务,也就是说,N 层协议规定了 N 层实体在执行 N 层功能时的通信行为。在网络分层体系结构中,一个层次可能还会进一步划分为若干个子层,因此也就产生了相应的子层协议。另外,在实际使用中,每一层协议都有多个可供用户使用的协议。

（2）可靠性

如果协议要承担诸如连接、流量控制及信息的传送等任务,那么通信协议必须有相当的可靠性,否则将会造成通信混乱和中断。

（3）有效性

只有通信协议有效,才能实现网络系统内各种资源共享,这是通信协议最基本的要求。

网络协议按其特性,可以分为以下几种:

（1）标准或非标准协议

标准协议涉及各种各样的通信环境,具有一定的普遍性。非标准协议只涉及专用的通信环境,只能在特殊场合使用。

（2）直接或间接协议

设备之间可以通过专线进行连接,也可以通过公用通信网络连接,无论哪种,若想使数据能顺利地传输,连接的双方必须遵循某种协议。当设备直接进行通信时,需要直接通信协议;而设备之间间接通信时,则需要间接通信协议。

（3）整体的协议或分层的结构化协议

一个协议是一整套规则,既可作为一个整体实施,也可以作为多个单元,按结构化的方式实施。因为协议通常是复合的,可以比较方便地分成几部分,而每个部分又可分别执行。

（4）对称或非对称协议

如果一个系统主要是由相类似的设备组成的,就要采用对称协议。一个有不同类型的系统可以包含一台计算机,用来轮询和选择许多终端,该系统将使用非对称协议,因为它涉及不相同的设备。

3.6　IP 地址与子网掩码

3.6.1　IP 地址

在互联网体系结构中,参与通信的各个节点(包括端节点和中间节点)都要预先分配一个唯一的逻辑地址作为标识符,并且使用该地址进行一切通信活动,该地址称为 IP 地址。在 IPv4 中,IP 地址为 32 位,由网络标识(Net)和主机标识(Host)两部分组成,可标识一个互联网络中任何一个网络中的任何节点。从节点标识的角度,IP 协议将节点统称为主机(Host)。

IP 地址是在网际层用来标识主机的逻辑地址。当数据报在物理网络传输时,还必须把 IP 地址转换成物理地址,由网际层的地址解析协议 ARP 提供地址映射服务。

1. IP 地址的格式

IP 地址有二进制格式和十进制格式两种。十进制格式是由二进制翻译过去的,用十进制表示是为了便于使用和掌握。

二进制的 IP 地址共有 32 位,例如 10000011 01101011 00000011 00011000。每 8 位一组,用一个十进制数表示,并用“.”进行分隔,上例就变为 131.107.3.24。IP 地址分为 A、B、C、D、E 5 类。A、B、C 类地址的一般格式如下:

M	NET	HOST

其中,M 为地址类别号;NET 为网络号;HOST 为主机号。地址类别不同,这 3 个参数在 32 位中所占的位数也不同。图 3 – 4 为 IP 地址格式。

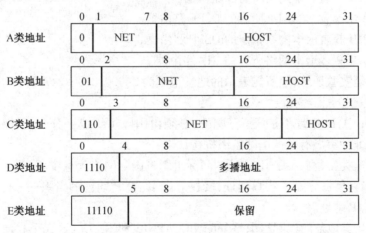

图 3 – 4　IP 地址格式

在 IP 地址中,有一些特殊的规定:

(1)当 32 位的 IP 地址为全 0 时,表示该主机地址,但只允许在主机启动时使用,以后不允许再使用。

（2）当 32 位的 IP 地址为全 1 时，表示该网的广播地址，一般用于初始化。

（3）当 32 位的 IP 地址为 127.0.0.0 时，表示是回送地址，目的地址为回送地址的数据报将被 IP 协议立即送回，主要用于网络测试。

（4）当主机地址为全 0 时，表示该类网本身。

（5）当主机地址为全 1 时，表示该类网内广播地址。

2. IP 地址的分类

在 A 类地址中，M 字段占 1 位，即第 0 位为"0"，表示 A 类地址，第 1~7 位表示网络地址，第 8~31 位表示主机地址。它所能表示的地址范围为 0.0.0.0~127.255.255.255，可以表示 $2^7 - 2 = 126$ 个 A 类网，每个 A 类网最多可以有 $2^{24} - 2 = 16\ 777\ 214$ 个主机地址。A 类地址通常用于超大型网络。

在 B 类地址中，M 字段占 2 位，即第 0，1 位为"10"，表示 B 类地址，第 2~15 位表示网络地址，第 16~31 位表示主机地址。它所能表示的地址范围为 128.0.0.0~191.255.255.255，可以表示 $2^{14} - 1 = 16\ 383$ 个 B 类网，每个 B 类网最多可以有 $2^{16} - 2 = 65\ 534$ 个主机地址。B 类地址通常用于大型网络。

在 C 类地址中，M 字段占 3 位，即第 0，1，2 位为"110"，表示 C 类地址，第 3~23 位表示网络地址，第 24~31 位表示主机地址。它所能表示的地址范围为 192.0.0.0~223.255.255.255，可以表示 $2^{21} - 1 = 2\ 097\ 151$ 个 C 类网，每个 C 类网最多可以有 $2^8 - 2 = 254$ 个主机地址。C 类地址通常用于校园网或企业网。

D 类地址是多播地址，它所能表示的地址范围为 224.0.0.0~239.255.255.255。在 Internet 中，允许有两类广播组：临时地址广播组和永久地址广播组。临时地址广播组是临时建立的广播组，必须事先创建；永久地址广播组则永久性存在，不需要事先创建，主要用于特殊目的，例如：

（1）224.0.0.1 表示本网络所有的主机和路由器；

（2）224.0.0.2 表示本网络所有的路由器；

（3）224.0.0.5 表示本网络所有的 OSPF 路由器；

（4）224.0.0.6 表示本网络指定的 OSPF 路由器；

（5）224.0.0.9 表示本网络所有的 RIP 路由器。

E 类地址是实验地址，它所能表示的地址范围为 240.0.0.0~247.255.255.255。

3. IP 地址的分配

在 Internet 中，IP 地址不是任意分配的，必须由国际组织统一分配，以保持地址的唯一性，避免 IP 地址冲突。有关的国际组织机构如下：

（1）分配 A 类（最高一级）IP 地址的国际组织是国际网络信息中心（Network Information Center，NIC）。它负责分配 A 类口地址，授权分配 B 类 IP 地址的组织——自治区系统。它有权重新刷新 IP 地址。

（2）分配 B 类地址的国际组织是 InterNIC、APNIC 和 ENIC。这 3 个自治区系统组织的分工是：ENIC 负责欧洲地址的分配工作；InterNIC 负责北美地区地址的分配工作；APNIC 负责亚太地区地址的分配工作，设在日本东京大学。我国属于 APNIC，由它来分配 B 类地址。例如，APNIC 给中国 CERNET 分配了 10 个 B 类地址。

（3）分配 C 类碑地址的组织是国家或地区网络的 NIC，如 CERNET 的 NIC 设在清华大学，CERNET 各地区的网管中心需向 CERNET NIC 申请分配 C 类地址。

RFC 1597 规定下列地址可以用于 Intranet 内部地址：

①A 类地址：10. 0. 0. 0 ~ 10. 255. 255. 255；

②B 类地址：172. 16. 0. 0 ~ 172. 31. 255. 255；

③C 类地址：192. 168. 0. 0 ~ 192. 168. 255. 255。

3.6.2　IP 地址掩码

IP 地址掩码又称屏蔽码，是母地址的特殊标注码，也是用 32 位表示的，用于指明网络中是否有子网。

1. 无子网的表示法

如果 IP 网络无子网，则屏蔽码中的网络号字段各位全为 1，主机号字段各位全为 0。例如：

IP 地址：202. 114. 80. 5

屏蔽码：255. 255. 255. 0

IP 地址 202. 114. 80. 5 标识了 202. 114. 80 号网络中的 5 号主机，并且 202. 114. 80 号网络中没有设置子网。在无子网的情况下可以省略屏蔽码。

2. 有子网的表示法

如果 IP 网络有子网，则子网号用主机号字段的前几位来表示，所占的位数与子网的数量相对应，如：1 位可表示 2 个子网；2 位可表示 4 个子网；3 位可表示 8 个子网，等等。屏蔽码和 IP 地址必须成对出现，屏蔽码中的网络号字段各位全为 1，主机号字段中的子网号各位也全为 1，而主机号各位全为 0。例如：

IP 地址：202. 114. 80. 5

屏蔽码：255. 255. 255. 224（224 为二进制的"11100000"）

表示在 202. 114. 80 号网络中最多有 2^3 = 8 个子网，每个子网可配置 $2^{(8-3)}$ = 32 台主机。这个 IP 地址标识的是该 IP 网络 0 号子网中的第 5 号主机。

在有子网的网络中，如果两个主机属于同一个子网，则它们之间可以直接进行信息交换，而不需要路由器；如果两个主机不在同一个子网，即子网号不同，则它们之间就要通过路由器进行信息交换。例如：

屏蔽码：255. 255. 255. 224

IP 地址：202. 114. 80. 1　　主机号字段为 00000001

　　　　202. 1 14. 80. 16　　主机号字段为 00010000

这两个地址的主机号字段前三位均为 000，说明它们属于同一子网，可不通过路由器来直接交换信息。又如：

屏蔽码：255. 255. 255. 224

IP 地址：202. 1 14. 80. 1　　主机号字段为 00000001

　　　　202. 114. 80. 130　　主机号字段为 10000010

这两个地址的主机号字段前三位不同（000/100），说明它们属于不同子网，必须通过路由器来交换信息。它们在各自子网上的主机号分别为 1 和 3。

屏蔽码说明了是否有子网，以及在有子网的情况下子网的最大数量，而不说明具体的子网号。屏蔽码的作用就是屏蔽掉 IP 地址中的主机号，而保留其网络号和子网号，以便于路由器寻址。

3.7　本　章　小　结

　　本章主要介绍了计算机网络的体系结构与计算机网络协议。在纯理论的层面上,讨论了计算机网络的层次结构及数据包的传输过程。

　　本章的难点在于对计算机网络体系结构的理解。计算机网络体系结构分为 OSI 参考模型与 TCP/IP 体系结构。OSI 参考模型有 7 层:物理层、数据链路层、网络层、传输层、会话层、表示层、应用层。TCP/IP 体系结构分为 4 层:网络接口层、互联层、传输层、应用层。数据包在这些层次结构中,遵循网络协议的要求进行封装传输。

习　　题

1. 什么是 OSI 开放系统互连参考模型?
2. OSI 模型每一层的主要功能是什么?
3. 什么是网络协议?
4. TCP/IP 指的是什么协议?
5. 说明物理层的机械特性、电器特性、功能特性。
6. 说明 TCP/IP 模型与 OSI 模型的对应关系。
7. IP 地址的基本结构是怎样的。
8. 什么是子网? 什么是子网掩码?
9. 网络协议有哪些特征?
10. 网络协议的重要因素是什么?

第4章 局域网组网技术

学习目标

● 掌握常见的局域网拓扑结构和特点
● 理解 IEEE 802 标准,理解两类介质访问控制的原理
● 掌握主要的局域网组网设备的功能与选择
● 了解局域网可采用的技术
● 掌握虚拟局域网(VLAN)技术

4.1 局域网概述

局域网(LAN)是当今计算机网络技术应用与发展非常活跃的一个领域。公司、企业、政府部门及住宅小区内的计算机都通过 LAN 相连接,以达到资源共享、信息传递和数据通信的目的。而信息化进程的加快更是刺激了通过 LAN 进行网络互联的需求的剧增。因此,理解和掌握局域网技术就显得更加实用。

局域网的发展始于 20 世纪 70 年代,至今仍是网络发展中的活跃领域之一。早在 1972年,美国加州大学就研制了被称为分布计算机系统(Distributed Computer System)的NEWHALL 环网。1974 年英国剑桥大学研制的剑桥环网(Cambridge Ring)和 1975 年美国Xerox 公司推出的第一个总线争用结构的实验性以太网(Ethernet)则成为 LAN 最初的典型代表。1977 年,日本京都大学首度成功研制了以光纤为传输介质的局域网络。

20 世纪 80 年代以后,随着网络技术、通信技术和微型机的发展,LAN 技术得到了迅速的发展和完善,多种类型的局域网纷纷出现,越来越多的制造商投入到局域网的研制潮流中,一些标准化组织也致力于制定 LAN 的相关标准和协议。同时,包括传输介质和转接器件在内的网络组件的发展,连同高性能的微机一起构成了局域网的基本硬件基础,并使局域网被赋予更强的功能和生命力。到了 20 世纪 80 年代后期,LAN 的产品就已经进入专业化生产和商品化的成熟阶段。在此期间,LAN 的典型产品有美国 DEC、Intel 和 Xerox 三家公司联合研制并推出的 3COM Ethernet 系列产品和 IBM 公司开发的令牌环,与此同时,Novell 公司设计并生产了 Novell NetWare 系列局域网网络操作系统产品。

20 世纪 90 年代,LAN 更是在速度、带宽等指标方面有了更大进展,并在访问、服务、管理、安全和保密等方面都有了进一步改善。例如,Ethernet 产品从传输速率为 10 Mbit/s 的Ethernet 发展到 100Mbit/s 的高速以太网,并继续提高至千兆(1 000 Mbit/s)以太网。2002年,IEEE 还颁布了有关万兆以太网的标准。

4.1.1　局域网的特点

局域网技术是当前计算机网络研究与应用的热点问题,也是目前技术发展最快的领域之一。局域网具有如下特点:

(1)网络所覆盖的地理范围比较小。通常不超过几十千米,甚至只在一幢建筑或一个房间内。

(2)具有较高的数据传输速率,通常为 10 ~ 100 Mbit/s,高速局域网可达 1 000 Mbit/s(千兆以太网)。

(3)协议比较简单,网络拓扑结构灵活多变,容易进行扩展和管理。

(4)具有较低的延迟和误码率,其误码率一般为 10^{-10} ~ 10^{-8},这是由于传输距离短,传输介质质量较好,因而可靠性高。

(5)局域网的经营权和管理权为某个单位所有,与广域网通常由服务提供商提供形成鲜明对比。

(6)便于安装、维护和扩充,建网成本低、周期短。

尽管局域网地理覆盖范围小,但这并不意味着它们必定是小型的或简单的网络。局域网可以扩展得相当大或非常复杂,配有成千上万用户的局域网也是很普遍的。局域网的应用范围极广,可用于办公自动化、生产自动化、企事业单位的管理、银行业务处理、军事指挥控制、商业管理等方面。局域网的主要功能是实现资源共享,其次是更好地实现数据通信与交换及数据的分布处理。

一般来说,决定局域网特性的主要技术要素是网络拓扑结构、传输介质与介质访问控制方法。

4.1.2　局域网的拓扑结构

局域网与广域网的一个重要区别在于它们覆盖的地理范围。由于局域网设计的主要目标是覆盖一个公司、一所大学或一幢甚至几幢大楼的"有限的地理范围",因此它在基本通信机制上选择了"共享介质"方式和"交换"方式。因此,局域网在传输介质的物理连接方式、介质访问控制方法上形成了自己的特点,在网络拓扑上主要采用总线型、环型与星型拓扑结构。

1. 总线型拓扑结构

总线型拓扑结构是局域网最主要的拓扑结构之一,总线型局域网如图 4 - 1 所示。所有站点都直接连接到一条作为公共传输介质的总线上,所有节点都可以通过总线传输介质发送或接收数据,但一段时间内只允许一个节点利用总线发送数据。当一个节点利用总线传输介质以"广播"方式发送信号时,其他节点都可以"收听"到所发送的信号。由于总线作为公共传输介质为多个节点所共享,总线型拓扑结构有可能出现同一时刻有两个或两个以上节点利用总线发送数据的情况,这种现象被称为"冲突"(Collision)。冲突会造成数据传输的失效,因为接收节点无法从所接收的信号中还原出有效数据。需要提供一种机制用于解决冲突问题。

总线拓扑的优点是结构简单,实现容易;易于安装和维护;价格低廉,用户站点入网灵活。

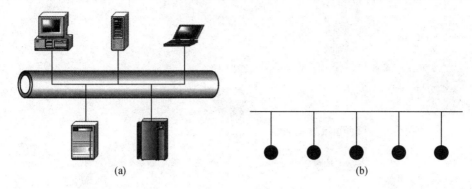

图 4－1　总线型局域网

（a）总线型局域网的计算机连接；（b）总线型局域网的拓扑结构

　　总线型结构的缺点是传输介质故障难以排除；由于所有节点都直接连接在总线上，任何一处故障都会导致整个网络的瘫痪。

　　2. 环型拓扑结构

　　在环型拓扑结构中，所有的节点通过通信线路连接成一个闭合的环。在环中，数据沿着一个方向绕环逐站传输，环型局域网如图 4－2 所示。环型拓扑结构也是一种共享介质结构，多个节点共享一条环通路。为了确定环中每个节点在什么时间可以传送数据帧，同样要提供自在解决冲突问题介质访问控制。

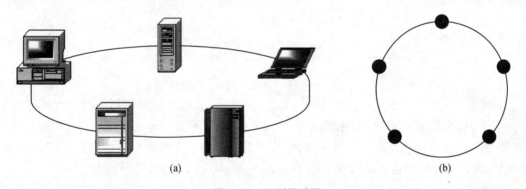

图 4－2　环型局域网

（a）环型局域网的计算机连接；（b）环型局域网的拓扑结构

　　由于信息包在封闭环中必须沿每个节点单向传输，因此环中任何一段故障都会使各站之间的通信受阻。为了增加环型拓扑可靠性，还引入了双环拓扑。所谓双环拓扑就是在单环的基础上在各站点之间再连接一个备用环，从而当主环发生故障时，由备用环继续工作。环型拓扑结构的优点是能够较有效地避免冲突；其缺点是环型结构中的网卡等通信部件比较昂贵且管理复杂得多。

　　3. 星型拓扑结构

　　星型拓扑结构是由中央节点和一系列通过点到点链路接到中央节点的节点组成的，星型局域网如图 4－3 所示。各节点以中央节点为中心相连接，各节点与中央节点以点对点方式连接。任何两节点之间的数据通信都要通过中央节点，中央节点集中执行通信控制策略，主要完成节点间通信时物理连接的建立、维护和拆除。

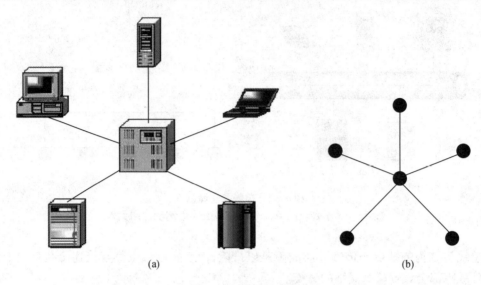

图 4 – 3　星型局域网

(a)星型局域网的计算机连接;(b)星型局域网的拓扑结构

星型拓扑结构简单,管理方便,可扩充性强,组网容易。利用中央节点可方便地提供网络连接和重新配置;且单个连接点的故障只影响一个设备,不会影响全网,容易检测和隔离故障,便于维护。

4.2　局域网协议和体系结构

局域网出现后,发展迅速,类型繁多,为了促进产品的标准化以增加产品的互操作性,1980 年 2 月,美国电气和电子工程师学会(IEEE)成立了局域网标准化委员会(简称 IEEE 802 委员会),研究并制定了关于局域网的 IEEE 802 标准。在这些标准中根据局域网的多种类型,规定了各自的拓扑结构、媒体访问控制方法、帧的格式和操作等内容。

4.2.1　IEEE 802 标准

1985 年 IEEE 公布了 IEEE 802 标准的五项标准文本,同年被美国国家标准局(ANSI)采纳作为美国国家标准。后来,国际标准化组织经过讨论,建议将 802 标准定为局域网国际标准。

IEEE 802 为局域网制定了一系列标准,主要有 12 种,IEEE 802 协议各个子标准之间的关系如图 4 – 4 所示。

(1)IEEE 802.1 概述了局域网体系结构及寻址、网络管理和网络互联。

(2)IEEE 802.2 定义了逻辑链路控制(LLC)子层的功能与服务。

(3)IEEE 802.3 描述 CSMJUCD 总线式介质访问控制协议及相应物理层规范。

(4)IEEE 802.4 描述令牌总线(Token Bus)式介质访问控制协议及相应物理层规范。

(5)IEEE 802.5 描述令牌环网(Token Ring)式介质访问控制协议及相应物理层规范。

从图 4 – 4 可以看出,IEEE 802 标准实际上是由一系列协议组成的标准体系。随着局域网技术的发展,该体系在不断地增加新的标准和协议,其中802.3家族就随着以太网技术的发展出现了许多新的成员。

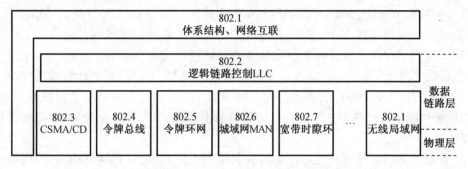

图4-4 IEEE 802 协议结构图

4.2.2 局域网的体系结构

局域网的体系结构与OSI模型有相当大的区别,如图4-5所示,局域网只涉及OSI的物理层和数据链路层。那么为什么没有网络层及网络层以上的各层呢?首先,LAN是一种通信网,只涉及有关的通信功能;其次,由于LAN基本上采用共享信道的技术,所以也可以不设立单独的网络层。也就是说,不同局域网技术的区别主要在物理层和数据链路层,当这些不同的LAN需要在网络层实现互联时,可以借助其他已有的通用网络层协议,如IP协议。

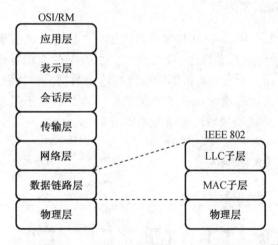

图4-5 IEEE 802 的 LAN 参考模型与 OSI 参考模型的对应关系

(1)从图4-5可以看出,局域网的物理层与OSI参考模型的物理层功能相当,主要涉及局域网物理链路上原始比特流的传送,定义局域网物理层的机械、电气、规程和功能特性,如信号的传输与接收,同步序列的产生和删除,物理连接的建立、维护和撤销等。物理层还规定了局域网所使用的信号、编码、传输介质、拓扑结构和传输速率。例如,信号编码可以采用曼彻斯特编码,传输介质可采用双绞线、同轴电缆、光缆甚至无线传输介质;拓扑结构则支持总线型、星型、环型和混合型等,可提供多种不同的数据传输率。

(2)数据链路层的另一个主要功能是适应种类多样的传输介质,并且在任何特定的介质上处理信道的占用、站点的标识和寻址问题。在局域网中这个功能由 MAC 子层实现。由于 MAC 子层因物理层介质的不同而不同,它分别由多个标准分别定义,如 IEEE 802.3 定义了以太网(Ethernet)的 MAC 子层,IEEE 802.4 定义了令牌总线网的 MAC 子层,而 IEEE 802.5 定义了令牌环网的 MAC 子层,IEEE 802.11 定义了无线局域网(Wireless Local Area Network)。此外,MAC 子层还负责对入站的数据帧进行完整性校验。MAC 子层使用 MAC 地址(也称物理地址)标识每一节点。通常发送方的 MAC 子层将目的计算机的 MAC 地址添加到数据帧上,当此数据帧传递到接收方的 MAC 子层后,它检查该帧的目的地址是否与自己的地址相匹配。如果目的地址与自己的地址不匹配,就将这一帧抛弃;如果相匹配,就将它发送到上一层。

(3)数据链路层的主要功能之一是封装和标识上层数据,在局域网中这个功能由 LLC 子层实现。IEEE 802.2 定义了 LLC 子层,为 802 系列标准共用。LLC 子层对网络层数据添加 802.2 LLC 头进行封装,为了区别网络层数据类型,实现多种协议复用链路,LLC 子层用服务访问点(Service Access Point,SAP)标志上层协议。LLC 标准包括两个服务访问点:源服务访问点(Source Service Access Point,SSAP)和目的服务访问点(Destination Service Access Point,DSAP),用以分别标识发送方和接收方的网络层协议。SAP 长度为 1 字节,且仅保留其中 6 位用于标识上层协议,因此其能够标识的协议数不超过 32 种,为确保 IEEE 802.2 LLC 上支持更多的上层协议,IEEE 发布了 802.2 SNAP(SubNetwork Access Protocal)标准。802.2 SNAP 也用 LLC 头封装上层数据,但其扩展了 LLC 属性,将 SAP 的值置为 AA,而新添加了一个 2 字节长的协议类型(Type)字段,从而可以标识更多的上层协议。

4.2.3　IEEE 802.3 协议

IEEE 802.3 协议是使用 CSMA/CD 媒体访问控制方法的协议标准。最初大部分局域网都是将许多计算机连接到一根总线上,即总线网。总线网的通信方式是广播通信,当一台计算机发送数据时,总线上所有计算机都能检测到这个数据。仅当数据帧中的目的地址与计算机的地址一致时,该计算机才接收这个数据帧。计算机对不是发送给自己的数据帧,一律不接收(即丢弃),总线型局域网传输方式如图 4-6 所示。

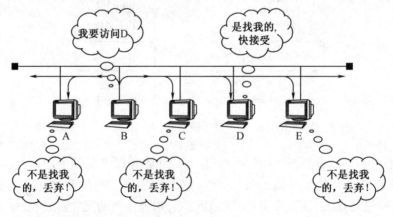

图 4-6　总线型局域网传输方式

在总线上,只要有一台计算机发送数据,总线的传输资源就被占用。因此,在同一时间只能允许一台计算机发送信息,否则各计算机之间就会相互干扰,结果谁都无法正常发送数据。如何协调总线上各计算机的工作,总线网采用了一种特殊的协议,即载波监听多点接入/碰撞检测(Cader Sense Multiple Access with Collision Detection,CSMA/CD)技术。

CSMA/CD 的工作原理可概括成 4 句话:先听后发,边发边听,冲突停止,随机延时后重发。具体过程如下:

(1)当一个站点想要发送数据时,检测网络,查看是否有其他站点正在传输,即侦听信道是否空闲。

(2)如果信道忙,则等待,直到信道空闲。

(3)如果信道空闲,站点就传输数据。

(4)在发送数据的同时,站点继续侦听网络,确认没有其他站点在同时传输数据。因为可能有两个或多个站点都同时检测到网络空闲,然后几乎在同一时刻开始传输数据。如果两个或多个站点同时发送数据,就会产生冲突。

(5)当一个传输节点识别出一个冲突,它就发送一个拥塞信号,这个信号使得冲突的时间足够长,让其他节点都能发现。

(6)其他节点收到拥塞信号后,都停止传输,等待一个随机产生的时间间隙(回退时间 Backoff Time)后重发。

CSMA/CD 采用的是一种"有空就发"的竞争型访问策略,因而不可避免地会出现信道空闲时多个站点同时争发的现象,无法完全消除冲突,只能采取一些措施减少冲突,并对产生的冲突进行处理。因此采用这种协议的局域网环境不适合于对实时性要求较强的网络。

4.2.4　IEEE 802.5 协议

早期局域网存在一种环型结构,而环型网中采用令牌技术来进行访问控制。为此 IEEE 组织为其定义了 IEEE 802.5 协议,阐述了令牌环技术。令牌环的结构是只有一条环路,信息沿环单向流动,不存在路径选择问题。

在令牌环网中,为了保证在共享环上数据传送的有效性,任何时刻也只允许一个节点发送数据。为此,在环中引入了令牌传递机制。任何时候,在环中有一个特殊格式的帧在物理环中沿固定方向逐站传送,这个特殊帧称为令牌。令牌是用来控制各个节点介质访问权限的控制帧。当一个站点想发送帧时,必须获得空闲令牌,并在启动数据帧的传送前将令牌帧中的"忙/闲"状态位置于"忙",然后附在信息尾部向下一站发送,数据帧沿与令牌相同的方向传送,此时由于环中已没有空闲令牌,因此其他希望发送的工作站必须等待,也就是说,任何时候,环中只能有一个节点发送数据,而其余站点只允许接收帧。当数据帧沿途经过各站的环接口时,各站将该帧的目的地址与本站地址进行比较,若不相符,则转发该帧;若相符,则一方面复制全部帧信息放入接收缓冲以送入本站的高层,另一方面修改环上帧的接收状态,修改后的帧在环上继续流动直到循环一周后回到发送站,由发送站将帧移去。按这种方式工作,发送权一直在源站点控制之下,只有发送信息的源站点放弃发送权,或拥有令牌的时间到,才会释放令牌,即将令牌帧中的状态位置"空"后,再放到环上去传送,这样其他站点才有机会得到空令牌以发送自己的信息。

归纳起来,在令牌环中主要有以下 3 种操作:

(1)截获令牌并发送数据帧

如果没有节点需要发送数据,令牌就由各个节点沿固定的顺序逐个传递;如果某个节点需要发送数据,它要等待令牌的到来,当空闲令牌传到这个节点时,该节点修改令牌帧中的标志,使其变为"忙"的状态,然后去掉令牌的尾部,加上数据,成为数据帧,发送到下一个节点。

(2)接收与转发数据

数据帧每经过一个节点,该节点就比较数据帧中的目的地址,如果不属于本节点,则转发出去;如果属于本节点,则复制到本节点的计算机中,同时在帧中设置已经复制的标志,然后向下一节点转发。

(3)取消数据帧并重发令牌

由于环网在物理上是个闭环,一个帧可能在环中不停地流动,所以必须清除。当数据帧通过闭环重新传到发送节点时,发送节点不再转发,而是检查发送是否成功。如果发现数据帧没有被复制(传输失败),则重发该数据帧;如果发现传输成功,则清除该数据帧,并且产生一个新的空闲令牌发送到环上。

4.3　架设局域网的硬件设备

把多个计算机连接成局域网需要多种硬件设备,包括网卡、集线器、交换机、网线等。

4.3.1　网络适配器

网络适配器(Network Inteface Card,NIC),又称网卡。根据工作对象的不同,局域网中的网卡(也称以太网网卡)可以分为普通计算机网卡、服务器专用网卡、笔记本专用网卡和无线网卡,网络适配器如图 4-7 所示。

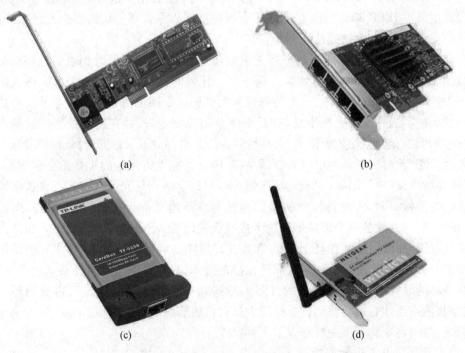

(a)　　　　　　　　　　　　　　(b)

(c)　　　　　　　　　　　　　　(d)

图 4-7　网络适配器

(a)普通计算机网卡;(b)服务器专用网卡;(c)笔记本专用网卡;(d)无线网卡

4.3.2 局域网的传输介质

网络中各站点之间的数据传输必须依靠某种传输介质来实现。传输介质种类有很多，适用于局域网的介质主要有3类：双绞线、同轴电缆和光导纤维。

1. 双绞线

双绞线(Twisted Pair Cable)由绞合在一起的一对导线组成，这样做减少了各导线之间的相互电磁干扰，并具有抗外界电磁干扰的能力。双绞线电缆可以分为两类：屏蔽型双绞线(STP)和非屏蔽型双绞线(UTP)。屏蔽型双绞线(图4-8)外面环绕着一圈保护层，有效减小了影响信号传输的电磁干扰，但相应增加了成本。

图4-8 屏蔽型双绞线

非屏蔽型双绞线没有保护层，易受电磁干扰，但成本较低，非屏蔽双绞线广泛用于星型拓扑以太网。采用新的电缆规范，如10 BaseT和100 BaseT，可使非屏蔽型双绞线达到10~100 Mbit/s的传输速率。双绞线的优势在于它使用了电信工业中比较成熟的技术，因此，对系统的建立和维护都要容易得多。在不需要较强抗干扰力的环境中，选择双绞线特别是非屏蔽型双绞线，既利于安装，又节省了成本，所以非屏蔽型双绞线往往是办公环境下网络介质的首选。双绞线的最大缺点是抗干扰能力不强，特别是非屏蔽型双绞线。非屏蔽型双绞线两头一般都会用水晶头包裹好，这个水晶头其实就是一个RJ-45接头，可以插入到网卡、交换机和集线器的RJ-45接口里，从而促成各种网络设备的互联，非屏蔽型双绞线和RJ-45接头如图4-9所示。

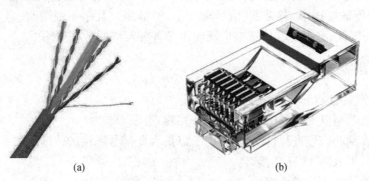

(a)   (b)

图4-9 非屏蔽型双绞线和RJ-45接头

(a)非屏蔽型双绞线；(b)RJ-45接头

2. 同轴电缆

同轴电缆由内、外两个导体组成，且这两个导体是同轴线的。在同轴电缆中，内导体是一根导线，外导体是一个圆柱面，两者之间有填充物。外导体能够屏蔽外界电磁场对内导体信号的干扰，如图4-10所示。

同轴电缆既可以用于基带传输，又可以用于宽带传输。基带传输时只传送一路信号，而宽带传输时则可以同时传送多路信号。用于局域网的同轴电缆都是基带同轴电缆。

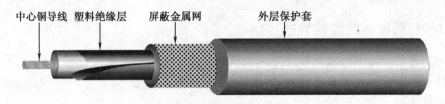

中心铜导线　塑料绝缘层　屏蔽金属网　　外层保护套

图 4 – 10　同轴电缆

同轴电缆既可以用于基带传输,又可以用于宽带传输。基带传输时只传送一路信号,而宽带传输时则可以同时传送多路信号。用于局域网的同轴电缆都是基带同轴电缆。

3. 光导纤维

光导纤维简称光纤(图 4 – 11)。对于计算机网络而言,光纤具有无可比拟的优势。光纤由纤芯、包层及护套组成,纤芯由玻璃或塑料组成,包层则是玻璃的,使光信号可以反射回去,沿着光纤传输;护套由塑料组成,用于防止外界的伤害和干扰。

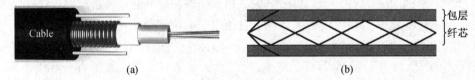

包层
纤芯

(a)　　　　　　　　　　　　　　　　　　(b)

图 4 – 11　光纤

(a)光缆;(b)内核与包层之间形成全反射

光波由发光二极管或激光二极管产生,接收端使用光电二极管将光信号转为数据信号。光导纤维传输损耗小、频带宽、信号畸变小,传输距离几乎不受限制,且具有极强的抗电磁干扰能力,因此,光纤现在已经被广泛应用于各种网络的数据传输中。

4.3.3　集线器

集线器通常具有如下功能和特性:

(1)可以是星型以太网的中央节点,工作在物理层;

(2)对接收到的信号进行再生整形放大,以扩大此信号网络的传输距离;

(3)一般采用 RJ – 45 标准接口;

(4)以广播的方式传送数据;

(5)无过滤功能,无路径检测功能;

(6)不同速率的集线器不能级联;

(7)所连接的客户端都在一个冲突域中。

可以用集线器、双绞线、计算机和计算机中的网卡组成的一个简单的星型共享式局域网,如图 4 – 12 所示。第一台计算机首先把需要传输的信息通过网卡转换成网线上传送的信号,并发至集线器,加电的集线器将这些信号放大,而后不经过任何处理就直接广播到集线器的所有端口(8 个)。第二台计算机从它接入集线器的端口接收信号,并通过它的网卡转换成数字信息,由此这个通信过程就完成了。从这个过程可见,集线器只是完成简单的传送信号的任务,毫无智能而言,可以把它简单地虚拟成一根连接两台计算机的网线,因此它工作在物理层。图 4 – 12 的集线器共有 8 个端口,无论在哪个端口上接入计算机都可以接收并读取上述第一台计算机发送的信息,这样不能确保传输信息的安全性。如果端口较多,集线器的广播量会增大,整个网络的性能也会变差。

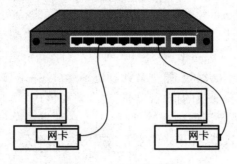

图 4 – 12　共享式局域网

4.3.4　交换机

交换机(Switch)通常具有如下功能和特性:

(1)可以是星型以太网的中央节点,工作在数据链路层;

(2)可以过滤接收到的信号,并把有效传输信息按相关路径送至目的端口;

(3)一般采用 RJ – 45 标准接口;

(4)参照每个计算机的接入位置,有目的地传送数据;

(5)有过滤功能和路径检测功能;

(6)不同类型的交换机和集线器可以相互级联;

(7)所连接的客户端都在一个独自的冲突域中。

可以用交换机、双绞线、计算机和计算机中的网卡组成的一个简单的星型交换式局域网,如图 4 – 13 所示。当交换机的端口被接入计算机后,交换机便进入了一个"学习"阶段。在这个阶段中,交换机需要获得每台计算机的 MAC 地址并建立一张"端口和 MAC 地址映射表",通过这张表,交换机将自己的端口与接入交换机上的计算机关联起来。

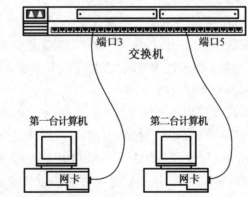

图 4 – 13　交换式局域网

如图 4 – 13 中的两台计算机,交换机习得的映射关系为:第一台计算机连接在端口 3 上,它的 MAC 地址是 00 – 50 – BA – 27 – 5D – A1;第二台计算机连接在端口 5 上,它的 MAC 地址是 00 – 06 – 1B – DE – 48 – BF。现在第一台计算机要向第二台计算机发送信息,发送的源地址(发送者的地址)是 00 - 50 - BA - 27 - 5D - A1,目的地址(接收者的地址)是 00 - 06 - 1B - DE - 48 - BF,第一台计算机把这两个物理地址写入待发送的数据帧里,并通过端口 3 送至交换机。交换机读取数据帧,提取这两个地址,并与"端口和 MAC 地址映射表"比对,发现目的地址 00 - 06 - 1B - DE - 48 - BF 对应端口 5。于是交换机建立了一条第一台计算机与第二台计算机通信的路径:第一台计算机→端口 3→端口 5→第二台计算机。第一台计算机与第二台计算机要交换的信息都通过这个路径传送。

由此可见,由于交换机要读取数据帧,因此工作在数据链路层。送入交换机中的所有数据都会参照映射表进行过滤,并最终建立此数据的通信路径。

4.4　局域网主要技术

目前常见的局域网技术包括以太网、令牌环、光纤分布式数据接口(Fiber Disthbuted Data Interf,FDDI)等,它们在拓扑结构、传输介质、传输速率、数据格式、控制机制等方面都有所不同。随着以太网带宽的不断提高和可靠性的不断提升,令牌环和光纤分布式数据接口的优势不复存在,逐渐退出了局域网领域。以太网具有开发简单、易于实现、易于部署的特性,已得到广泛应用,并迅速成为局域网中占统治地位的技术。另外,无线局域网技术的发展也非常迅速,已经进入大规模安装和普及阶段。

4.4.1　以太网系列

1. 标准以太网

标准以太网是一种产生较早且使用相当广泛的局域网。由美国 Xerox(施乐)公司于 20 世纪 70 年代初期开始研究,并在 1975 年推出了第一个局域网。由于标准以太网具有结构简单、工作可靠、易于扩展等优点,因此得到了广泛应用。

1980 年美国 Xerox、DEC 与 Intel 三家公司联合提出了以太网规范,这是世界上第一个局域网的技术标准。后来的以太网国际标准 IEEE 802.3 就是参照以太网的技术标准建立的,两者基本兼容。为了与后来提出的快速以太网相区别,通常又将这种按 IEEE 802.3 规范生产的以太网产品简称为标准以太网。

标准以太网在物理层可以使用粗同轴电缆、细同轴电缆、非屏蔽双绞线、屏蔽双绞线、光纤等多种传输介质,并且在 IEEE 802.3 标准中,为不同的传输介质制定了不同的物理层标准。其中常用的标准有 10BASE - 5、10BASE - 2 和 10BASE - T 等。

(1)10BASE - 5 称为粗缆以太网,是一种总线结构的标准以太网。其中,10 表示信号的传输速率为 10 Mbit/s;BASE 表示信道上传输的是基带信号;5 表示每段电缆的最大长度为 500 m。10BASE - 5 采用曼彻斯特编码方式。粗缆以太网采用直径为 0.4 in,阻抗为 50 Ω 的粗同轴电缆(Thick Cable)作为传输介质,每隔一段可以设置一个收发器(Transceiver),网内的主机通过收发器与收发器相连,接入以太网。粗缆的抗干扰性较强,一根粗缆能够传输 500 m 远的距离。但粗缆的连接和布设烦琐,不便于使用。

(2)10BASE - 2 又称细缆以太网,是一种总线结构的标准以太网。其中,10 表示信号的传输速率为 10 Mbit/s;BASE 表示信道上传输的是基带信号;2 表示每段电缆的最大长度接近 200 m。编码仍采用曼彻斯特编码方式。细缆以太网采用直径为 0.2 in,阻抗为 50 Ω 的同轴电缆作为传输介质;在连接器做了进一步改进,使用连接更加可靠方便的 BNC"T"型连接器。BNC 直接连接在计算机的网络接口卡上,不需要粗缆的中间连接设备。

(3)10BASE - T 是标准以太网中最常用的一种标准以太网。其中,10 表示信号的传输速率为 10 Mbit/s;BASE 表示信道上传输的是基带信号;T 是英文 Twisted - pair(双绞线电缆)的缩写,说明使用双绞线电缆作为传输介质。编码也采用曼彻斯特编码方式。但其在网络拓扑结构上采用了以 10 M 集线器或以 10 M 交换机为中心的星型拓扑结构。10BASE - T 的组网由网卡、集线器、交换机、双绞线等设备组成。例如,我们可以建立一个以集线器为星型拓扑中央节点的 10BASE - T 网络,所有的工作站都通过传输介质连接到集线器 Hub 上。工作站与 Hub 之间的双绞线最大距离为 100 m,网络扩展可以用多个 Hub 来实现。

2. 快速以太网

标准以太网以 10 M 的速率传输数据,而随着以太网的广泛应用,10 M 速率已经不能满足大规模网络应用的需求,因此能否提供更高速率的传输成为以太网技术研究的一个新课题,快速以太网应运而生。快速以太网技术由 10BASE - T 标准以太网发展而来,主要解决网络带宽在局域网应用中的瓶颈问题。其协议标准为 1995 年颁布的 IEEE 802.3u,可支持 100 M 的数据传输速率,并且与 10BASE - T 一样可支持共享式与交换式两种使用环境,在交换式以太网环境中可以实现全双工通信。IEEE 802.3u 在 MAC 子层仍采用 CSMA/CD 作为介质访问控制协议,并保留了 IEEE 802.3 的帧格式。但是,为了实现 100M 的传输速率,在物理层做了一些重要的改进。例如,在编码上,采用了效率更高的编码方式。标准以太网采用曼彻斯特编码,其优点是具有自带时钟特性,能够将数据和时钟编码在一起,但其编码效率只能达到 50%,即在具有 20 Mbit/s 传送能力的介质中,只能传送 10 Mbit/s 的信号。所以快速以太网没有采用曼彻斯特编码,而采用 4B 或 5B 编码。

100 Mbit/s 快速以太网标准可分为 100BASE - TX、100BASE - FX、100BASE - T4。

(1)100BASE - TX 是一种使用 5 类数据级无屏蔽双绞线或屏蔽双绞线的快速以太网技术。它使用两对双绞线,其中一对用于发送数据,其中一对用于接收数据。在传输中使用 4B 或 5B 编码方式,信号频率为 125 MHz。符合 EIA586 的五类布线标准和 IBM 的 SPTl 类布线标准。使用同 10BASE - T 相同的 RJ - 45 连接器。100BASE - TX 的最大网段长度为 100 m,它支持全双工的数据传输。

(2)100BASE - FX 是使用光缆的快速以太网技术,可使用单模和多模光纤,多模光纤连接的最大距离为 550 m。单模光纤连接的最大距离为 3 000 m,在传输中使用 4B 或 5B 编码方式,信号频率为 125 MHz,它使用 MIC/FDDI 连接器、ST 连接器或 SC 连接器。它的最大网段长度为 150 m、412 m、2 000 m 或更长至 10 km,这与所使用的光纤类型和工作模式有关,支持全双工的数据传输。100BASE - FX 特别适合于有电气干扰的环境、较大距离连接或高保密环境等情况。

(3)100BASE - T4 是一种可使用 3,4,5 类无屏蔽双绞线或屏蔽双绞线的快速以太网技术,它使用 4 对双绞线,其中 3 对用于传送数据,1 对用于检测冲突信号。在传输中使用

8B/6T编码方式,信号频率为 25 MHz,符合 EIA586 结构化布线标准;使用与 10BASE – T 相同的 RJ – 45 连接器,最大网段长度为 100 m。

3. 千兆以太网

网速为 1 Gbit/s 的以太网称为千兆以太网,千兆以太网采用的标准是 802.3z,其要点如下:

(1)允许在全双工和半双工两种方式下工作;

(2)使用 802.3 协议规定的帧格式;

(3)在半双工下使用 CSMA/CD 协议;

(4)与 10BASE – T 和 100BASE – T 兼容。

千兆以太网在物理层共有两个标准:

(1)1 000BASE – X(802.3z 标准)是基于光纤通道的物理层;

(2)1 000BASE – T(802.3ab 标准)是使用 4 对 5 类 UTP,传送距离为 100 m。

4. 万兆以太网

网速为 10 000 Mbit/s 的以太网称为万兆以太网,其标准是 802.3ae,其特点如下:

(1)与 10 Mbit/s、100 Mbit/s、1 Gbit/s 以太网的帧格式完全相同;

(2)只使用光纤作为传输媒体;

(3)只工作在全双工方式下。

4.4.2　令牌环网

令牌环网最早起源于 1985 年 IBM 推出的环型基带网络。IEEE 802.5 标准定义了令牌环网的国际规范。

令牌环网在物理层提供 4 Mbit/s 和 16 Mbit/s 两种传输速率;支持 STP/UTP 双绞线和光纤作为传输介质,但较多采用 STP,使用 STP 时计算机和集线器的最大距离可达 100 m,使用 UTP 时距离可达 45 m。

令牌环网拓扑结构如图 4 – 14 所示,在这个网络有一种专门的帧称为令牌,通过在环路上持续地传输来确定一个节点何时可以发送数据包。有这个令牌才能有权利传送数据,如果一个节点(计算机)接到令牌但是没有传送数据,则把令牌传送到下一个节点。每个节点能够保留令牌的时间是有限制的。如果节点确实有数据要发送,则节点获得令牌,修改令牌中的一个标识位,把令牌作为一个帧的开始部分,然后把数据(和目的地址)放在令牌后传送到下一个节点。下一个节点看到令牌上被标记的那一位就明白有人正在用令牌,自己不能用。令牌使有数据传送的节点在没有令牌时除了等待什么也不能做,这就避免了冲突。令牌带着数据在环网上传送,直到到达目的节点。目的节点发现目的地址和自己的地址相同,将把帧中的数据复制下来,并在数据帧上进行标记,说明此帧已经被读过了。这个令牌继续在网上传送,直到回到发送节点,发送节点删除数据,并检查相应的位,看数据是否被目的节点接收并复制。

与以太网不同,令牌环网中的等待时间是有限的,而且是早已确定好的,这对一些要求可靠性和需要保证响应时间的网络来说非常重要。

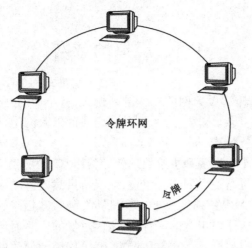

图 4 – 14 令牌环网拓扑结构

4.4.3 FDDI

光纤分布式数据接口是一个高性能的光纤令牌环网标准,该标准于 1989 年由美国国家标准局制定。FDDI 的 IEEE 协议标准为 IEEE 802.7。FDDI 以光纤为传输介质,传输速率可达 100 Mbit/s,采用单环和双环两种拓扑结构。但为了提高网的健壮性,FDDI 大多采用双环结构,如图 4 – 15 所示。主环进行正常的数据传输,次环为备用环,一旦主环链路发生故障,则备用环的相应链路就代行其工作,这样就使得 FDDI 具有较强的容错能力。

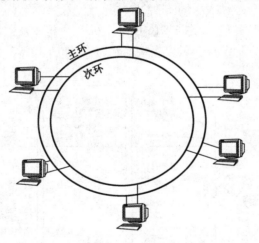

图 4 – 15 FDDI 网结构

由于 FDDI 在早期局域网环境中具有宽带和可靠性优势,其主要应用于核心机房、办公室或建筑物群的主干网、校园网主干等。但随着以太网宽带的不断提高,可靠性的不断提升,以及成本的不断降低,FDDI 的优势已不复存在。FDDI 的应用日渐减少,现主要存在于一些早期建设的网络中。

4.5 虚拟局域网

随着以太网技术的普及,以太网的规模越来越大,从小型的办公环境到大型的园区网络,网络管理变得越来越复杂。首先,在采用共享介质的以太网中,所有节点位于同一冲突域中,同时也位于同一广播域中,即一个节点向网络中某些节点的广播会被网络中所有的节点所接收,造成很大的带宽资源和主机处理能力的浪费。为了解决传统以太网的冲突域问题,采用交换机对网段进行逻辑划分。但是,交换机虽然能解决冲突域问题,却不能克服广播域问题。例如,一个 ARP 广播就会被交换机转发到与其相连的所有网段中,当网络上有大量这样的存在时,不仅是对带宽的浪费,还会因过量的广播而产生广播风暴,当交换网络规模增加时,网络广播风暴问题还会更加严重,并可能因此导致网络瘫痪。其次,在传统的以太网中,同一个物理网段中的节点就是一个逻辑工作组,不同物理网段中的节点是不能直接相互通信的。这样,当用户由于某种原因在网络中移动但同时还要继续原来的逻辑工作组时,就必然会需要进行新的网络连接乃至重新布线。

为了解决上述问题,虚拟局域网(Virtual Local Area Network,VLAN)应运而生。虚拟局域网是以局域网交换机为基础,通过交换机软件实现根据功能、部门、应用等因素将设备或用户组成虚拟工作组或逻辑网段的技术,其最大的特点是在组成逻辑网时无须考虑用户或设备在网络中的物理位置。VLAN 可以在同一个交换机或跨交换机实现。

虚拟局域网 VLAN 的示例如图 4-16 所示,应用 VLAN 技术我们将位于不同物理网段、连在不同交换机端口的节点纳入了同一 VLAN 中。经过这样的划分,位于同一物理网段中的节点不一定能直接相互通信,如图 4-16 中的主机 1、主机 2 及主机 3;而位于不同物理网段中但属于同一 VLAN 中的节点却可以直接相互通信,如图 4-16 中的主机 1、主机 4 和主机 7。

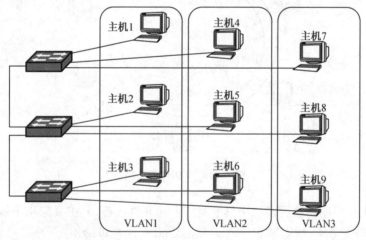

图 4-16 虚拟局域网 VLAN 的示例

4.5.1 虚拟局域网的优点

采用 VLAN 后,在不增加设备投资的前提下,可在许多方面提高网络性能,并简化网络

管理,具体表现在如下几个方面:

(1)广播风暴防范

限制网络上的广播,将网络划分为多个 VLAN 可减少参与广播风暴的设备数量。VLAN 分段可以防止广播风暴波及整个网络。VLAN 可以提供建立防火墙的机制,防止交换网络的过量广播。使用 VLAN,可以将某个交换端口或用户赋予某个特定的 VLAN 组,该 VLAN 组可以在一个交换网中或跨接多个交换机,在一个 VLAN 中的广播不会送到 VLAN 之外。同样,相邻的端口不会收到其他 VLAN 产生的广播。这样可以减少广播流量,释放带宽给用户应用,减少广播的产生。

(2)增强局域网的安全性

含有敏感数据的用户组可与网络的其余部分隔离,从而降低泄露机密信息的可能性。不同 VLAN 内的报文在传输时是相互隔离的,即一个 VLAN 内的用户不能和其他 VLAN 内的用户直接通信。如果不同 VLAN 要进行通信,则需要通过路由器或三层交换机等三层设备。

(3)成本降低

成本高昂的网络升级需求减少,现有带宽和上行链路的利用率更高,节约成本。

(4)简化项目管理或应用管理

VLAN 将用户和网络设备聚合到一起,以支持商业需求或地域需求。通过职能划分,项目管理或特殊应用的处理都变得十分方便,例如可以轻松管理教师的电子教学开发平台。此外,也很容易确定升级网络服务的影响范围。

(5)增加了网络连接的灵活性

借助 VLAN 技术,能将不同地点、不同网络、不同用户组合在一起,形成一个虚拟的网络环境,就像使用本地 VLAN 一样方便、灵活、有效。VLAN 可以降低移动或变更工作站地理位置的管理费用,特别是一些业务情况有经常性变动的公司使用 VLAN 后,管理费用会大大降低。

4.5.2　VLAN 的划分

1. 根据端口来划分 VLAN

许多 VLAN 厂商都利用交换机的端口来划分 VLAN 成员,被设定的端口都在同一个广播域中。例如,一个交换机的 1,2,3,4,5 端口被定义为虚拟网 AAA,同一交换机的 6,7,8 端口组成虚拟网 BBB。这样可以允许各端口之间的通信,并允许共享型网络的升级。但这种划分模式将虚拟网限制在一台交换机上。

第二代端口 VLAN 技术允许将跨越多个交换机的多个不同端口划分 VLAN,不同交换机上的若干个端口可以组成同一个虚拟网。

以交换机端口来划分网络成员,其配置过程简单明了。因此,从目前来看,这种根据端口来划分 VLAN 的方式仍然是最常用的一种。

2. 根据 MAC 地址划分 VLAN

根据 MAC 地址划分 VLAN 的方法是根据每个主机的 MAC 地址来划分,即对每个 MAC 地址的主机都配置它属于哪个组。这种划分 VLAN 方法的最大优点就是当用户物理位置移动时,即从一个交换机换到其他交换机时,VLAN 不用重新配置,所以可以认为这种根据 MAC 地址的划分方法是基于用户的 VLAN。这种方法的缺点是初始化时,所有用户都必须进行配置,如果有几百个甚至上千个用户的话,配置是非常费时的。而且这种划分的方法也导致了交换机执行效率的降低,因为在每一个交换机的端口都可能存在很多个 VLAN 组的成员,这样就无法限制广播了。另外,对于使用笔记本电脑的用户来说,他们的网卡可能经常更换,这样,VLAN 就必须不停地配置。

3. 根据网络层划分 VLAN

根据网络层划分 VLAN 的方法是根据每个主机的网络层地址或协议类型(如果支持多协议)划分的,虽然这种划分方法是根据网络地址(如 IP 地址),但它不是路由,与网络层的路由无关。

这种方法的优点是用户的物理位置改变了,不需要重新配置所属的 VLAN,而且可以根据协议类型来划分 VLAN,这对网络管理者来说很重要。而且,这种方法不需要附加的帧标签来识别 VLAN,可以减少网络的通信量。

这种方法的缺点是效率低,因为检查每一个数据包的网络层地址是需要消耗处理时间的(相对于前面两种方法),一般的交换机芯片都可以自动检查网络上数据包的以太网帧头,但要让芯片能检查 IP 帧头,需要更高的技术,同时也更费时。当然,这与各个厂商的实现方法有关。

4.6　本　章　小　结

通过本章的学习,我们知道局域网具有传输范围小、速度快和误码率低等特点;了解了常见的局域网拓扑结构有总线型、星型和环型;掌握局域网在传输数据时,为避免冲突,常采用 CSMA/CD 和令牌环技术的原理;能够在组建局域网时,选用相应的网络设备和介质;了解常用的局域网可以采用的技术;为避免局域网的一些缺陷,掌握广泛采用的虚拟局域网(VLAN)技术。

习　　题

1. 填空题

(1)_____成为现行的以太网标准,并成为 TCP/IP 体系结构的一部分。

(2)我们常见的局域网拓扑结构有_____、_____和_____等。

(3)集线器属于_____层设备,交换机属于_____层设备,路由器属于_____层设备。

(4)568B 线序的布线排列从左到右依次为_____、_____、_____、_____、_____、_____、_____、_____。

(5)局域网中的数据链路层可细分为_____子层和_____子层。

(6)IEEE 802.3 协议主要描述_____技术,IEEE 802.4 协议主要描述_____技术,IEEE 802.5 协议主要描述_____技术,IEEE 802.11 协议主要描述_____技术。

(7)VLAN 可根据_____、_____和_____划分。

(8)WLAN 通过_____技术来实现数据传输。

(9)IEEE 802.11a 定义 WLAN 工作于＿＿＿＿＿＿频率,带宽为＿＿＿＿＿＿；IEEE 802.11b 定义 WLAN 工作于＿＿＿＿＿＿频率,带宽为＿＿＿＿＿＿；IEEE 802.11g 定义 WLAN 工作于＿＿＿＿＿＿频率,带宽为＿＿＿＿＿＿。

2. 简答题

(1)简述 CSMA/CD 技术的工作原理。

(2)简述交换机的工作原理。

(3)虚拟局域网相对于局域网有哪些优势?

(4)请仔细观察和询问学校机房或者你所在的寝室楼的计算机网络拓扑结构,并绘制出来。

第 5 章　广域网与网络互联

学习目标

● 掌握常用的广域网技术
● 国内广域网链路有哪些选择
● 掌握广域网线路及特点
● 掌握网络互联的知识

5.1　广域网技术

关于广域网(Wide Area Network, WAN),常见的描述有:

(1)按覆盖范围分类:当网络跨度范围较大时(过去一般认为大于 20 km),就叫广域网。

(2)按技术实现分类:局域网时符合 IEEE 802 系列标准的网络,而广域网时使用 DDN、X.25、Frame Relay 等技术的网络。

(3)其他分类:由服务供应商提供的网络为广域网,因为通常 DDN、X.25、Frame Relay 等都是由运营商提供的。

对于第一种分类,由于网络技术的发展,也可以使用局域网的方式进行大范围互联,局域网覆盖范围越来越大;对于第二种分类,目前网络技术发展使各种技术融合,它们之间的界限也越来越模糊;第三种分类也有不妥之处,即个别有实力的大型企业自己建设跨地域网络,同时服务商提供的网络也向用户延伸。由此可见,计算机网络本身发展太快,以至于对现在的网络技术和设备进行分类越来越困难。因此,应该把 3 个描述捆绑在一起理解。

广域网覆盖的地理范围非常广,因此通常需要向广域网的服务提供商或通信公司申请,由它们提供相应的服务。随着计算机与通信技术的不断发展,广域网的数据通信环境也在不断改善,特别是传播介质由电缆逐步走向光纤。随着光传播和介入技术的不断发展,广域网的传播带宽越来越宽,性能越来越优良,为网络互联提供了越来越好的通信环境。

随着技术的发展,广域网技术的种类越来越多,传播速度和传输质量越来越高,可供选择的余地也越来越大。目前比较常用的广域网技术主要有以下几种:

1. PSTN + Modem

电话通信网络是目前规模最大的遍布世界任何角落的通信网络,这种方式覆盖面广、对网络投资要求最低。PSTN 的基本业务是语音通信,每个语音的带宽为 0.3 ~ 3.4 kHz。由于电话网是一个模拟网络,用户到电话之间传输的是模拟信号,因此需要加上 Modem 才能进行数字数据的传输。但由于受到模拟语音频带的限制,通信速度在未压缩时不能超过 28.8 kbit/s(采用压缩技术后也不能超过 56 kbit/s)。电话网的传输质量、接通率、电路利用率都不能满足网络数据通信发展的需求,特别不适合突发性和对差错要求严格的数据通信业务,更不涉及传播综合业务。

2. 分组交换网

分组交换(X.25)网是一种典型的面型连接的分组交换网,也是早期广域网中广泛使用的一种通信技术,一般用于大范围的低速数字通信。为了保证数据传输的可靠性,分组交换建立在原有的速率较低、误码率较高的电缆传输介质上,具有差错控制、流量控制、拥塞控制等功能。X.25 网的协议复杂,延迟较大,传输速率较低,最大传输速度仅为 64 kbit/s。此外,它采用月租 + 流量双重计费的收费方式,收费相对较高。20 世纪 80 年代至 90 年代,分组交换曾经应用得非常普遍,但现在已经逐渐被帧中继取代。

3. 数字数据网络

数字数据网络(DDN)通常称专线,是利用数字信道传输技术传播数据信号的数据传输网络。DDN 通过半永久性连接电路(实际上是用户租用的专用线路)为用户提供一个高质量、高带宽的数字传输通道,可以提供 9.6 kbit/s ~ 2 Mbit/s 的传输速率。DDN 通常使用同步通信来传输数据,已达到较高的传输速率。DDN 是完全透明的传输网络,它没有交换功能(只进行交叉连接),不对 DDN 信道中的信息做任何附加处理,用户可以在租用的专用电路上传输任何协议的信号。服务提供商为用户提供的数据路径是专为用户保留的,别人不能使用,这对于实时性强、速度高、通信量大的用户来说是理想的,但它的最大缺点是价格较高。

4. 综合业务数字网络

综合业务数字网络 ISDN 是在电话综合数字网(IDN)的基础上发展起来的,它提供端到端的数字连接,同时提供各种通信业务,包括语音、数据、可视图文、可视电话、传真、电子邮箱、会议电视、语音信箱和网络互联等。ISDN 可以分为两代:第一代 ISDN 也称为窄带 ISDN,即 N - ISDN,它基于 64 kbit/s 通道作为基本交换部件,采用电路交换方式,智能提供 25 Mbit/s 以下的业务;第二代 ISDN 则称为宽带 ISDN,即 B - ISDN,它采用快速分组(固定长)交换,支持高速(几百至上千兆比特每秒)数据传输。目前使用的 BRI 和 PRI 都属于 N - ISDN(通常称为 ISDN),它建立在铜缆电话网的基础上而且与模拟通信(即标准电话)端到端兼容,但它本质上不同于模拟通信。宽带 ISDN 则是以光纤作为干线和用户环路的传输介质。

5. 帧中继

帧中继(FR)是由 X.25 发展而来的,建立在数据传输率高、误码率低的光纤上。帧中继在 X.25 的基础上,简化了差错控制(包括检测、重传和确认)、流量控制和路由选择功能而形成的一种快速分组交换技术,传输速率一般为 56 kbit/s ~ 2 Mbit/s。帧中继的特点是传输速度高、网络延时小、处理速度快、能够适应突发性业务等。使用帧中继技术,不仅可以利用现有资源为用户节省设备开销,降低线路费用,而且其产品基本上都是在标准完成后推出的,因而标准化程度高,产品兼容性好。自 1991 年开始投入使用以来,其发展呈"爆炸式"增长。

6. 交换式多兆比特数据服务

交换式多兆比特数据服务(SMDS)是帧中继技术后出现的又一项高速网络技术。它适合更高速度要求的网络服务,提供 1.5 ~ 45 Mbit/s 的传输速率,填补了现有的远程通信手段与 ATM 技术之间的空白,是第一个设计用于提供无连接数据服务的宽带通信协议。但是,SMDS 不是 ISO、ITU － T 和 ANSI 的标准,而是美国 Bell 公司下属的 Bellcore 在 1993 年公布的一项标准。SMDS 在很多方面与帧中继相似,又采用了与 ATM 高度兼容的长度固定的 53 B 的信元(内部有差异),与 ATM 连接非常方便,对用户来讲可以用作向 ATM 技术的过渡。但我国迄今还没有采用此项技术,因此在后面将不再介绍它。

7. 异步传输模式

异步传输模式(ATM)是建立在电路交换和分组交换的基础上的传输模式(或交换方式),是一种快速分组交换技术,它充分利用了电路交换实时性好、分组交换信道利用率高且灵活性好的优点。ATM 是一种面向连接的技术,采用小的、固定长度(53B)的数据传输单元(信元,故有时称 ATM 为信元交换),支持多媒体通信,服务质量有保证,网络传输延迟小,适应实时通信的要求,没有链路对链路的纠错与流量控制,协议简单,数据交换率高,数据传输速率为 155 Mbit/s ～ 2.4 Gbit/s,既可用在局域网,又可用在广域网。ATM 的缺点主要是技术复杂,新的应用技术还不是很成熟(与 IP 技术相比),价格较高。ATM 是当前备受关注的一种技术,ATM 的许多设计思想具有重要意义,对网络的发展做出了贡献,最主要的一点就是 ATM 基于信令的实现方式,既解决了网络的一些问题,可以利用信令协商通信资源和通信参数,保证服务质量,也可以通过信令的方式实现专用的通信信道,保证通信的安全性。

尽管这些业务在一些情况下彼此会产生竞争,但在多数情况下会互补。在网络中可以根据需要选用多种服务,以达到少花钱、办好事的效果。此外,由于技术的发展非常快,所以在实际选用中要先详细咨询当地的服务提供商后再做决定。不同 WAN 业务比较见表 5 － 1。

表 5 － 1 不同 WAN 业务比较

	PSTN + Modem	X. 25	DDN	ISND	FR	ATM
速度	≤56 kbit/s	≤64 kbit/s	≤2 Mbit/s	144 kbit/s	≤2 Mbit/s	155 Mbit/s ～ 2.4 Gbit/s
传输类型	数据	数据	数据、语音、图像	数据、语音、图像	数据、语音、图像	数据、语音、多媒体、视频
收费方式	连接时间	月租 + 流量	固定	连接时间	固定	固定
费用	变化	较高	高	变化	低	很高
突出特点	方便	传输质量较高、速度慢	传输快、协议简单	方便	速度快、允许突发	速度很快
使用场合	对速度、质量要求不高,连接时间短	大范围内的低速数字通信	实时性强、速度高、通信量大	小办公室、拨号	实时性强、速度高、通信量大	实时性强、速度高、通信量大、通信质量要求高
发展趋势	减少	减少	平稳	平稳	增加	增加

广域网组成总体上包括以下部分:长途物理线路、本地环路(Local Loop)、核心设备、边缘接入设备、网络接口。

5.2　广域网链路的选择

从前面的概述中已经了解了几种主要的广域网技术,这些技术可以分成以下两类:专线和交换连接,其中交换连接又可分为电路交换和包交换。其具体分类如图 5-1 所示。

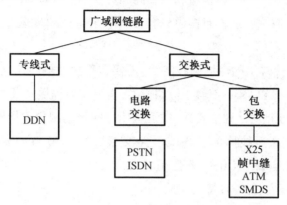

图 5-1　广域网技术的分类

由于数据通信的任务是传输数据,当然希望速度快、出错率低、信息传输量大、可靠性高,而且既经济又便于维护。那么,在实际组网时如何选择广域网链路呢? 一般要根据具体应用的需要和费用来选择。

选择广域网技术主要考虑的因素包括能否满足业务需要、需要的带宽、费用,选择满足需要的广域网产品。

目前国内广域网链路主要有以下几种选择:

1. 专线

专线作为一种高带宽、高质量的数字传输,既可用于数据、语音的传输,又可用于图像传输,而且各种数据链路层的封装方法提供了灵活可靠的性能,因此通常是广域网设计的合理选择。在网络设计中,专线通常作为重要地点之间或校园网之间的核心或骨干连接,对于实时性强、速度要求较高、通信量大的情况来说是很理想的。典型的应用情况是点对点的连接,可以采用 PPP 或 HDLC 封装协议,其缺点是费用较高。

2. 包交换技术

包交换技术主要有 X.25、SMDS、帧中继和 ATM 4 种,但我国没有采用 SMDS 技术。如果需要覆盖较大的地理范围,需要较长的连接时间,而且主要是数据传输,则包交换技术是非常有效的。

X.25 由于传输速率较低(最大传输速率仅为 64 kbit/s),而收费较高,从 20 世纪 90 年代末起就已较少被采用,而且一些原本使用 X.25 的用户也大量改用帧中继,这里不推荐使用。

点到点特别是点到多点的广域网设计,目前帧中继可以说是最好的选择。帧中继的特点是网络延时小,传输速率高,可靠性高,能够适应多种业务情况。使用帧中继技术,不仅可以利用现有资源,为用户节省设备开销,线路费用也较低,而且其产品基本上都是在标准完成后推出的,标准化程度高,产品兼容性好。

ATM 更多被称为信元交换,是建立在电路交换和分组交换的基础上的交换方式,充分利用了电路交换实时性好、包交换信道利用率高和灵活性好的优点。ATM 的缺点主要是技术复杂,相对不成熟,价格较高,而且国内只有很少地方提供 ATM 服务,因此一般不予考虑。

3. 电路交换

电路交换也是一种常用的广域网技术,它需要在每次通信时建立、维持和结束一条物理链路。PSTN + Modem 和 ISDN 都属于电路交换,电路交换提供的带宽一般较低,当一个地点到另一个地点需要连接时才建立连接,把远程用户和移动用户连接到局域网使用电路交换。电路交换还用于高速线路的备份。电路交换技术一般与按需拨号路由选择技术(Dial – on – demand Routing,DDR)一起使用。

DDR 技术通常在以下两种环境下应用:

(1)只在制订类型的信息需要传送开始请求时;

(2)当提供备份的链路故障或负载过高需要分担时。

5.3 广域网的实施

在为相应的机构选择广域网时,需要权衡许多因素:这个广域网解决方案如何才能利用好现有的局域网或广域网设备;用户和应用需要的传输速率、安全性;广域网需要跨越的传输距离;广域网随时间推移将会扩展到何种程度;目前可以提供怎样的广域网技术。

广域网技术中最重要的可预测的因素是传输速率、可靠性和安全性。当然,成本也是重要因素之一,但它会由于实际情况不同而相差悬殊。所以应该和 ISP 或本地服务提供商接触后再进行成本评估。

5.3.1 传输速率

每一种广域网线路类型都既有优点又有缺点,当选择广域网线路时,有许多因素需要考虑,主要是实用性、带宽和费用。表 5 – 2 列举了多种类型广域网线路的应用情况。必须牢记一点:每一种技术采用的传输方法(例如,帧中继采用的交换方式与 T1 采用的点对点方式)将会影响实际的吞吐量,所以最大传输速率只是一种理论值,实际的传输速率可能会不同。

表5-2 广域网线路及特点

线路类型	最大传输速率	特点
ISDN	128 kbit/s	ISDN BRI 在两个 B 信道集成在一起时,提供 128 kbit/s 速率,既适用于终端节点和小的分支机构,也适用于与其他广域网连接的备份、数据和语音在一起
X.25	2 Mbit/s	一种老式的包交换技术,具有高可靠性特点。一般只适用于帧中继服务不可用的地方
帧中继	最高可达 44.736 Mbit/s	一般提供 T1(1.544 Mbit/s)或更低的速率,应用共享的广域网设备。永久虚电路(PVC)使帧中继适用于远程办公节点
ATM	622 Mbit/s	高成本的信元交换技术,提供高吞吐量。作为广域网技术,适用于服务提供商和对带宽要求敏感的应用
SMDS	1.544 Mbit/s 和 44.736 Mbit/s	与 ATM 密切相关,通常用在城域网(MAN)中
T1、T3	1.544 Mbit/s 和 44.736 Mbit/s	在电信中广泛应用
XDSL	51.84 Mbit/s	DSL 提供全天候的连接。一旦用户打开它们连接到 DSL 的电脑,就被连接了。DSL 技术有 ADSL(非对称)和 SDSL(对称)两种类型
SONET	9 952 Mbit/s	快速的光纤传输
Cable Modem	10 Mbit/s	电缆调制解调器可以使用传输有线电视的同轴电缆进行双向的、高速的数据传输
异步拨号	56 kbit/s	通过普通电话线来提供有限的带宽,但是具有高广泛性和可用性
地面无线	11 Mbit/s	微波和激光链路
人造卫星无线	2 Mbit/s	微波和激光链路

5.3.2 可靠性

每一种广域网技术的可靠性都不一样。广域网的可靠性取决于它使用的传输介质(例如,光纤比铜缆更可靠)、拓扑结构和传输方法(例如,全网状连接广域网比半网状连接广域网的可靠性更高,这是因为前者在传输数据时,如果一条连接失败,还有其他的传输路径可供选择)。广域网技术可以大致分为以下几种:

(1)不是很可靠,适合于个人用户或不重要的传输:通过 PSTN 的拨号连接。

(2)足够可靠,适合于每天都要进行的传输:ISDN、T1、部分 T1、T3、xDSL、线缆,X.25 和帧中继。

(3)非常可靠,适合于对出错率要求高的应用:FDDI、ATM 和 SONET。

尽管 PSTN 线路是所有广域网技术中最不可靠的,但它足以满足大部分远距离工作的目的。它的可靠性取决于连接用户所在地的本地电话线路的质量,而本地电话对于不同的城市与城市间甚至邻居与邻居间线路的质量,都是互不相同的。有些连接可能都是数字的,其他的(特别是在乡村地区)连接可能就是模拟的了。有些可能比其他的更容易受噪声的干扰。采用 PSTN 的拨号连接线路的质量也取决于用户调制解调器的质量,毫无疑问,多用户的调制解调器的质量是各不相同的。对于需要从跨省的分支机构接收电子邮件和数据文件的公司员工,通常采用 ISDN 或 T1 线路就足够了。然而,有些应用则要求最高的可靠性。例如,如果将公司在国外的视频会议传送到国内,就要使用如 SONET 那样可靠性非常高的技术了。

5.3.3　安全性

安全性并不仅仅取决于所用的传输介质的类型,还需要考虑以下因素:

(1)广域网安全性与每个传媒提供商为其线路所实施的安全防范措施有一定的关系。当租用 T1、帧中继或 SONET 环时,应该咨询大量的提供商,搞清楚他们是如何对传输的信息进行保密的。还应该清楚安全连接设备,如防火墙是否在连接的两端都采用了。

(2)加强对访问局域网和广域网的口令的认证,并教会用户如何选用难以破译的口令。

(3)为机构用户开发、公布及加强安全措施。坚持限制对放置网络设备的房间和数据中心的访问。

上述所有因素都有利于保证网络的安全性。换句话说,选择使用何种网络技术不如针对整个网络进行的安全防范措施更重要。

5.3.4　虚拟私用网络

虚拟私用网络(VPN)是远距离传输的网络,它从逻辑上定义了利用公用传输系统的一个组织的所有用户,使得该组织的传输业务与使用同一公用传输系统的其他用户隔离开来。VPN 提供了利用现有的公用传输系统构建广域网的一种途径。例如,一个组织可以在因特网上构建一个私用的广域网来只为其自己的业务服务,同时保持数据的安全并与其他(公用)业务隔离。

由于 VPN 并不需要租用全部的 T1 线路或帧中继系统,它们提供了创建远距离广域网的一种并不是十分昂贵的解决方案,VPN 采用特殊的协议和安全技术保证了数据只能在广域网的节点处得到解析。所用的安全技术可能是纯软件的,或者包含了如防火墙这样的硬件。用来建立 VPN 的软件通常都不贵。有些情况下,这些软件还捆绑有其他用途广泛的软件,例如:Windows Server 都带有一个叫做 RAS 的远程接入工具,它允许用户创建一个简单的 VPN。

图 5 - 2 描述了一种可行的 VPN 解决方案。VPN 的优点就在于它能根据用户对距离和带宽的需求量体裁衣,因此对每个用户都会有所不同。

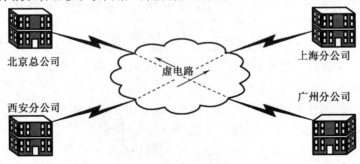

图 5 - 2　VPN 的例子

至此已学习了几乎所有适用于远距离联网的连接类型。但还不知道一般的用户是怎样连接到广域网的。在一个拥有企业级网络的机构,使用广域网与使用局域网没有什么区别。用户可能会登录到公司位于北京的网络,打开 Windows Explorer,然后选择一台位于上海的服务器并打开它上面的一个 PowerPoint 加演示文稿来浏览。由于广域网连接使用户的计算机看起来就像是一个大网络的一部分(假设网络管理员已经完成了配置工作),所以用户的计算机并不关心这个演示文稿的具体位置。然而,如果用户在家里或者在旅途中,连接广域网或局域网就有些不同了。作为一个远程用户,可以有 3 种方法连接到局域网。

(1)直接拨号到局域网

客户直接拨号到局域网的远程访问服务器上。远程访问服务器(也叫作拨号服务器)是一种软硬件结合的产品。它为拨号访问局域网或广域网的用户提供了一个中心接入点。局域网对待直接拨号访问的远程用户像局域网中的任何其他用户一样;也就是说,远程用户可以执行他在办公室里的同样功能。拨号访问局域网的计算机在接入后就成为网络的一个远程节点。尽管这种远程接入方法配置起来是最复杂的,特别是在服务器端,但它能够提供最高的安全性。同时,当因特网发生拥塞时,直接拨号连接的传输速率会让人无法忍受。如果服务器硬件和软件使用得当,这种连接就可以支持多用户同时访问局域网。

(2)直接拨号到工作站

远程用户拨号进入直接与局域网连接的工作站。软件一旦运行在远程用户的计算机和局域网的计算机上时,就允许远程用户"接管"局域网的工作站,这就是所谓的远程控制。远程控制配置起来并不困难,并且享受与直接拨号连接到远程访问服务器这种方法同样的安全性和吞吐量。另外,这种方法为像数据库这样的处理密集型应用提供了最佳性能。这是因为这种数据处理在连接到局域网内的工作站上进行,而不用经过较慢的调制解调器连接到远程工作站上去处理。这种方案的缺点是在任何时候它都只能允许一个到局域网的连接。

(3)Internet 接口

通过浏览器,如 Internet Explorer,用户在家里或在旅途中连接到一个局域网时,通过 web 服务器软件,该局域网的文件对 web 就可见了。这种方法需要在客户端和服务器端进行一些配置。但它通常不像直接拨号那样难以配置。但是,由于远程用户采用该方法建立的连接不是专用的,就像直接拨号那样不能对它的安全性和吞吐量进行全面控制。然而,Web 接口使用起来很简单并且用途广泛。另外,采用这种方法几乎可以同时访问局域网的资源。

只要软硬件配置得当,远程连接几乎可以在任何运行了操作系统的工作站间建立起来。

最简单的拨号访问服务器还是 RAS(远程访问服务),除了 Microsoft 的远程访问方法之外,网络硬件制造商,如 Cisco 和 3Com 都用自己的远程访问技术去占领市场。另外,还有大量的专门的软件公司都提供运行于 Windows、unix 服务器上的这类程序。选择哪种方法将取决于用户对诸如安全性、吞吐量、连接数量、成本及用户和技术支持人员中的专家数量等因素。

5.4 网络互联

局部范围内的以太网适合于办公室环境,令牌环网适合于实时业务传送,广域网内各种类型网络的差别和应用局限性更为明显。不存在单一某种网络技术对所有的应用需求都是最好的,通常是根据实际的需求来确定网络的类型。使用多个物理网络的明显问题是,连接在一个网络内的计算机只能与连在同一个网络内的其他计算机通信,不能与连在其他网络内的计算机通信。为解决这一问题,就必须提供一种通用服务,使得任意两台计算机(无论在哪个网络上)都能进行通信,就像任意两个电话之间可以通话一样,在异构网络之间实现通用服务的方案称为网络互联。网络互联既需要硬件,也需要软件,可实现网络间的数据通信和资源共享。

5.4.1 网络互联的必要性

网络互联是指将不同的网络连接起来,以构成更大规模的网络系统,实现网络间的数据通信、资源共享和协同工作。随着商业需求的推动,特别是 Internet 的深入人心,网络互联技术成为现实。

网络互联可以将不同的网络或相同的网络用互连设备连接在一起形成一个范围更大的网络,为增加网络性能及安全和管理方面的考虑,将原来一个很大的网络划分为几个网段或逻辑上的子网,实现异种网之间的服务和资源共享。

网络互联可以改善网络性能,提高系统的可靠性,改进系统的性能,增加系统保密性,建网方便,扩大地理覆盖范围。

5.4.2 网络互联的基本原理

1. 网络互联的要求

由于不同的网络间可能存在各种差异,因此对网络互联有如下要求:

(1)在网络之间提供一条链路,至少需要一条物理和链路控制的链路。

(2)提供不同网络间的路由选择和数据传送。

(3)提供各用户使用网络的记录和保持状态信息。

(4)在网络互联时,应尽量避免由于互联而降低了网络的通信性能。

(5)不修改互联在一起的各网络原有的结构和协议。这就要求网络互联设备应能进行协议转换,协调各个网络的不同性能,这些性能包括:不同的寻址方式、不同的最大分组长度、不同的传输速率、不同的时限、不同的网络访问机制、差错恢复、状态报告、路由选择技术、用户访问控制、连接和无连接。

当源网络发送分组到目的网络,要跨越一个或多个外部网络时,这些性能差异会使得数据包在穿过不同网时会产生很多问题。网络互联的目的就在于提供不依赖于原来各个网络特性的互联网络服务。

2. 基本原理

网络互联的基本原理是 ISO 7 层协议参考模型。

不同目的的网络互联可以在不同的网络分层中实现。由于网络间存在差异,需要用不同的网络互联设备将各个网络连接起来。根据网络互联设备工作的层次及其所支持的协议,可以将网间设备分为中继器、网桥、路由器和网关,如图 5 - 3 所示。

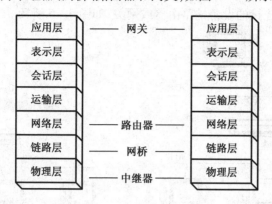

图 5 - 3　网络互联设备所处的层次

(1)物理层:用于不同地理范围内的网段的互联。通过互联,在不同的通信媒体中传送比特流,要求连接的各网络的数据传输率和链路协议必须相同。

工作在物理层的网间设备主要是中继器,用于扩展网络传输的长度,实现两个相同的局域网段间的电气连接。它仅仅是将比特流从一个物理网段复制到另一个物理网段,而与网络所采用的网络协议(如 TCP/IP、IPX/SPX、NETBIOS 等)无关。物理层的互联协议最简单,互联标准主要由 EIA、ITU - T、IEEE 等机构制定。

(2)数据链路层:用于互联两个或多个同一类型的局域网,传输帧。

桥可以连接两个或多个网段,如果信息不是发向桥所连接的网段,则桥可以过滤掉,避免了网络的瓶颈。局域网的连接实际上是 MAC 子层的互联,MAC 桥的标准由 IEEE 802 的各个分委员会开发。

(3)网络层:主要用于广域网的互联。网络层互联解决路由选择、阻塞控制、差错处理、分段等问题。

工作在网络层的网间设备主要是路由器。路由器提供各种网络间的网络层接口。路由器是主动的、智能的网络节点,它们参与网络管理,提供网间数据的路由选择,并对网络的资源进行动态控制等。路由器是依赖于协议的,它必须对某一种协议提供支持,如 IP、IPX 等。路由器及路由协议种类繁多,其标准主要由 ANSI 任务组 X3S3.3 和 ISO/IEC 工作组 TCl/SC6/WG2 制定。

(4)高层:用于在高层之间进行不同协议的转换,也最复杂。

工作在第三层以上的网间设备称为网关,它的作用是连接两个或多个不同的网络,使之能相互通信。这种"不同"常常是物理网络和高层协议都不一样,网关必须提供不同网络间协议的相互转换。最常见的,如将某一特定种类的局域网或广域网与某个专用的网络体系结构相互连接起来。

5.4.3　网络互联的类型

网络互联可分为 LAN - LAN、LAN - WAN、LAN - WAN - LAN、WAN - WAN 4 种类型。

1. LAN - LAN

LAN－LAN 又分为同种 LAN 互联和异种 LAN 互联。常用设备有中继器和网桥,如图 5－4 所示。

2. LAN－WAN

LAN－WAN 用来连接的设备是路由器或网关,如图 5－5 所示。

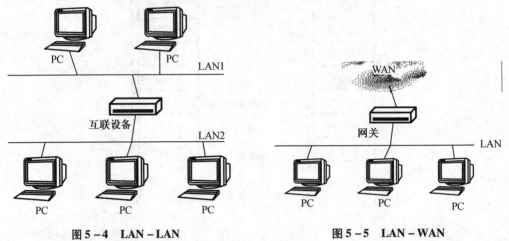

图 5－4　LAN－LAN　　　　　　　　　图 5－5　LAN－WAN

3. LAN－WAN－LAN

LAN－WAN－LAN 将两个分布在不同地理位置的 LAN 通过 WAN 实现互联,连接设备主要有路由器和网关,如图 5－6 所示。

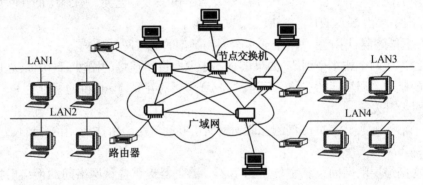

图 5－6　LAN－WAN－LAN

4. WAN－WAN

WAN－WAN 通过路由器和网关将两个或多个广域网互联起来,可以使分别连入各个广域网的主机资源能够实现共享,如图 5－7 所示。

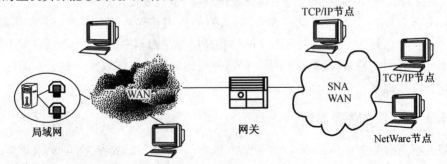

图 5－7　WAN－WAN

5.4.4　网络互联的方式

为将各类网络互联为一个网络,需要利用网间连接器或通过互联网实现网络互联。

1. 利用网间连接器实现网络互联

网络的主要组成部分是节点(即通信处理器)和主机,按照互联的级别不同,又可以将这种分类方式分为两类:

(1)节点级互联

节点级互联较适合于具有相同交换方式的网络互联,常用的连接设备有网卡和网桥。

(2)主机级互联

主机级互联主要适用于不同类型的网络间进行互联的情况,常用的网间连接器是网关。

2. 通过互联网实现网络互联

在两个计算机网络中,为了连接各种类型的主机,需要多个通信处理机构成一个通信子网,然后将主机连接到子网的通信处理设备上。当要在两个网络间进行通信时,源网可将分组发送到互联网上,再由互联网把分组传送给目标网。

3. 两种转换方式的比较

当利用网关把 A 和 B 两个网络进行互联时,需要两个协议转换程序,其中之一用于 A 网协议转换为 B 网协议;另一程序则进行相反的协议转换。用这种方法来实现互联时,所需协议转换程序的数目与网络数目 n 的平方成比例,即程序数为 $n(n-1)$,但利用互联网来实现网络互联时,所需的协议转换程序数目与网络数目成比例,即程序数为 $2n$。当所需互联的网络数目较多时,后一种方式可明显减少协议转换程序的数目。

5.4.5　网络互联设备

按照网络互联设备工作的层次不同,可以将网络互联设备分为中继器、网桥、路由器和网关,它们分别工作在 OSI 参考模型的物理层、数据链路层、网络层、传输层以上的高层。

1. 中继器

常见中继器外形如图 5-8 所示。

工作原理:工作于网络的物理层,用于互联两个相同类型的网段(例如两个以太网段),它在物理层内实现透明的二进制比特复制,补偿信号衰减,即中继器接收从一个网段传来的所有信号,放大后发送到下一个网段。

中继器具有如下特性:

(1)中继器仅作用于物理层。

(2)只具有简单的放大、再生物理信号的功能。

图 5-8　中继器

(3)由于中继器工作在物理层,在网络之间实现的是物理层连接,因此中继器只能连接相同的局域网。

(4)中继器可以连接相同或不同传输介质的同类局域网。

(5)中继器将多个独立的物理网连接起来,组成一个大的物理网络。

(6)由于中继器在物理层实现互联,所以它对物理层以上各层协议完全透明,也就是说,中继器支持数据链路及其以上各层的所有协议。

使用中继器时应注意两点:一是不能形成环路;二是考虑到网络的传输延迟和负载情况,不能无限制地连接中继器。

2.网桥

常见网桥如图5-9所示。

(1)网桥的工作原理

网桥是用于连接两个或两个以上具有相同通信协议、传输介质及寻址结构的局域网间的互联设备,能实现网段间或 LAN-LAN 互联,互联后成为一个逻辑网络。它也支持 LAN-WAN互联,网桥的工作原理如图5-10所示。

图5-9 网桥

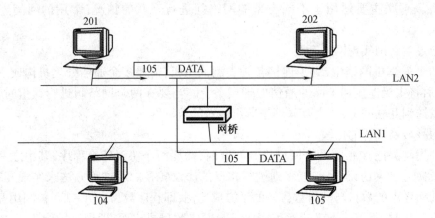

图5-10 网桥的工作原理

如果 LAN2 中地址为 201 的计算机与同一局域网的 202 计算机通信,网桥就可以接收到发送帧,在进行地址过滤时,网桥会不转发并丢弃帧;如果要与不同局域网的计算机,如同 LAN1 中的 105 计算机通信,网桥检查帧的源地址和目标地址,目的地址和源地址不在同一个网络段上,就把帧转发到另一个网段上,这样 105 计算机就能接到信息。

(2)网桥的功能

①帧转发和过滤功能

网桥的帧过滤功能十分有用,当一个网络由于负载很重而性能下降时,网桥可以最大限度地缓解网络通信繁忙的程度,提高通信效率。

②源地址跟踪

网桥接到一个帧以后,将帧中的源地址记录到它的转发表中。转发表包括网桥所能见到的所有连接站点的地址。这个地址表是互联网所独有的,它指出了被接收帧的方向。

③生成树演绎

因为回路会使网络发生故障,所以扩展局域网的逻辑拓扑结构必须是无回路的。网桥可使用生成树(Spanning Tree)算法屏蔽网络中的回路。

④透明性

网桥工作于 MAC 子层,对于它以上的协议都是透明的。

⑤存储转发功能

网桥的存储转发功能用来解决穿越网桥的信息量临时超载的问题,即网桥可以解决数据传输不匹配的子网之间的互联问题。网桥的存储转发功能一方面可以增加网络带宽,另一方面可以扩大网络的地理覆盖范围。

⑥管理监控功能

网桥的一项重要功能就是对扩展网络的状态进行监控,其目的就是更好地调整逻辑结构,有些网桥还可对转发和丢失的帧进行统计,以便进行系统维护。

(3)网桥带来的问题

①广播风暴

网桥要实现帧转发功能,必须要保存一张"端口 – 节点地址表"。随着网络规模的扩大与用户节点数的增加,实际的"端口 – 节点地址表"的存储能力有限,会不断出现"端口 – 节点地址表"中没有的节点地址信息。当带有这一类目的地址的数据帧出现时,网桥就将该数据帧从除输入端口之外的其他所有端口中广播出去。这种盲目发送数据帧的做法会导致广播风暴。

②增加网络时延

网桥在互联不同的局域网时,需要对接收到的帧进行重新格式化,以适合另一个局域网 MAC 子层的要求,还要重新对新的帧进行差错校验计算,这就造成了时延的增加。

③帧丢失

当网络上的负荷很重时,网桥会因为缓存的存储空间不够而发生溢出,造成帧丢失。

(4)网桥的分类

①路由算法

按路由算法的不同,网桥可分为透明网桥和源路由网桥。

透明网桥也称适应性网桥,工作在 MAC 子层,只能连接相同类型的局域网。

源路由网桥也工作在 MAC 子层,源路由指信源站事先知道或规定了到信宿站之间的中间网桥或路径。所以源路由网桥需要用户参与路径选择,可以选择最佳路径。

②连接的传输介质

按连接的传输介质不同,网桥可分为内部网桥和外部网桥。

内桥是文件服务的一部分,通过文件服务器中的不同网卡连接起来的局域网,由文件服务器上运行的网络操作系统来管理。

外桥安装在工作站上,实现两个相似或不同的网络之间的连接。外桥不运行在网络文件服务器上,而是运行在一台独立的工作站上。

③网桥是否具有智能

按是否具有智能,网桥可分为智能网桥和非智能网桥。

前者在为信包选择路由时,无须管理员给出路由信息,具有学习能力。

后者则要求网络管理员提示路由信息。

④网桥连接

按连接是本地网还是远程网,网桥可分为本地网桥和远程网桥。

本地网桥指在传输介质允许长度范围内互联网络的网桥。

远程网桥指连接的距离超过网络的常规范围时使用的网桥。本地网桥与远程网桥如图 5 - 11 所示。

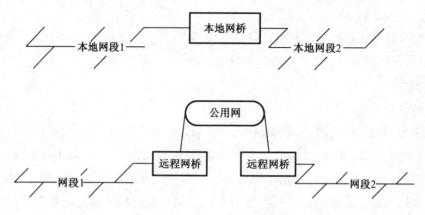

图 5 - 11　本地网桥与远程网桥

注意:局域网中常用的集线器可看作一个多端口的中继器,而交换式局域网中使用的交换机可看作多端口的网桥。近年来,随着连接设备硬件技术的提高,已经很难再把集线器、交换机、中继器和网桥之间的界限划分得很清楚了。集线器能够支持各种不同的传输介质和数据传输速率。有些集线器还支持多种传输介质的连接器和多种数据传输。

交换机这种设备可以把一个网络从逻辑上划分成几个较小的段。不像属于 OSI 参考模型第一层的集线器,交换机属于 OSI 参考模型的数据链路层(第二层),并且它还能够解析出 MAC 地址信息。从这个意义上讲,交换机与网桥相似。

3. 路由器

常见路由器如图 5 - 12 所示。

图 5 - 12　常见路由器

(1)工作原理

路由器工作在网络层,用于连接多个逻辑上分开的网络。为了给用户提供最佳的通信路径,路由器利用路由表为数据传输选择路径。路由表包含网络地址和各地址之间距离的清单,路由器利用路由表查找数据包从当前位置到目的地址的正确路径。路由器使用最少时间算法或最优路径算法来调整信息传递的路径,如果某一网络路径发生故障或堵塞,路由器可选择另一路径,以保证信息的正常传输。路由器可进行数据格式的转换,成为不同协议之间网络互联的必要设备。

图 5-13 说明了路由器的工作原理。局域网 1 中的源节点 101 生成了一个或多个分组,这些分组带有源地址与目的地址。如果局域网 1 中的节点 101 要将局域网 3 中的目的节点 105 发送数据,那么它只按正常工作方式将带有源地址与目的地址的分组装配成帧发送出去。连接在局域网 1 的路由器接收到来自源节点 101 的帧后,路由器的网络层检查分组头,根据分组的目的地址查询路由表,确定该分组输出路径。路由器确定该分组的目的节点在另一局域网,就将该分组发送到目的节点所在的局域网中。

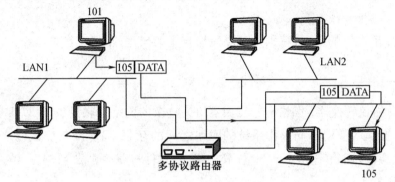

图 5-13 路由器的工作原理

(2)路由器的功能

①路由选择

路由器中有一个路由表,当连接的一个网络上的数据分组到达路由器后,路由器根据数据分组中的目的地址,参照路由表,以最佳路径把分组转发出去。路由器还有路由表的维护能力,可根据网络拓扑结构的变化,自动调节路由表。

②协议转换

路由器可对网络层及其以下各层进行协议转换。

③实现网络层的一些功能

因为不同网络的分组大小可能不同,路由器有必要对数据包进行分段、组装,调整分组大小,使之适合于下一个网络对分组的要求。

④网络管理与安全

路由器是多个网络的交汇点,网间的信息流都要经过路由器,在路由器上可以进行信息流的监控和管理。它还可以进行地址过滤,阻止错误的数据进入,起到"防火墙"的作用。

⑤多协议路由选择

路由器是与协议有关的设备,不同的路由器支持不同的网络层协议。多协议路由器支持多种协议,能为不同类型的协议建立和维护不同的路由表,连接运作不同协议的网络。

(3)路由器的不足

路由器的配置和管理技术复杂,成本高,而且它的接入增加了数据传输的时间延迟,在一定程度上降低了网络的性能。

(4)路由器与第三层交换机的比较

第三层交换机是将局域网交换机的设计思想应用在路由器的设计中产生的。随着 Internet 的广泛应用,第三层交换技术已成为一项重要技术。第三层交换机又称路由交换机、交换式路由器,虽然这些名称不同,但它们所表达的内容基本上是相同的。

传统的路由器通过软件来实现路由选择功能,而第三层交换的路由器通过专用集成电路(ASIC)芯片来实现路由选择功能。第三层交换设备的数据包处理时间将由传统路由器的几千微秒减少到几十微秒,甚至可以更短,因此大大缩短了数据包在交换设备中的传输延迟时间。

随着计算机网络的发展,特别是多层交换技术的出现,很多交换机已经具备了路由器的功能。

4. 网关

网关也称协议转换器,是比网桥、路由器更为复杂的网络互联设备,可以实现不同协议的网络之间的互联,使用不同操作系统的网络之间的互联,局域网与广域网之间的互联。概括地说,它应该是能够连接不同网络(异构网)的软件与硬件的结合产品。

(1)工作原理

网关用于类型不同且差别较大的网络系统间的互联。主要用于不同体系结构的网络或局域网与主机系统的连接。在互联设备中,它最为复杂,一般只能进行一对一的转换,或是少数几种特定应用协议的转换,网关的工作原理如图 5 - 14 所示。

图 5 - 15 给出了网关的工作原理。例如,一个 NetWare 节点要与 TCP/IP 的主机通信,因为 NetWare 和 TCP/IP 协议是不同的,所以局域网中的 NetWare 节点不能直接访问。它们之间的通信必须由网关来完成。网关的作用是为 NetWare 产生的报文加上必要的控制信息,将它转换成 TCP/IP 主机支持的报文格式。当需要反方向通信时,网关同样要完成 TCP/IP 报文格式到 NetWare 报文格式的转换。

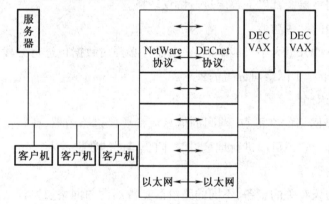

图 5 - 14　网关概念模型

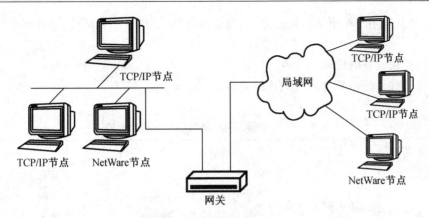

图 5 – 15　网关的工作原理

（2）主要变换项目

网络的主要变换项目包括信息格式变换、地址变换、协议变换等。

①格式变换

格式变换是将信息的最大长度、文字代码、数据的表现形式等变换成适用于对方网络的格式。

②地址变换

地址变换是由于每个网络的地址构造不同,需要变换成对方网络所需要的地址格式。

③协议变换

把各层使用的控制信息变换成对方网络所需的控制信息,由此可以进行信息的分割/组合,数据流量控制、错误检测等。

（3）分类

网关按其功能可以分为 3 种类型:协议网关、应用网关和安全网关。

①协议网关

协议网关通常在使用不同协议的网络间做协议转换工作,这是网关最常见的功能。协议转换必须在数据链路层以上的所有协议层都运行,而且要对节点上使用这些协议层的进程透明。协议转换必须考虑两个协议之间特定的相似性和差异性,所以协议网关的功能十分复杂。

②应用网关

应用网关是在应用层连接两部分应用程序的网关,是在不同数据格式间翻译数据的系统。这类网关一般只适合于某种特定的应用系统的协议转换。

③安全网关

安全网关就是防火墙,与网桥一样,网关可以是本地的,也可以是远程的。另外,一个网关还可以由两个半网关构成。目前,网关已成为网络上每个用户都能访问大型主机的通用工具。

网关不能完全归为一种网络硬件。用概括性的术语来讲,它们应该是能够连接不同网络的软件和硬件的结合产品。特别地,它们可以使用不同的格式、通信协议或结构连接起两个系统。网关实际上通过重新封装信息以使它们能被另一个系统读取。为了完成这项任务,网关必须能运行在 OSI 参考模型的几个层上。网关必须同应用通信建立和管理会话,传输已经编码的数据,并解析逻辑和物理地址数据。

通常,网关被用于如下 4 种用途之一:电子邮件网关、IBM 主机网关、因特网网关和局域网网关。

5.网络互联设备的比较

中继器、网桥、路由器和网关的比较见表 5-3。

表 5-3　中继器、网桥、路由器和网关的比较

互联设备	互联层次	适用场合	功能	优点	缺点
中继器	物理层	互联相同 LAN 的多个网段	信号放大;延长信号传输距离	互联简单;费用低;基本无延迟	互联规模有限;不能隔离不必要的流量;无法控制信息的传输
网桥	数据链路层	各种 LAN 互联	连接 LAN;改善 LAN 性能	互联简单;协议透明;隔离不必要的信号;交换效率高	可能产生数据风暴;不能完全隔离不必要的流量;管理控制能力有限;有延迟
路由器	网络层	LAN、LAN 互联;LAN、WAN 互联;WAN、WAN 互联	路由选择;过滤信息;网络管理	适用于大规模复杂网络互联;管理控制能力强;充分隔离不必要的流量;安全性好	网络设置复杂;费用较高;延迟较大
网关	传输层应用层	互联高层协议不同的网络	在高层转换协议	互联网差异很大的网络;安全性好	通用性差;不易实现;延迟大

5.5　本章小结

广域网通常跨越很大的物理范围,它能连接多个城市或国家的计算机系统并能提供远距离通信,常见的广域网传输技术包括 PSTN、ISDN、xDSL、T 介质、X.25 和帧中继、ATM、SONET,以及无线通信技术等。

网络互联没有大小的限制,通过软、硬件为众多计算机提供单一的、无缝的通信系统,实现通用服务,而用户无须了解网络互联的细节。因此可以说互联网络是一个虚拟的网络。因为通信系统是一个抽象系统,在用户看来,互联网络是一个庞大的单一网络,但事实上用户面对的只是其所处的物理网络,与其他网络的通信通过通用服务来实现。

习　　题

1. 广域网与局域网相比有何区别？

2. X. 25、帧中继、ATM 3 种网络技术有哪些主要区别？

3. ATM 技术有哪些主要特点？

4. 网络互联的目的是什么？

5. 中继器有什么作用，有何限制？

6. 集线器有哪些分类？

7. 网桥有哪些功能？用于连接网络时有哪些限制？

8. 简要解释术语学习、过滤、转发。

9. 路由器和网桥在功能上相比有哪些相同，哪些不同？

10. 试叙述第三层交换机与网桥、交换机和路由器的区别。

第 6 章　Internet 技术与 Intranet

学习目标

- 了解 Internet 在中国的发展历史
- 了解 Internet 相关的基础概念
- 了解 Internet 的接入方式
- 了解 Internet 所提供的服务
- 了解 Intranet 的结构和特点

6.1　Internet 概述

6.1.1　Internet 介绍

Internet 是世界上规模最大、覆盖面最广、信息资源最丰富的计算机信息资源网络,是将遍布全球各个国家和地区的计算机系统连接而成的一个计算机互联网络。从技术角度看,Internet 是以 TCP/IP 为通信协议连接各国、各地区、各机构计算机网络的数据通信网络。从资源角度来看,它是一个集各部门、各领域的各种信息资源为一体的,供网络用户共享的信息资源网络。

Internet 最早起源于美国国防部高级研究计划局(Advanced Research Project Agency, ARPA)建立的军用计算机网络 ARPAnet,是利用分组交换技术将斯坦福研究所、加州大学圣巴巴拉分校、加州大学洛杉矶分校和犹他大学连接起来,于 1969 年开通。ARPAnet 被公认为世界上第一个采用分组交换技术组建的网络,是现代计算机网络诞生的标志。

ARPA 后改名为 DARPA(Defense Advanced Research Project Agency)。ARPAnet 被称为 DARPAnet Internet,简称 Internet。1974 年提出的 TCP/IP 协议在 ARPAnet 上的应用使 ARPAnet 成为初期 Internet 的主干网。

1985 年,美国国家科学基金会(National Science Foundation,NSF)筹建了互联网中心,将位于新泽西州、加州、伊利诺伊州、纽约州、密歇根州和科罗拉多州的 6 台超级计算机连接起来,形成 NSFnet,并通过 NSFnet 资助建立了按地区划分的近 20 个区域性的计算机广域网,同时,NSF 确定了 Internet 的 TCP/IP 通信协议,所有网络都采用 TCP/IP 协议集并连接 ARPAnet,从而使各个 NSFnet 用户都能享用所有用于 Internet 的服务。随后,NSFnet 又把各大学和学术团体的各种区域性网络与全国学术网络连接起来。1990 年 3 月,ARPAnet 停止运转,NSFnet 接替 ARPAnet 成为 Internet 新的主干网络。1995 年 4 月,NSFnet 停止运行,由美国政府指定的 Pacific Bell、Ameritech Advanced Data Services and Bellcore 和 Sprint 3 家私营企业介入网络运作,网络进入了商业化全盛发展时期,Internet 发展成为将遍布世界各地的大小不等的网络连接组成的结构松散、开放性强的计算机网络体系。1995 年,网络个数达 25 000 多个,主计算机个数达 680 多万台,用户数达 4 000 多万人,遍布世界 136 个国家和地区。

最权威的 Internet 管理机构是因特网协会(Internet Society,ISOC),它是由志愿者组成的组织,目的是推动 Internet 的技术发展,促进全球性的信息交流。

6.1.2　Internet 在中国的发展

1987—1993 年是 Internet 在中国的起步阶段。在此期间,以中国科学院高能物理研究所为首的一批科研院所与国外机构合作开展一些与 Internet 联网的科研课题,通过拨号方式使用 Internet 的电子邮件系统,并为国内一些科研机构提供 Internet 电子邮件服务。例如,1986 年,北京计算机应用技术研究所和德国卡尔斯鲁厄大学合作,启动了名为 Chinese Academic & Science Network(CASNET)的国际互联网项目。1987 年,北京计算机应用技术研究所建成我国第一个 Internet 电子邮件节点,由 CASNET 向国内科研、教育机构用户提供 Internet 电子邮件服务。1990 年 10 月,中国正式向国际 Internet 网络信息中心(InterNIC)登记注册了最高域名 CN,从而开通了使用自己域名的 Internet 电子邮件。1994 年 4 月,由中国科学院主持建设的中国国家计算与网络设施(the National Computing and Networking Facility of China,NCFC)又称中关村地区教育科研示范网(NCFCnet),以专线形式连入 Internet,并在 NCFC 网络上建立了代表中国(CN)的域名服务器并完成了域名服务器的设置,开通了 Internet 的全功能服务。能够使用 Internet 的骨干网 NSFnet,标志着我国正式加入 Internet 行列。

6.1.3　Internet 的特点

1. Internet 是一个虚拟的计算机网络

Internet 是一个结构松散、分布式控制的网络,包含了无数个相互协作的网络,它们通过彼此协调和相互制约来保证彼此连接和资源共享的实现,网络运行不受任何政府或组织的管理和控制。网络上的用户既是网络资源的提供者,又是网络资源的索取者。

2. Internet 采用 TCP/IP 协议

TCP/IP 协议是目前最成功的网络体系结构和协议规范,该协议实现了各种机型和各种类型网络的互联,实现了网络间的通信及数据的交换。

3. Internet 具有丰富的网络信息资源

Internet 是一个巨大的信息资源库,它不仅提供了各类丰富的信息资源,还提供了一批强有力的信息资源检索工具,人们可以利用这些工具方便地检索到所需要的信息资源。

6.1.4　Internet 基础概念

1. WWW

万维网(World Wide Web,WWW)也称全球信息网或者 Web,是一种基于 HTTP 协议的网络信息资源,是建立在超文本、超媒体技术基础上,集文字、图形、图像、声音为一体,以直观的图形界面展现和提供信息的网络信息资源。由于其使用简单、功能强大,目前是 Internet 上发展最快、规模最大、资源最丰富的一种网络信息资源形式,是 Internet 信息资源的主流。

2. TCP/IP 协议

Internet 是由众多运行不同操作系统的不同类型计算机连接而成的计算机互联网络,为使这些计算机之间能协同工作,共享彼此的资源,就必须使 Internet 上有一套用来规范网络的通信语言,即网络协议。TCP 和 IP 就是这套协议中最基本、最重要的两个协议。

TCP(Transfer Control Protocol)是传输控制协议,IP(Internet Protocol)是网际协议,TCP/IP 协议是 Internet 得以存在的技术基础。TCP/IP 协议使信息以数据的形式在网络上传输。当网络用户将信息发往其他计算机时,TCP 协议负责将完整的信息分成若干个数据包,并在数据包的前面加入收发节点的信息,然后由 IP 协议负责将不同的数据包送往接收端,不同的包可能经过的路径不同,在接收端再由 TCP 协议将数据从包中取出,还原成初始的信息。

TCP/IP 协议是一组协议集合的名称,因为在这个协议集合中最重要的是 TCP 和 IP 协议,故该协议集合被命名为 TCP/IP 协议。协议集合中还包括许多其他的协议,如支持 E-mail 功能的简单邮件传输协议,邮局协议(Post Office Protocol,POP),支持 FTP 功能的文件传输协议,支持 WWW 功能的超文本传输协议(Hypertext Transfer Protocol,HTTP)等。

3. IP 地址

Internet 是基于 TCP/IP 协议的网络,网络中的每个节点(服务器、工作站、路由器)必须有唯一的地址,用来保证通信时准确无误。它是网络位置的唯一标识,称为 IP 地址。

4. 域名地址

由于 IP 地址以数字来表示主机地址,较难记忆。为了使用和记忆的方便,就产生了更为高级的字符型主机地址,即域名地址。Internet 在 1984 年采用了域名管理系统(Domain Name System,DNS),入网的每台主机都具有与下列结构类似的域名:

主机名. 机构名. 网络名. 最高层域名

域名地址和 IP 地址之间一般存在一一对应关系,但也有两个域名地址对应一个 IP 地址或域名地址不变而 IP 地址改变的情况。Internet 上通过域名服务器将域名地址转换为与其对应的 IP 地址。

5. 统一资源定位器

统一资源定位器(Uniform Resource Locator,URL)采用一种统一标准的格式指明 Internet 上信息资源的位置,Internet 通过 URL 将世界上的联机信息资源组织成有序的结构。URL 不仅用于 HTTP 协议,还可用于 FTP、Telnet 等协议。URL 的地址格式如下:

应用协议类型://服务器的主机名(域名或 IP 地址)/路径名/……/文件名

例如,ftp://ftp. pku. edu. cn/pub/dos/readme. txt 表示通过 FTP 协议,从中国教育与科研网中的北京大学 FTP 服务器上获取 pub/dos 路径下的 readme. txt 文件。

6. 超文本标记语言

超文本标记语言(Hyper Text Mark – up Language,HTML)是一种专门的编程语言,具体规定和描述了文件显示的格式。它是 Web 的描述语言,用于编制通过 WWW 方式显示的超文本文件,是 WWW 文件所采用的简单标记语言。

7. 浏览器

浏览器(Browser)是提供 WWW 服务的客户端浏览程序,可向 WWW 服务器发送服务请求,建立与服务器的连接,并对服务器发来的由 HTML 语言定义的超文本信息和各种媒体数据格式进行解释、显示和播放。目前 WWW 环境中使用最多的主流浏览器有 Microsoft 公司的 Internet Explorer(IE)和 Netscape 公司的 Navigator 两种,其他的还有 Opera 等。

6.2 Internet 接入方式

从信息资源的角度,互联网是一个集各部门、各领域的信息资源为一体的,供网络用户共享的信息资源网。家庭用户或单位用户要接入互联网,可通过某种通信线路连接到 ISP,由 ISP 提供互联网的入网连接和信息服务。互联网接入是通过特定的信息采集与共享的传输通道,利用以下传输技术完成用户与 IP 广域网的高带宽、高速度的物理连接。

1. PSTN 公共电话网

PSTN 公共电话网是最容易实施的方法,费用低廉,只要一条可以连接 ISP 的电话线和一个账号就可以。缺点是传输速度低,线路可靠性差。适合于对可靠性要求不高的办公室及小型企业。如果用户多,可以多条电话线共同工作,提高访问速度。

2. ISDN

目前,ISDN 在国内迅速普及,价格大幅度下降,有的地方甚至免初装费用。两个信道 128 kbit/s 的速率,快速连接及比较可靠的线路,可以满足中小型企业浏览及收发电子邮件的需求。

而且还可以通过 ISDN 和 Internet 组建企业 VPN。这种方法的性价比很高,在国内大多数的城市都有 ISDN 接入服务。

3. ADSL

非对称数字用户环路(Asymmetric Digital Subscriber Line, ADSL),可以在普通的电话铜缆上提供 1.5 ~ 8 Mbit/s 的下行和 10 ~ 64 kbit/s 的上行传输,可进行视频会议和影视节目传输,非常适合中、小企业。可是其有一个致命的弱点:用户距离电信的交换机房的线路距离不能超过 4 ~ 6 km,限制了它的应用范围。

4. DDN 专线

DDN 专线适合对带宽要求比较高的应用,如企业网站。其特点是速率比较高,范围为 64 kbit/s ~ 2 Mbit/s。但是,由于整个链路被企业独占,所以费用很高,因此中小企业较少选择。

这种线路优点很多:有固定的 IP 地址,可靠的线路运行,永久的连接,等等。但是性价比太低,除非用户资金充足,否则不推荐使用这种方法。

5. 卫星接入

目前,国内一些 Internet 服务提供商开展了卫星接入 Internet 的业务。适合偏远地方又需要较高带宽的用户。卫星用户一般需要安装一个甚小口径终端(VSAT),包括天线和其他接收设备,下行数据的传输速率一般为 1 Mbit/s 左右,上行通过 PSTN 或 ISDN 接入 ISP,终端设备和通信费用都较低。

6. 光纤接入

一些城市已经开始通过光纤接入兴建高速城域网,主干网速率可达几十 Gbit/s,并且推广宽带接入。光纤可以铺设到用户的路边或者大楼,可以以 100 Mbit/s 以上的速率接入,适合大型企业。

7. 无线接入

由于铺设光纤的费用很高,对于需要宽带接入的用户,一些城市提供无线接入。用户通过高频天线和 ISP 连接,距离在 10 km 左右,带宽为 2 ~ 11 Mbit/s,费用低廉,但是受地形和距离的限制,适合城市里距离 ISP 不远的用户,性价比很高。

8. cable modem 接入

目前,我国有线电视网遍布全国,很多城市提供 cable modem 接入 internet 方式,速率可达 10 Mbit/s 以上。但是 cable modem 的工作方式是共享带宽的,所以有可能在某个时间段出现速率下降的情况。

6.3 Internet 服务

1. 高级浏览 WWW 服务

WWW 是登录 Internet 后最常用到的 Internet 的功能。人们连入 Internet 后,有一半以上的时间都是在与各种各样的 Web 页面打交道。在基于 Web 的方式下,我们可以浏览、搜索、查询各种信息,可以发布自己的信息,可以与他人进行实时或非实时交流,可以游戏、娱乐、购物,等等。

2. 电子邮件 E-mail 服务

在 Internet 上,电子邮件又称 E-mail 系统,是使用最多的网络通信工具,E-mail 已成为备受欢迎的通信方式。你可以通过 E-mail 系统同世界上任何地方的朋友交换电子邮件。不论对方在哪个地方,只要他也连入 Internet,那么你发送的信息只需要几分钟就可以到达对方的手中了。

3. 远程登录 Telnet 服务

远程登录就是通过 Internet 进入和使用远距离的计算机系统,就像使用本地计算机一样。远端的计算机可以在同一间屋子里,也可以远在数千千米之外,它使用的工具是 Telnet。计算机在接到远程登录的请求后,就试图把你所在的计算机同远端计算机连接起来。一旦连通,你的计算机就成为远端计算机的终端。你可以正式注册(Login)进入系统成为合法用户,执行操作命令,提交作业,使用系统资源。在完成操作任务后,通过注销(Logout)退出远端计算机系统,同时也退出 Telnet。

4. 文件传输 FTP 服务

文件传输协议(FTP)是 Internet 上最早使用的文件传输程序。它同 Telnet 一样,使用户能登录到 Internet 的一台远程计算机,把其中的文件传送回自己的计算机系统,或者反过来,把本地计算机上的文件传送并装载到远方的计算机系统。利用这个协议,我们就可以下载免费软件,或者上传自己的主页了。

6.4　Intranet 网络

6.4.1　Intranet 简介

Intranet 为企业内部网,又称内部网、内联网、内网,是使用与因特网同样技术的计算机网络,它通常建立在一个企业或组织的内部并为其成员提供信息的共享和交流等服务,如万维网、文件传输、电子邮件等。

可以说 Intranet 是 Internet 技术在企业内部的应用。Intranet 的核心技术是基于 Web 的计算。Intranet 的基本思想:在内部网络上采用 TCP/IP 作为通信协议,利用 Internet 的 Web 模型作为标准信息平台,同时建立防火墙把内部网和 Internet 分开。当然 Intranet 并非一定要和 Internet 连接在一起,它完全可以自成一体,作为一个独立的网络。

Intranet 是 Internet 的延伸和发展,正是由于应用了 Internet 的先进技术,特别是 TCP/IP 协议,保留了 Internet 允许不同计算平台互通及易于上网的特性,使 Intranet 得以迅速发展。但 Intranet 在网络组织和管理上更胜一筹,它有效地避免了 Internet 所固有的可靠性差、无整体设计、网络结构不清晰及缺乏统一管理和维护等缺点,使企业内部的秘密或敏感信息受到网络防火墙的安全保护。因此,同 Internet 相比,Intranet 更安全可靠,更适合企业或组织机构加强信息管理与提高工作效率,被形象地称为建在企业防火墙里的 Internet。

Intranet 所提供的是一个相对封闭的网络环境。这个网络在企业内部是分层次开放的,内部有使用权限的人员访问 Intranet 可以不加限制,但对于外来人员进入网络,则有着严格的授权。因此,网络完全是根据企业的需要来控制的。在网络内部,所有信息和人员实行分类管理,通过设定访问权限来保证安全。例如,对普通员工访问受保护的文件(如人事、财务、销售信息等)进行授权及鉴别,保证只有经过授权的人员才能接触某些信息;对受限制的敏感信息进行加密和接入管理等。同时,Intranet 又不是完全自我封闭的,一方面,它要帮助企业内部人员有效地获取交流信息;另一方面,也要对某些必要的外部人员,如合伙人、重要客户等部分开放,通过设立安全网关,允许某些类型的信息在 Intranet 与外界之间往来,而对于企业不希望公开的信息,则建立安全地带,避免此类信息被侵害。

与 Internet 相比,Intranet 不仅是内部信息发布系统,而且是该机构内部业务运转系统。Intranet 的解决方案应当具有严格的网络资源管理机制、网络安全保障机制,同时具有良好的开放性;它和数据库技术、多媒体技术及开放式群件系统相互融合连接,形成一个能有效地解决信息系统内部信息的采集、共享、发布和交流的,易于维护管理的信息运作平台。

Intranet 带来了企业信息化发展的新契机。它革命性地解决了传统企业信息网络开发中不可避免的缺陷,打破了信息共享的障碍,实现了大范围的协作。同时以其易开发、省投资、图文并茂、应用简便、安全开放的特点,形成了新一代企业信息化的基本模式。

随着现代企业的发展越来越集团化,企业的分布也越来越广,遍布全国各地甚至跨越国界的公司越来越多,未来将是集团化的大规模、专业性强的公司,如通讯录、产品技术规格和价格、公司规章制度等信息。另外,这些资料无法经常更新,由于既费时又昂贵,很多公司在规章制度已经变动的情况下也无法及时、准确地通知下属员工执行新的规章。如何保证每个人都拥有最新、最正确的版本? 如何保证公司成员及时了解公司的策略和其他信息是否有改变？利用过去的技术，这些问题都难以解决。市场竞争激烈、变化快，企业必须经常进行调整和改变，而一些内部印发的资料甚至还未到员工手中就已经过时了。浪费的不只是人力和物力，还有非常宝贵的时间。

解决这些问题的方法就是联网，建立企业的信息系统。已有的方法可以解决一些问题，如利用 E-mail 在公司内部发送邮件，建立信息管理系统。Internet 技术正是解决这些问题的有效方法。利用 Internet 各个方面的技术解决企业的不同问题，这样企业内部网 intranet 就诞生了。

Intranet 与 Internet 的区别：Internet 是面向全球的网络，而 Intranet 则是 Internet 技术在企业机构内部的实现，它能够以极少的成本和时间将一个企业内部的大量信息资源高效合理地传递到每个人。Intranet 为企业提供了一种能充分利用通信线路、经济有效地建立企业内联网的方案。应用 Intranet，企业可以有效地进行财务管理、供应链管理、进销存管理、客户关系管理，等等。

过去，只有少数大公司才拥有自己的企业专用网，而现在不同了，借助于 Intranet 技术，各个中小型企业都有机会建立起适合自己规模的内联网企业内部网，企业关注 Intranet 的原因是，它只为一个企业内部专有，外部用户不能通过 Internet 对它进行访问。

6.4.2 Intranet 结构

Intranet 通常指一组沿用 Intranet 协议的、采用客户/服务器结构的内部网络。服务器端是一组 Web 服务器，用以存放 Intranet 上共享的 HTML 标准格式信息及应用；客户端为配置浏览器的工作站，用户通过浏览器以 HTTP 协议提出存取请求，Web 服务器则将结果回送到原始客户。

Intranet 通常指可包含多个 Web 服务器，一个大型国际企业集团的 Intranet 常常会有多达数百个 Web 服务器及数千个客户工作站。这些服务器有的与机构组织的全局信息及应用有关，有的仅与某个具体部门有关，这些分布组织方式不仅有利于降低系统的复杂度，而且便于开发和维护管理。由于 Intranet 采用标准的 Intranet 协议，某些内部使用的信息必要时能随时方便地发布到公共的 Intranet 上去。

考虑到安全性，可以使用防火墙将 Intranet 与 Internet 隔离开。这样，既可提供对公共 Internet 的访问，又可防止机构内部机密的泄露。

6.4.3 Intranet 特点

1. 开放性和可扩展性

由于采用了 Internet 的 TCP/IP、FTP、HTML、Java 等一系列标准，Intranet 具有良好的开放性，可以支持不同计算机、不同操作系统、不同数据库、不同网络的互联。在这些相异的平台上，各类应用可以相互移植、相互操作，使它们有机地集成为一个整体。在此基础上，应用的规模也可以增量式扩展，先从关键的小的应用着手，在小范围内实施取得效益和经验后，再加以推广和扩展。

Intranet 的开放性和可扩展性使之成为构筑及各组织级信息公路的主流。对内方面，Intranet 可将机构内部各自封闭的局域网信息孤岛联成一体，实现机构组织的信息交流、资源共享和业务运作；对外方面，可方便地接入 Internet 成为全球信息网的成员，实现世界及信息交流和电子商务。

2. 通用性

Intranet 的通用性表现在它的多媒体集成和多应用集成两个方面。

在 Intranet 上,用户可以利用图、文、声、像等各类信息,实现机构组织所需的各种业务管理和信息交流。

Intranet 从客户终端、应用逻辑和信息存储 3 个层次上支持多媒体集成。在客户端,Web 浏览器允许在一个程序里展现文本、声音、图像、视频等多媒体信息;在应用逻辑层,Java 提供交互的、三位的虚拟现实界面;在信息存储层,面向对象数据库为多媒体的存储和管理提供了有效的手段。

利用 TCP/IP、Web、Java 和分布式面向对象等开放性技术,Intranet 能支持不同内容应用在不同平台上的集成,这些应用可运行在同一机构组织的不同部门,也可运行在不同机构组织。

3. 简易性和经济性

Intranet 的性价比远高于其他通信方式,这主要体现在其网络基础设施的费用投入较少。由于采用开放的协议和技术标准,大部分机构组织的现存平台,包括网络和计算机,均可继续应用。

作为 Intranet 的基本组成,Web 服务器和浏览器不仅价格较低,而且安装配置简易。作为开发语言,HTML 和 Java 等容易掌握和利用,使开发周期缩短。另外,Intranet 可扩展性不仅支持新系统的增量式构造,从而降低开发风险,而且支持与现存系统的接口和平滑过渡,可充分利用已有资源。

超文本的界面统一标准,操作简易友善,超链接使用户只要简单地操纵鼠标就可浏览和存取所需信息。由此,对用户的培训可大大简化。

Intranet 的简易性和经济性不仅表现在开发和使用上,而且表现在管理和维护上。由于 Intranet 采用瘦客户机方式,其客户端不存在程序代码,所以维护更新和管理可以方便地在服务器上进行。另外,由于 Intranet 开发和维护技术要求简单,可以让更多部门甚至个人参与开发,从而降低了 IT 人员的负荷和数量。

4. 安全性

Intranet 的安全性是它区别于 Internet 的最大特征之一。Intranet 的实现基于 Internet 技术,两个地理位置不同的部门或子机构也可能利用 Internet 相互连接。在与 Internet 互联时,必须加密数据,设置防火墙,控制职员随意接入 Internet,以防止内部数据被泄密、篡改和黑客入侵。

5. Intranet 存在的问题

虽然 Intranet 具有传统 MIS 系统和 LAN 无可比拟的优点,但由于 Intranet 的发展仍处于初级阶段,不少方面尚未成熟,其存在的问题主要表现在以下几个方面:

(1)规划不足问题

由于 Intranet 的简易性和经济性,诱使各类机构和企业在无缜密规划的情况下纷纷仓促上马,以致造成失控状态。为避免混乱,Intranet 实施前应该根据本机构的特点和现状进行统一规划,并制订相应的详细实施步骤。

(2)安全风险问题

只要有接入 Internet 的可能,Intranet 的风险总是存在的。但是,如果能谨慎地设计安全系统,并充分利用如防火墙、公有密钥和私有密钥等成熟的安全性技术,安全风险是可以大大降低的。

（3）信息管理的重要问题

Intranet 的优点之一是其信息可以让机构内的所有成员共享，但由此也引发了越权访问、信息泄露及垃圾数据上网的问题。为此，必须加强对信息管理的重视。

（4）开发方法和策略缺少问题

开发方法和策略缺少不利于系统开发的质量和效益。

6.5 本 章 小 结

本章通过对 Internet 概念的介绍让读者掌握 Internet 的特点、Internet 的接入方式、Internet 提供的服务，并介绍了 Intranet 的结构和特点。

习　　题

1. 简述 Internet 的产生与发展过程。

2. Internet 接入方式有哪些？个人用户一般选择哪种方式？

3. 什么是 Intranet？

4. Internet 和 Intranet 有什么区别？

5. Internet 提供哪些服务？

6. Intranet 有什么特点？

第 7 章　Internet 应用

学习目标

● 了解 WWW 的基础知识
● 了解信息查询与搜索引擎的相关技术
● 了解电子邮件的工作原理和相关协议
● 了解文件传输协议 FTP 的相关知识
● 了解电子商务与电子政务的相关知识
● 了解其他 Internet 应用

7.1　浏览 WWW

7.1.1　WWW 简介

万维网并非某种特殊的计算机网络，万维网是一个大规模的、联机式的信息储藏所，英文简称为 Web。万维网用链接的方法能非常方便地从因特网上的一个站点访问另一个站点（也就是所谓的"链接到另一个站点"），从而主动地按需获取丰富的信息，万维网提供分布式服务，如图 7 - 1 所示。

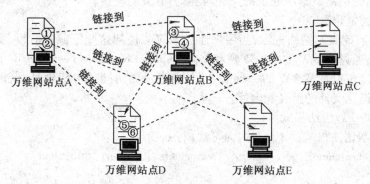

图 7 - 1　万维网提供分布式服务

万维网起源于 1989 年 3 月，是由欧洲核子研究中心（CERN）发展起来的主从结构分布式超媒体系统。通过万维网，人们只要使用简单的方法，就可以很迅速方便地取得丰富的信息资料。

WWW 采用的是客户机/服务器结构，其作用是整理和储存各种 WWW 资源，并响应客户端软件的请求，把客户所需的资源传送到 Windows XP、Windows Vista、UNIX 或 Linux 等平台,WWW 是一个庞大的信息网络集合,可利用诸如 Microsoft Internet Explorer、Netscape Navigator 或 Firefox 等浏览器访问该网络。

7.1.2　WWW 的基本概念

1. 网页

网页(WebPage)是一个包含文字、图形、超链接及其他信息元素的文件,可通过 Internet 传输,用户可以使用浏览器来浏览,用 FrontPage、Dreamweaver 等工具编辑和制作网页。由于网页就像一张含有信息的纸片,所以有时人们更形象地称网页为信息片。

2. 超级链接

超级链接(Hyperlink)是不同信息片及网页之间的连接关系,HyperLink 有时简称 Link,超级链接通常使用以文字、图形等表示的关键字,与其他网页相联系,当用户选择这些关键字时,就可以跳转到它们所指向的网页。

3. 浏览器

浏览器(Browser)是一种用于搜索、查找、查看和管理网络上信息的一种带图形交互界面的应用软件。常用的浏览器软件有很多,其中比较著名的有 Microsoft 公司开发的 Internet Explorer 浏览器和 Netscape 公司开发的 Netscape Navigator。

4. 网站

网站(WebSite)是一个包含多个超级链接连在一起的网页的集合,它包含的网页可以是几个,也可以是上千个,由于在 Internet 上网站是通过一个地址进行定位的,它就像网络信息中的一个节点,所以有时称之为"站点"。

5. 主页

主页(HomePage)是某个站点的起始网页,包含必要的内容和索引信息,用户通过 Internet 对某个网站进行信息查询时,首先访问到的起始信息页通常就是站点的主页。

6. Web 服务器

Web 服务器(Web Server)是在 Web 站点上运行的程序,负责处理浏览器的请求,当用户使用浏览器访问 Web 站点上的网页时,浏览器就会建立一个 Web 连接,而服务器接受该连接后,就会向浏览器发送所要求的文件内容,然后关闭连接。

7. 统一资源定位符

Internet 具有庞大的网络资源,当用户通过 WWW 访问这些资源的时候,必须能够唯一标识它们,这是通过 WWW 的统一资源定位符(Uniform Resource Locator,URL)实现的。

统一资源定位符是 WWW 的一种混合语,它表示要访问的主机地址、获取服务所用的协议以及所要浏览文件的路径和名字。

(1)URL 的一般语法格式

URL 的一般语法格式如下([ ]内为可选项):

Protocol://hostname[:port]/path/[;parameters][? query]#fragment

例如:

http://www.imailtone.com:80/WebApplication/WebForm1.aspx? name = tom&;age = 20 #resume

(2)URL 的类型

URL 有绝对 URL 和相对 URL 两种类型。

①绝对 URL

绝对 URL 指网络信息资源所在的绝对位置。网页路径使用包含顶级域名在内的完整 URL,如 http://www.sdw.edu.cn/jianjie/jianjie.htm。

②相对 URL

相对 URL 为存放一组相关文件提供了一种便利的手段,即把它们置于同一个服务器的公共目录之下,在一个文件被访问后接着访问另一个文件时,只需用文件名作为 URL,对于本地的信息资源来说,全部采用相对 URL 是合适的,这样做的好处是在把服务器上的信息全部移到另一台服务器时,不需要对每个 URL 进行修改,十分方便。

7.1.3　网页设计与常用工具

1. 网页设计原则

(1)正确分析网页用户的需要;

(2)网页下载的时间不宜过长;

(3)网页的设计要做到不同的环境下都能浏览;

(4)注意网页中的图像文件的使用;

(5)考虑不支持某些功能的浏览器。

2. 网页制作的常用工具

(1)网页编辑软件;

(2)网站发行工具;

(3)图像制作工具。

7.1.4　浏览器软件与网页浏览

常见的浏览器软件有 IE、Firefox、Google Chrome。IE 是专门为 Windows 设计的访问 Internet 的 WWW 浏览工具。

1. IE 11.0 的主页与 IE 界面

地址栏、菜单栏、工作区和状态栏。

2. 设置 IE 浏览器环境

设置主页、管理收藏夹。

3. 浏览 Web 页

(1)浏览指定地址的网页;

(2)通过超链接浏览 Web 页面;

(3)通过历史记录浏览网页;

(4)通过收藏夹浏览网页。

7.1.5　网页浏览器与管理

IE 11.0 浏览器主要由菜单栏、地址栏、工具栏、标题栏、标签栏和页面浏览区等组成,如图 7-2 所示。

1. 菜单栏

IE 浏览器的菜单栏位于标题栏下方,由多个菜单组成,包括文件、编辑、查看、收藏夹、帮助等,菜单内是各个命令。与 Windows 其他应用程序的操作类似,通过菜单栏可以完成 IE 浏览器的全部操作。

2. 地址栏

如果已知某站点的网址,则可以直接在地址栏中输入该站点的网址,然后按 Enter 键,即可打开相应的网页,IE 浏览器使用的缺省协议为 http,在输入地址时如果忽略了协议项,IE 会自动在地址前加上"http://"。地址栏的下拉菜单中列出了曾经访问过的网页的地址,直接单击需要浏览的网页地址,即可打开相应的网页。

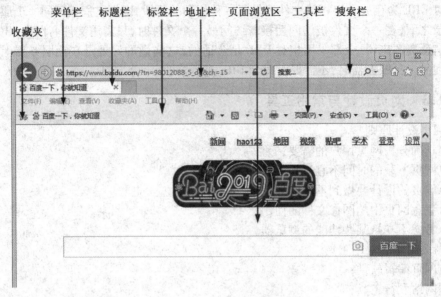

图 7 - 2　IE 11.0 浏览器界面

3. 工具栏

工具栏将 IE 最常用的命令用一个个图像按钮表示,下面按从左到右的顺序逐一说明各个按钮的功能。

(1)新建窗口

单击"新建窗口"按钮可以打开一个新的 IE 网页。

(2)另存为

"另存为"按钮用于保存当前浏览的网页。

(3)编辑

当在浏览器中选择一段文字时,单击"编辑"按钮,选择的文字可进入编辑状态,可以对文字进行删除、复制、修改等操作。

(4)剪贴

当在浏览器中选择一段文字时,单击"剪贴"按钮,选中的文字会被放到剪贴板中。

(5)复制

单击"复制"按钮可以将浏览器中的文字或图片复制到剪贴板中。

(6)粘贴

单击"粘贴"按钮可以将浏览器剪贴板中的文字或图片粘贴到指定的位置。

(7)打印

单击"打印"按钮可将浏览器中的内容打印输出。

7.1.6　浏览 Web 信息

1. 使用地址栏

打开 IE 浏览器,在地址栏中输入要浏览网站的网址,如 www. 163. com,按 Enter 键,即可打开相应的网页,如图 7 - 3 所示。

2. 使用搜索栏

打开 IE 浏览器,在地址栏中输入搜索引擎的网址,如 www. baidu. com,在搜索栏内输入要找的内容,然后单击右侧的"搜索"按钮即可进行搜索,如在搜索栏中输入计算机网络与应用,单击"百度一下"按钮,结果如图 7 - 4 所示。

图 7 - 3　使用地址栏打开 IE 浏览器

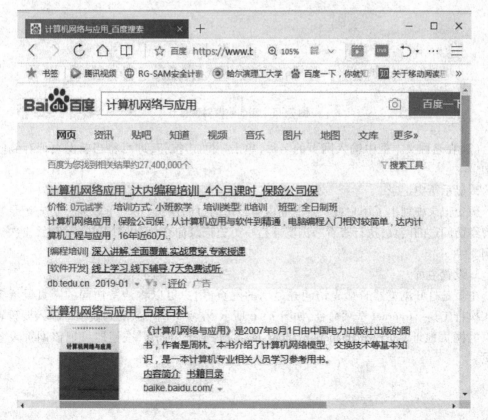

图 7 - 4　使用搜索栏打开 IE 浏览器

3. 使用搜索引擎

搜索引擎是用来搜索网上信息资源的工具,是由一些 Internet 服务商专门为用户提供的,可以搜索包括网页、FTP 文档、新闻组及各种多媒体信息。搜索引擎通过采用分类或主题关键字两种查询方式获取特定的信息。

下面介绍一些可以迅速缩小范围,找到最有价值信息的搜索技巧。

(1)搜索短语;

(2)使用逻辑运算符;

(3)使用通配符扩大搜索范围。

7.1.7　快速访问 Web 站点

1. 使用收藏夹

(1)打开要收藏的网页/网站,在菜单栏中执行收藏夹→添加到收藏夹命令,打开添加收藏对话框,如图 7-5 所示。

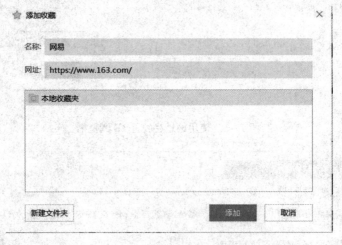

图 7-5　添加收藏对话框

(2)在名称文本框中输入网页的名称,单击"添加"按钮,即可将当前网页保存到收藏夹中。

2. 显示历史记录

历史记录中列出了用户在一定时间内曾经访问过的网页,用户可以通过历史记录来访问曾经访问过的网页,执行查看→浏览器栏→历史记录命令,可以打开历史记录,再次点击访问。

3. 设置主页

主页是打开浏览器时最先访问并显示的网页,用户可以将最常访问的网页设置为主页。执行工具→Internet 选项命令,如图 7-6 所示,在主页选项区的列表框中输入要设置为主页的网页地址,如 www. homepage. com. cn,然后单击"应用"按钮即可把该网页设置为主页。

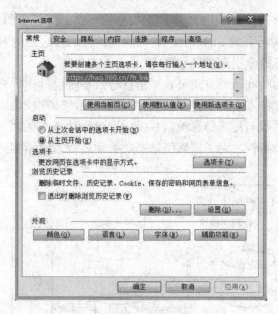

图 7-6 设置主页

7.2 搜索引擎

7.2.1 搜索引擎原理

搜索引擎,通常指收集了万维网上千万到几十亿个网页并对网页中的每一个词(即关键词)进行索引,建立索引数据库的全文搜索引擎。当用户查找某个关键词时,所有在页面内容中包含了该关键词的网页都将作为搜索结果被检索出来。如图 7-7 所示,经过复杂的算法进行排序(或者包含商业化的竞价排名、商业推广或广告)后,这些结果将按照与搜索关键词的相关度高低(或与相关度毫无关系)依次排列。

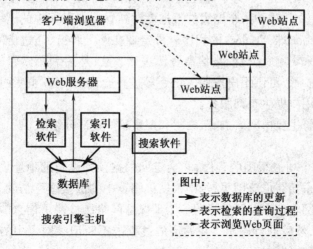

图 7-7 搜索引擎工作原理

在搜索引擎的后台,有一些用于搜集网页信息的程序。所收集的信息一般是能表明网站内容(包括网页本身、网页的 URL 地址、构成网页的代码及进出网页的连接)的关键词或短语。接着将这些信息的索引存放到数据库中。

搜索引擎的系统架构和运行方式吸收了信息检索系统设计中许多有价值的经验,也针对万维网数据和用户的特点进行了许多修改,搜索引擎系统架构如图 7-8 所示。其核心的文档处理和查询处理过程与传统信息检索系统的运行原理基本类似,但其所处理的数据对象即万维网数据的繁杂特性决定了搜索引擎系统必须进行系统结构的调整,以满足数据处理和用户查询的需求。

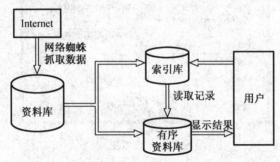

图 7-8 搜索引擎系统架构

搜索引擎的核心数据结构为倒排文件(又称倒排索引),倒排索引指用记录的非主属性值(也叫副键)来查找记录而组织的文件(即次索引)。倒排文件中包括了所有副键值,并列出了与之有关的所有记录主键值,主要用于复杂查询。与传统的 SQL 查询不同,在搜索引擎收集完数据的预处理阶段,搜索引擎往往需要一种高效的数据结构来对外提供检索服务。而现行最有效的数据结构就是倒排文件。倒排文件简单一点可以定义为用文档的关键词作为索引,文档作为索引目标的一种结构(类似于普通书籍中,索引是关键词,书的页面是索引目标)。

用户检索信息时,搜索引擎是根据用户的查询要求,按照一定的算法从索引数据库中查找对应的信息返回给用户。为了保证用户查找信息的精度和新鲜度。对于独立的搜索引擎而言,还需要建立并维护一个庞大的数据库。独立搜索引擎中的索引数据库中的信息是通过一种叫作网络蜘蛛(Spider)的程序软件定期在网上爬行,通过访问公共网络中公开区域的每一个站点采集网页,对网络信息资源进行收集,然后利用索引软件对收集的信息进行自动标引,创建一个可供用户按照关键字等进行查询的 Web 页索引数据库,搜索软件通过索引数据库为用户提供查询服务。

一般的搜索引擎主要由网络蜘蛛、索引和搜索软件 3 部分组成。

1. 网络蜘蛛

网络蜘蛛是一个功能很强的程序,它会定期根据预先设定的地址去查看对应的网页,如网页发生变化则重新获取该网页,否则根据该网页中的链接继续访问。网络蜘蛛访问页面的过程是对互联网上信息遍历的过程。为了保证网络蜘蛛遍历信息的广度,一般事先设定一些重要的链接,然后进行遍历。在遍历的过程中不断记录网页中的链接,不断地遍历下去,直到访问完所有的链接。

2. 索引

蜘蛛抓取的页面文件分解、分析,并以巨大表格的形式存入数据库,这个过程即是索引(Index),在索引数据库中,网页文字内容、关键词出现的位置、字体、颜色、加粗、斜体等相关信息都有相应记录。

3. 搜索软件

该软件用于筛选索引数据库中无数的网页信息,选择出符合用户检索要求的网页并对它们进行分级排序,然后将分级排序后的结果显示给用户。

7.2.2　搜索引擎分类

1. 全文搜索引擎

在搜索引擎分类部分我们提到过全文搜索引擎从网站提取信息建立网页数据库的概念。搜索引擎的自动信息搜集功能分两种:一种是定期搜索,即每隔一段时间(如 Google 一般是 28 d),搜索引擎主动派出蜘蛛程序,对一定 IP 地址范围内的互联网站进行检索,一旦发现新的网站,它会自动提取网站的信息和网址加入自己的数据库;另一种是提交网站搜索,即网站拥有者主动向搜索引擎提交网址,它在一定时间内(2 d 到数月不等)定向向网站派出蜘蛛程序,扫描网站并将有关信息存入数据库,以备用户查询。由于搜索引擎索引规则发生了很大变化,主动提交网址并不保证网站能进入搜索引擎数据库,因此目前最好的办法是多获得一些外部链接,让搜索引擎有更多机会找到并自动将网站收录。

当用户以关键词查找信息时,搜索引擎会在数据库中进行搜寻,如果找到与用户要求内容相符的网站,便采用特殊的算法——通常根据网页中关键词的匹配程度,出现的位置/频次,链接质量等,计算出各网页的相关度及排名等级,然后根据关联度高低,按顺序将这些网页链接返回给用户。

2. 目录索引擎

与全文搜索引擎相比,目录搜索引擎有许多不同之处。

首先,搜索引擎属于自动网站检索,而目录索引则完全依赖手工操作。用户提交网站后,目录编辑人员会亲自浏览你的网站,然后根据一套自定的评判标准甚至编辑人员的主观印象,决定是否接纳你的网站。审核通过后,网页才会出现在搜索引擎中,否则不会显示。

其次,搜索引擎收录网站时,只要网站本身没有违反有关规则,一般都能成功收录。而目录索引对网站的要求则高得多,有时即使多次登录也不一定成功。

再次,在登录搜索引擎时,我们一般不需要考虑网站的分类问题,而登录目录索引时则必须将网站放在最合适的目录。

最后,搜索引擎中各网站的有关信息都是从用户网页中自动提取的,所以从用户的角度看,我们拥有更多的自主权;目录索引则要求必须另外手工填写网站信息,而且还有各种各样的限制。更有甚者,如果工作人员认为提交网站的目录、网站信息不合适,可以随时对其进行调整,当然事先是不会与用户商量的。

目录索引,顾名思义就是将网站分门别类地存放在相应的目录中,因此用户在查询信息时,可选择关键词搜索,也可按分类目录逐层查找。如以关键词搜索,返回的结果和搜索引擎一样,也是根据信息关联程度排列网站,只不过其中人为因素要多一些。如果按分层目录查找,某一目录中网站的排名则是由标题字母的先后顺序决定(也有例外)。

目前,搜索引擎与目录索引有相互融合渗透的趋势。原来一些纯粹的全文搜索引擎现在也提供目录搜索。

3. 元搜索引擎

元搜索引擎(Meta Search Engine)不是独立的搜索引擎,它最显著的特点是没有自己的资源搜索引擎数据库,是架构在许多其他搜索引擎之上的搜索引擎。元搜索引擎在接受用户查询请求时,可以同时在其他多个搜索引擎中进行搜索,并将其他搜索引擎的检索结果经过处理后返回给用户。元搜索引擎为用户提供统一的查询页面,通过自己的用户提问预处理子系统将用户提问转换成各个成员搜索引擎能识别的形式,提交给这些成员搜索引擎,然后把各个成员搜索引擎的搜索结果按照自己的结果处理子系统进行比较分析,去除重复并按照自定义的排序规则进行排序返回给用户。所以一般的元搜索引擎都包括三大功能结构:提问预处理子系统、检索接口代理子系统和检索结果处理子系统。

7.2.3　搜索引擎的主要性能评价指标

1. 建立索引的方法

数据库中的索引一般是按照倒排文档的文件格式存放,建立例排索引时,不同的搜索引擎有不同的选项。有些搜索引擎对信息页面建立全文索引;而有些只建立摘要部分,或者段落前部分的索引;还有些搜索引擎,如 Google 建立索引的时候,同时还考虑超文本的不同标记所表示的不同含义,如粗体、大字体显示的内容往往比较重要;放在锚链中的信息往往是它所指向页面的信息的概括,所以用它来作为所指向的页面的重要信息。Google、Infoseek 还在建立索引的过程中收集页面中的超链接。这些超链接反映了收集到的信息之间的空间结构,利用这些结果信息可以提高页面相关度判别时的准确度。由于索引不同,在检索信息时产生的结果也有所不同。

2. 检索功能

搜索引擎所支持的检索功能的多少及其实现的优劣,直接决定了检索效果的好坏,所以网络检索工具除了要支持诸如布尔检索、邻近检索、截词检索、字段检索等基本的检索功能之外,更应该根据网上信息资源的变化,及时地应用新技术、新方法,提高高级检索功能。另外,由于中文信息特有的编码不统一问题,所以如果搜索引擎能够实现不同内码之间的自动转换,用户就会全面检索大陆、港台乃至全世界的中文信息。这样不仅提高了搜索引擎的质量,而且会得到用户的支持。

3. 检索效果

检索效果可以从响应时间、查全率、查准率和相关度方面来衡量。响应时间是用户输入检索时开始查询到检出结果的时间。查全率指一次搜索结果中符合用户要求的数目与用户查询相关的总数之比;查准率指一次搜索结果集中符合用户要求的数目与该次搜索结果总数之比;相似度指用户查询与搜索结果之间相似度的一种度量。由于无法估计网络上与某个检索提问相关的所有信息数量,目前尚没有定量计算查全率的更好方法,但是它作为评价检索效果的指标依然值得保留。查准率也是一个复杂的概念,一方面表示搜索引擎对搜索结果的排序,另一方面体现了搜索引擎对垃圾网页的抗干扰能力。总之,一个好的搜索引擎应该具有较快的响应速度和高的查全率和查准率,或者有极大的相似度。

4. 受欢迎程度

搜索引擎的受欢迎程度体现了用户对搜索引擎的偏爱程度,知名度高、性能稳定和搜索质量好的搜索引擎很受用户青睐。搜索引擎的受欢迎程度也会随着它的知名度和服务水平的变化而动态变化。搜索引擎的服务水平和它所收集的信息量、信息的新鲜度和查询的精度相关。随着各种新的搜索技术的出现,智能化的、支持多媒体检索的搜索引擎将越来越受用户的欢迎。

7.3　电 子 邮 件

电子邮件是一种用电子手段提供信息交换的通信方式,是互联网应用最广的服务。通过网络的电子邮件系统,用户可以以非常低廉的价格(不管发送到哪里,都只需负担网费)、非常快速的方式(几秒之内可以发送到世界上任何指定的目的地),与世界上任何角落的网络用户联系。

电子邮件可以是文字、图像、声音等多种形式。同时,用户可以得到大量免费的新闻、专题邮件,并实现轻松的信息搜索。电子邮件的存在极大地方便了人与人之间的沟通与交流,促进了社会的发展。

7.3.1　电子邮件工作原理

1.电子邮件的发送和接收

电子邮件在 Internet 上发送和接收的原理可以很形象地用我们日常生活中邮寄包裹来表示:当要寄一个包裹时,首先要找到任何一个有这项业务的邮局,在填写完收件人姓名、地址等信息后包裹就寄出而运送到收件人所在地的邮局,那么对方取包裹时就必须去这个邮局才能取出。同样地,当发送电子邮件时,邮件由邮件发送服务器(任何一个都可以)发出,并根据收信人的地址判断对方的邮件接收服务器而将这封信发送到该服务器上,收信人要收取邮件也只能访问这个服务器才能完成。

（1）电子邮件的发送

SMTP 是维护传输秩序、规定邮件服务器之间进行哪些工作的协议,它的目标是可靠、高效地传送电子邮件。SMTP 独立于传送子系统,并且能够接力传送邮件。

SMTP 通信模型如图 7-9 所示,根据用户的邮件请求,发送方 SMTP 建立与接收方 SMTP 之间的双向通道。接收方 SMTP 可以是最终接收者,也可以是中间传送者。发送方 SMTP 产生并发送 SMTP 命令,接收方 SMTP 向发送方 SMTP 返回响应信息。

连接建立后,发送方 SMTP 发送 MAIL 命令指明发信人,如果接收方 SMTP 认可,则返回 OK 应答。发送方 SMTP 再发送 RCPT 命令指明收信人,如果接收方 SMTP 也认可,则再次返回 OK 应答;否则将给予拒绝应答(但不中止整个邮件的发送操作)。当有多个收信人时,双方将如此重复多次。这一过程结束后,发送方 SMTP 开始发送邮件内容,并以一个特别序列作为终止。如果接收方 SMTP 成功处理了邮件,则返回 OK 应答。

对于需要接力转发的情况,如果一个 SMTP 服务器接受了转发任务,但后来却发现由于转发路径不正确或者其他原因无法发送该邮件,那么它必须发送一个"邮件无法递送"的消息给最初发送该信的 SMTP 服务器。为防止因该消息可能发送失败而导致报错消息在两台 SMTP 服务器之间循环发送的情况,可以将该消息的回退路径置空。

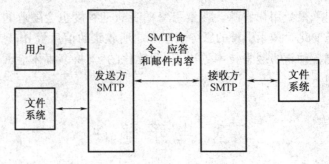

图 7－9　SMTP 通信模型

（2）电子邮件的接收

①电子邮件协议第 3 版本（POP3）

要在因特网的一个比较小的节点上维护一个消息传输系统（Message Transport System, MTS）是不现实的。例如，一台工作站可能没有足够的资源允许 SMTP 服务器及相关的本地邮件传送系统驻留且持续运行。同样地，要求一台个人计算机长时间连接在 IP 网络上的开销也是巨大的，有时甚至是做不到的。尽管如此，允许在这样小的节点上管理邮件常常是非常有用的，并且它们通常能够支持一个可以用来管理邮件的用户代理。为满足这一需要，可以让那些能够支持 MTS 的节点为这些小节点提供邮件存储功能。POP3 就是用于提供这样一种实用的方式来动态访问存储在邮件服务器上的电子邮件的。一般来说，就是指允许用户主机连接到服务器上，以取回那些服务器为它暂存的邮件。POP3 不提供对邮件更强大的管理功能，通常在邮件被下载后就被删除。更多的管理功能则由 IMAP4 来实现。

邮件服务器通过侦听 TCP 的 110 端口开始 POP3 服务。当用户主机需要使用 POP3 服务时，就与服务器主机建立 TCP 连接。当连接建立后，服务器发送一个表示已准备好的确认消息，然后双方交替发送命令和响应，以取得邮件，这一过程一直持续到连接终止。一条 POP3 指令由一个与大小写无关的命令和一些参数组成。命令和参数都使用可打印的 ASCII 字符，中间用空格隔开。命令一般为 3～4 个字母，而参数却可以长达 40 个字符。

②因特网报文访问协议第 4 版本（IMAP4）

IMAP4 提供了在远程邮件服务器上管理邮件的手段，它能为用户提供有选择地从邮件服务器接收邮件、基于服务器的信息处理和共享信箱等功能。IMAP4 使用户可以在邮件服务器上建立任意层次结构的保存邮件的文件夹，并且可以灵活地在文件夹之间移动邮件，随心所欲地组织自己的信箱，而 POP3 只能在本地依靠用户代理的支持来实现这些功能。如果用户代理支持，那么 IMAP4 甚至还可以实现选择性下载附件的功能，假设一封电子邮件中含有 5 个附件，用户可以选择下载其中的 2 个，而不是所有。

与 POP3 类似，IMAP4 仅提供面向用户的邮件收发服务，邮件在因特网上的收发还是依靠 SMTP 服务器来完成。

2. 电子邮件地址的构成

电子邮件地址由 3 部分组成：第一部分 USER 代表用户信箱的账号，对于同一个邮件接收服务器来说，这个账号必须是唯一的；第二部分@是分隔符；第三部分是用户信箱的邮件接收服务器域名，用以标志其所在的位置。

7.3.2　电子邮件相关协议

邮件协议指用户在客户端计算机上可以通过哪些方式进行电子邮件的发送和接收。常见的协议有 SMTP 协议、POP3 协议和 IMAP 协议。

1. SMTP 协议

SMTP 为简单邮件传输协议,可以向用户提供高效、可靠的邮件传输方式。SMTP 的一个重要特点是它能够在传送过程中转发电子邮件,即邮件可以通过不同网络上的邮件服务器转发到其他邮件服务器。

SMTP 协议工作在两种情况下:一是电子邮件从客户机传输到邮件服务器;二是从某一台邮件服务器传输到另一台邮件服务器。SMTP 是个请求/响应协议,它监听 25 号端口,用于接收用户的邮件请求,并与远端邮件服务器建立 SMTP 连接。

2. POP3 协议

POP 为邮局协议,用于电子邮件的接收,它使用 TCP 的 110 端口,常用的是第 3 版,所以简称为 POP3。

POP3 仍采用 C/S 工作模式。当客户机需要服务时,客户端的软件(如 Outlook Express)将与 POP3 服务器建立 TCP 连接,然后要经过 POP3 协议的 3 种工作状态:先是认证过程,确认客户机提供的用户名和密码;在认证通过后便转入处理状态,在此状态下用户可收取自己的邮件,在完成相应操作后,客户机便发出 quit 命令;此后便进入更新状态,将做删除标记的邮件从服务器端删除掉。到此为止,整个 POP 过程完成。

3. IMAP 协议

IMAP 称为 Internet 信息访问协议,主要提供通过 Internet 获取信息的一种协议。IMAP 像 POP3 那样提供了方便的邮件下载服务,让用户能进行离线阅读,但 IMAP 能完成的却远远不只这些。IMAP 提供的摘要浏览功能可以让用户在阅读完所有的邮件到达时间、主题、发件人、大小等信息后,再做出是否下载的决定。

7.4　文件传输协议

7.4.1　FTP 概述

文件传输协议(File Transfer Protocol,FTP)是一个广泛应用的协议,它允许用户在TCP/IP 网络上的两台计算机之间进行文件传输。文件传输应用软件(通常也叫作 FTP 软件)使用 FTP 协议传输文件。在一台计算机上运行 FTP 软件客户端程序,在另一台计算机上运行 FTP 服务端程序,如 UNIX、Linux 系统上的 FTPd 程序(FTP Daemon),或者其他操作系统上的 FTP 服务端。许多 FTP 客户端程序是基于命令行的,但也有基于图形界面的版本。FTP 主要用来传输文件,但是它也可以执行其他功能,如创建目录、删除目录和列出目录文件清单等。

FTP 使用 TCP 协议,也就是说,FTP 执行于主机和客户端计算机之间的会话层之上,因此,它是可靠的和面向连接的。标准的 Daemon(在服务器端)在 TCP 的 21 端口监听客户端的请求,当客户端发送出一个请求后,就会启动一个 TCP 连接,此时远程用户就通过了 FTP

服务器的验证,会话开始。传统的基于文本的 FTP 会话需要远程用户利用命令行界面通过服务器进行交流,典型的命令语句可以开始或停止 FTP 会话、远程浏览目录结构,上传或下载文件等。新的图形界面 FTP 客户端提供图形接口(而非命令行界面)来浏览目录和移动文件。

7.4.2　FTP 的基本工作原理

网络环境中的一项基本应用就是将文件从一台计算机中复制到另一台可能相距很远的计算机中。初看起来,在两个主机直接传送文件是很简单的事情,但其实这往往非常困难,原因是众多的计算机厂商研制出的文件系统多达数百种,而且差别很大,经常遇到的问题是:

(1)计算机存储数据的格式不同;

(2)文件的目录结构和文件命名的规定不同;

(3)对于相同的文件存取功能,操作系统使用的命令不同;

(4)访问控制方法不同。

FTP 只提供文件传送的一些基本服务,它使用 TCP 可靠的运输服务,FTP 的主要功能是减少或消除在不同操作系统下处理文件的不兼容性。

FTP 使用客户服务器方式,一个 FTP 服务器进程可同时为多个客户进程提供服务。FTP 的服务器进程由两大部分组成:一个主进程,负责接受新的请求;另外有若干个从属进程,负责处理单个请求。

主进程的工作步骤如下:

(1)打开熟知端口(端口号为21),使客户进程能够连接上;

(2)等待客户进程发出连接请求;

(3)启动从属进程来处理客户进程发来的请求,从属进程对客户进程的请求处理完毕后即终止,但从属进程在运行期间根据需要还可能创建其他一些子进程;

(4)回到等待状态,继续接受其他客户程序发来的请求,主进程与从属进程的处理是并发进行的。

FTP 使用的两个 TCP 连接如图 7－10 所示,图中的椭圆表示在系统中运行的进程;图中的服务器端有两个从属进程,即控制进程和数据传送进程。为简单起见,服务器端没有画出主进程,客户端除控制进程和数据传送进程外,还有一个用户界面进程用来和用户接口。

在进行文件传输时,FTP 的客户和服务器之间要建立两个并行的 TCP 连接:控制连接和数据连接。控制连接在整个会话期间一直保持打开,FTP 客户所发出的传送请求通过控制连接发送给服务器端的控制进程,但控制连接并不用来传送文件,实际用于传输文件是数据连接。服务器端的控制进程在接收到 FTP 客户发送来的文件传输请求后就创建数据传送进程继而数据连接,用来连接客户端和服务器端的数据传送进程。数据传送进程实际完成文件的传送,在传送完毕后关闭数据传送连接并结束运行。由于 FTP 使用了分离的控制连接,因此 FTP 的控制信息是带外(out of Hand)传送的。

当客户进程向服务器进程发出建立连接请求时,要寻找连接服务器进程的熟知端口,同时还要告诉服务器给自己的另一个端口号码,用于建立数据传送连接,接着,服务器进程用传送数据的熟知端口与客户进程所提供的端口号码建立数据传送连接。由于 FTP 使用了两个不同的端口号,所以数据连接与控制连接不会发生混乱。

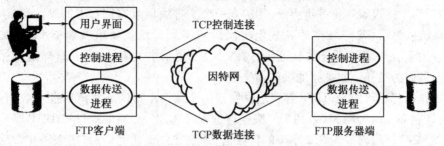

图 7 – 10　FTP 使用的两个 TCP 连接

使用两个独立的连接的主要好处是使协议更加简单和更容易实现,同时在传输文件时还可以利用控制连接(例如,客户发送请求种植传输)。

FTP 并非对所有的数据传输都是最佳的,例如,计算机 A 上运行的应用程序要在远地计算机 B 的一个很大的文件末尾添加一行信息,若使用 FTP,则应先将此文件从计算机 B 传送到计算机 A,添加上这一行信息后,再用 FTP 将此文件传送到计算机 B,来回传送这样大的文件会花费很多时间,实际上这种传送是不必要的,因为计算机 A 并没有使用该文件的内容。

网络文件系统 NFS 则采用另一种思路,NFS 允许应用进程打开一个远地文件,并能在该文件的某个特定的位置上开始读写数据。这样,NFS 可使用户只复制一个大文件中的一个很小的片段,而不需要复制整个大文件,对于上述例子,计算机 A 中的 NFS 客户软件将要添加的数据在文件后写数据的请求一起发送到远地的计算机 B 中的 NFS 服务器,NFS 服务器更新文件后返回应答信息,在网络上传送的只是少量的修改数据。

7.4.3　简单文件传送协议 TFTP

TCP/IP 协议族还有一个简单文件传送协议(Trivial File Transfer Protocol,TFTP),它是一个很小且易于实现的文件传送协议。TFTP 的版本 2 是因特网的正式标准[RFC 1350]。虽然 TFTP 也使用客户服务器方式,但它使用 UDP 数据报,因此 TFTP 需要有自己的差错改正措施,TFTP 只支持文件传输而不支持交互,TFTP 没有一个庞大的命令集,没有列目录的功能,也不能对用户进行身份鉴别。

TFTP 的主要优点有两个:第一,TFTP 可用于 UDP 环境,例如,当需要将程序或文件同时向许多机器下载时就往往需要使用 TFTP;第二,TFTP 代码所占的内容较小,这对较小的计算机或某些特殊用途的设备来说是很重要的。这些设备不需要硬盘,只需要固化 TFTP、UDP 和 IP 的小容量只读储存器即可,当接通电源后,设备执行只读存储器中的代码,在网络上广播 TFTP 请求,网络上的 TFTP 服务器就发送响应,其中包括可执行二进制程序,设备收到此文件后将其放入内存,然后开始运行程序。这种方式既增加了灵活性,也减少了开销。

TFTP 的主要特点如下:

(1)每次传送的数据报文中有 512 字节的数据,但最后一次可不足 512 字节。

(2)数据报文按序编号,从 1 开始。

(3)支持 ASCII 码或二进制传送。

(4)可对文件进行读或写。

（5）使用很简单的首部。

TFTP 的工作很像停止等待协议，发送完一个文件块后就等待对方的确认，确认时应指明所确认的块编号，发完数据后在规定时间内收不到确认就要重发数据 PDU；发送确认 PDU 的一方若在规定时间内收不到下一个文件块，也要重发确认 PDU，这样就可保证文件的传送不致因为某一个数据报的丢失而失败。

在工作的起始阶段时，TFTP 客户进程发送一个读请求报文或写请求报文给 TFTP 服务器进程，其熟知端口号码为 69。TFTP 服务器进程要选择一个新的端口和 TFTP 客户进程进行通信，若文件长度恰好为 512 字节的整数倍，则在文件传送完毕后，还必须在最后发送一个只含部首而无数据报文，若文件长度不是 512 字节的整数倍，则最后传送数据报文中的数据字段一定不满 512 字节，这正好可作为文件结束的标志。

7.5 电 子 商 务

随着 Internet 的不断发展与完善，人类进入信息化社会的步伐在深度与广度的各个方面都大大加快，网络给人们带来的好处不仅在于通过网络可以得到信息，而且在于通过网络可以进行网上购物、网上教育、网上医疗等活动。电子商务是在信息时代中产生与发展起来的新生事物，同时也是信息技术与各国信息化建设的必然产物。

7.5.1 电子商务的基本概念

电子商务是以信息网络技术为手段，以商品交换为中心的商务活动；也可理解为在互联网（Internet）、企业内部网（Intranet）和增值网（Value Added Network，VAN）上以电子交易方式进行交易活动和相关服务的活动，是传统商业活动各环节的电子化、网络化、信息化。

电子商务通常指在全球各地广泛的商业贸易活动中，在因特网开放的网络环境下，基于浏览器/服务器应用方式，买卖双方不谋面地进行各种商贸活动，实现消费者的网上购物、商户之间的网上交易和在线电子支付及各种商务活动、交易活动、金融活动和相关的综合服务活动的一种新型的商业运营模式。各国政府、学者、企业界人士根据自己所处的地位和对电子商务参与的角度和程度的不同，给出了许多不同的定义。

综上所述，电子商务有广义和狭义之分。狭义的电子商务就是电子交易，主要指利用通信手段在网上进行的交易。而广义的电子商务包括电子交易在内的利用 Web 进行的全部商业活动。无论是广义的还是狭义的定义，它们的基本点都是相同的，主要的区别在于电子，即是广义的电子（信息技术）还是狭义的电子（计算机网络）。

7.5.2 电子商务的框架结构

电子商务的框架结构指电子商务活动环境中所涉及的各个领域及实现电子商务应具备的技术保证。从总体上来看，电子商务框架结构由 3 个层次和两大支柱构成。其中，电子商务框架结构的 3 个层次分别是网络层、信息发布与传输层、电子商务服务和应用层；两大支柱指社会人文性的公共政策和法律规范及自然科技性的技术标准和网络协议，电子商务的框架结构模型如图 7-11 所示。

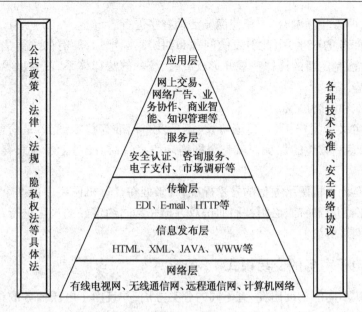

图 7 – 11　电子商务的框架结构模型

1. 网络层

网络层指网络基础设施,是实现电子商务的最底层的基础设施,它既是信息的传输系,也是实现电子商务的基本保证。网络层包括远程通信网、有线电视网、无线通信网和互联网,因为电子商务的主要业务是基于 Internet 的,所以互联网是网络基础设施中最重要的。

2. 信息发布与传输层

网络层决定了电子商务信息传输使用的线路,而信息发布与传输层则解决如何在网络上传输信息和传输何种信息的问题。目前 Internet 上最常用的信息发布方式是在 WWW 上用 HTML 语言的形式发布网页,并将 Web 服务器中发布传输的文本、数据、声音、图像和视频等多媒体信息发送到接收者手中。从技术角度而言,电子商务系统的整个过程就是围绕信息的发布和传输进行的。

3. 电子商务服务和应用层

电子商务服务层实现标准的网上商务活动服务,如网上广告、网上零售、商品目录服务、电子支付、客户服务、电子认证(CA 认证)、商业信息安全传送等。其真正的核心是 CA 认证,因为电子商务是在网上进行的商务活动,参与交易的商务活动各方互不见面,所以身份的确认与安全通信变得非常重要。CA 认证中心担当着网上"公安局"和"工商局"的角色,它给参与交易者签发的数字证书就类似于网上身份证,用来确认电子商务活动中各自的身份,并通过加密和解密的方式实现网上安全的信息交换与安全交易。

在基础通信设施、多媒体信息发布、信息传输及各种相关服务的基础上,人们就可以进行各种实际应用,如供应链管理、企业资源计划、客户关系管理等各种实际的信息系统,以及在此基础上开展企业的知识管理、竞争情报活动。而企业的供应商、经销商、合作伙伴及消费者、政府部门等参与电子互动的主体也在这个层面上和企业产生各种互动。

4. 公共政策和法律规范

法律维系着商务活动的正常运作,对市场的稳定发展起到了很好的制约和规范作用。进行商务活动,必须遵守国家的法律、法规和相应的政策,同时还要有道德和伦理规范的自我约束和管理,两者相互融合,才能使商务活动有序进行。

随着电子商务的产生,由此引发的问题和纠纷不断增加,原有的法律法规已经不能适应新的发展环境,制定新的法律法规并形成成熟、统一的法律体系,成为世界各国发展电子商务的必然趋势。

5.技术标准和网络协议

技术标准定义了用户接口、传输协议、信息发布标准等技术细节,是信息发布、传递的基础,是网络信息一致性的保证。就整个网络环境来说,标准对于保证兼容性和通用性是十分重要的。

网络协议是计算机网络通信的技术标准,对于处在计算机网络中的两个不同地理位置上的企业来说,要进行通信,必须按照通信双方预先共同约定好的规程进行,这些共同的约定和规程就是网络协议。

7.5.3 电子商务的交易模式

电子商务从不同的角度出发,有不同的分类方法,并且由于电子商务的参与者众多,如企业、消费者、政府、接入服务的提供商(ISP)、在线服务的提供者、配送和支付服务的提供机构等,按他们的性质各不相同,可以分为 B(Business)、C(Customer)、G(Government)。由此形成了以下电子商务交易模式:B2B、B2C、C2C、B2G、C2G 等。目前应用范围比较广的是B2C、B2B、C2C 和 O2O。

1.B2C 交易模式

B2C(Business to Customer)电子商务指企业与消费者以 Internet 为主要服务提供手段进行的商务活动。它是一种电子化零售模式,采用在线销售,以网络手段实现公众消费和提供服务,并保证与其相关的付款方式电子化。它是随着 WWW 的出现而迅速发展起来的,目前在 Internet 上遍布各种类型的网上商店和虚拟商业中心,提供从鲜花、书籍、饮料、食品、玩具到计算机、汽车等各种消费品和服务。

2.B2B 交易模式

B2B(Business to Business)电子商务是商业对商业,或者说是企业间的电子商务交易模式,即企业与企业之间通过互联网进行产品、服务及信息的交换。目前,世界上 80% 的电子商务交易额是在企业之间,而不是企业和消费者之间完成的。

3.C2C 交易模式

C2C(Customer to Customer)电子商务是消费者对消费者的交易,简单地说就是消费者本身提供服务或产品给消费者。C2C 商务平台就是通过为买卖双方提供一个在线交易平台,使卖方可以主动提供商品上网拍卖,而买方可以自行选择商品进行竞价。

4.O2O 模式

O2O(Online to Offline)电子商务是将线下商务的机会与互联网结合在一起,让互联网成为线下交易的前台。这样线下服务就可以通过线上来揽客,消费者可以通过线上来筛选服务,成交可以在线结算,很快达到规模。该模式最重要的特点是推广效果可查,每笔交易可跟踪。O2O 模式的优势是充分挖掘线下资源,消费行为更加易于统计,服务方便,优势集中,促使电子商务朝多元化方向发展。

7.6　其他 Internet 应用

7.6.1　即时通信服务

1. 即时通信的原理

即时通信是一种基于网络的通信技术,涉及 IP/TCP/UDP/Sockets、P2P、C/S、多媒体音视频编解码/传送、Web Service 等多种技术手段。无论即时通信系统的功能如何复杂,它们大都基于相同的技术原理,主要包括客户/服务器(C/S)通信模式和对等通信(P2P)模式。

C/S 结构以数据库服务为核心将连接在网络中的多个计算机形成一个有机的整体,客户机(Client)和服务器(Server)分别完成不同的功能。但在客户/服务器结构中,多个客户机并行操作,存在更新丢失和多用户控制问题。因此,在设计时要充分考虑信息处理的复杂程度来选择合适的结构。在实际应用中,可以采用3层 C/S 结构。3层 C/S 结构与中间件模型非常相似,由基于工作站的客户层、基于服务器的中间层和基于主机的数据层组成。在3层结构中,客户不产生数据库查询命令,它访问服务器上的中间层,由中间层产生数据库查询命令。3层 C/S 结构便于工作部署,客户层主要处理交互界面,中间层表达事务逻辑,数据层负责管理数据源和可选的源数据转换。

P2P 模式是非中心结构的对等通信模式,每一个客户(Peer)都是平等的参与者,承担服务使用者和服务提供者两个角色。客户之间进行直接通信,可充分利用网络带宽,减少网络的拥塞状况,使资源的利用率大大提高。同时由于没有中央节点的集中控制,系统的伸缩性较强,也能避免单点故障,提高系统的容错性能。但由于 P2P 网络的分散性、自治性、动态性等特点,造成了某些情况下客户的访问结果是不可预见的。

当前使用的 IM 系统大都组合使用了 C/S 和 P2P 模式。在登录 IM 进行身份认证阶段是工作在 C/S 方式,随后如果客户端之间可以直接通信,则使用 P2P 方式工作,否则以 C/S 方式通过 IM 服务器通信。即时通信原理如图 7 – 12 所示。

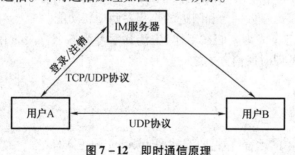

图7 – 12　即时通信原理

2. 流行的即时通信软件

微信(WeChat)是腾讯公司于2011 – 01 – 21 推出的一个为智能终端提供即时通信服务的免费应用程序,由张小龙所带领的腾讯广州研发中心产品团队打造。微信支持跨通信运营商、跨操作系统平台通过网络快速发送免费(需消耗少量网络流量)语音短信、视频、图片和文字,同时,也可以使用通过共享流媒体内容的资料和基于位置的社交插件摇一摇、漂流瓶、朋友圈、公众平台、语音记事本等服务插件。

微信提供公众平台、朋友圈、消息推送等功能,用户可以通过摇一摇、搜索号码、附近的人、扫二维码添加好友和关注公众平台,通过微信将内容分享给好友及将用户看到的精彩内容分享到微信朋友圈。

2013年11月,微信注册用户量突破6亿,是亚洲地区最大用户群体的移动即时通信软件。2014-08-28,微信支付正式公布微信智慧生活全行业解决方案。具体体现在以微信公众号+微信支付为基础,帮助传统行业将原有商业模式移植到微信平台。2015-06-30,腾讯以17.6亿元投得广州琶洲地块以建设微信总部大楼。2016-03-01起,微信支付停止对转账功能收取手续费。同日起,对提现功能开始收取手续费。3月10日,微信官方首次公布企业微信的相关细节,并于4月18日通过应用宝正式发布安卓版。8月,微信与支付宝同获香港首批支付牌照,意欲争夺新市场。2017-01-09 0点,万众瞩目的微信第一批小程序正式低调上线,用户可以体验到各种各样的小程序提供的服务。2017-03-23晚,微信官方悄然推出了微信指数功能,腾讯方面定义其为微信官方提供的基于微信大数据分析的移动端指数。

微信的基本功能主要包括如下几个方面:

(1)聊天

支持发送语音短信、视频、图片(包括表情)和文字,是一种聊天软件,支持多人群聊。

(2)添加好友

微信支持查找微信号(具体步骤:点击微信界面下方的朋友们—添加朋友—搜号码,输入想搜索的微信号码,然后点击查找即可)、查看手机通讯录和分享微信号添加好友、摇一摇添加好友、二维码查找添加好友等方式。

(3)实时对讲机功能

用户可以通过语音聊天室和一群人语音对讲。不同的是,这个聊天室的消息几乎是实时的,并且不会留下任何记录,在手机屏幕关闭的情况下也仍可进行实时聊天。

(4)微信小程序

2017-04-17,小程序开放长按识别二维码进入小程序的能力。经过腾讯科技测试,该功能在iOS和Android均可使用,如果无法正常打开,请将微信更新至最新版本。2017年3月底,小程序还新增了第三方平台和附近的小程序两项新功能。

总之,微信目前已经成为人们在工作、生活和学习等各个方面的有力助手和便捷的通信模式,成为最重要的即时通信方式之一。

7.6.2 Telnet

1. Telnet 概述

Telnet 是一个简单的远程终端协议,也是 Internet 的正式标准。用户用 Telnet 就可在其所在地通过 TCP 连接注册(登录)到远地的另一个主机(使用主机名或 IP 地址)上。

Telnet 能将用户的键盘输入传到远地主机,同时也能将远地主机的输出通过 TCP 连接返回到用户屏幕。这种服务是透明的,因为用户好像感觉到键盘和显示器是直接连在远地主机上的。

Telnet 协议是 TCP/IP 协议家族中的一员,是 Internet 远程登录服务的标准协议和主要方式。它为用户提供了在本地计算机上完成远程主机工作的能力。在终端使用者的电脑上使用 Telnet 程序,用它连接到服务器。终端使用者可以在 Telnet 程序中输入命令,这些命令会在服务器上运行,就像直接在服务器的控制台上输入一样。在本地就可以控制服务器。要开始一个 Telnet 会话,必须输入用户名和密码来登录服务器。Telnet 是常用的远程控制 Web 服务器的方法。

现在由于计算机的功能越来越强,用户已较少使用 Telnet 了。Telnet 使用客户/服务器方式。在本地系统运行 Telnet 客户进程,而在远地主机则运行 Telnet 服务器进程。与 FTP 的情况相似,服务器中的主进程等待新的请求,并产生从属进程来处理每个连接。远程登录 Telnet 如图 7－13 所示。

图 7－13　远程登录 Telnet

2. 工作过程

使用 Telnet 协议进行远程登录时需要满足以下条件:在本地计算机上必须装有包含 Telnet 协议的客户程序;必须知道远程主机的 IP 地址或域名;必须知道登录标识与口令。

Telnet 远程登录服务分为以下 4 个过程:

(1)本地与远程主机建立连接。该过程实际上是建立一个 TCP 连接,用户必须知道远程主机的 IP 地址或域名。

(2)将本地终端上输入的用户名和口令及以后输入的任何命令或字符以 NVT(Net Virtual Terminal)格式传送到远程主机。该过程实际上是从本地主机向远程主机发送一个 IP 数据包。

(3)将远程主机输出的 NVT 格式的数据转化为本地所接受的格式送回本地终端,包括输入命令回显和命令执行结果。

(4)最后,本地终端对远程主机进行撤销连接,即撤销一个 TCP 连接。

3. Telnet 的用途

Telnet 是 Internet 远程登录服务的标准协议和主要方式,最初由 ARPANET 开发,现在主要用于 Internet 会话,它的基本功能是允许用户登录进入远程主机系统。

Telnet 可以让用户坐在自己的计算机前通过 Internet 网络登录到另一台远程计算机上,这台计算机可以是在隔壁的房间里,也可以是在地球的另一端。当登录上远程计算机后,本地计算机就等同于远程计算机的一个终端,用户可以用自己的计算机直接操纵远程计算机,享受远程计算机与本地终端同样的操作权限。

Telnet 的主要用途就是使用远程计算机上拥有的本地计算机没有的信息资源,如果远程的主要目的是在本地计算机与远程计算机之间传递文件,那么相比而言使用 FTP 会更加快捷有效。

4. 交互过程

当用户使用 Telnet 登录进入远程计算机系统时,事实上启动了两个程序:一个是 Telnet 客户程序,运行在本地主机上;另一个是 Telnet 服务器程序,它运行在要登录的远程计算机上。

本地主机上的 Telnet 客户程序主要完成以下功能:

(1)建立与远程服务器的 TCP 连接;

(2)从键盘上接收本地输入的字符;

(3)将输入的字符串变成标准格式并传送给远程服务器;

(4)从远程服务器接收输出的信息;

(5)将该信息显示在本地主机屏幕上。

远程主机的服务程序通常被昵称为精灵,它平时不声不响地守候在远程主机上,一接到本地主机的请求,就立马活跃起来,并完成以下功能:

(1)通知本地主机,远程主机已经准备好了;

(2)等候本地主机输入命令;

(3)对本地主机的命令做出反应(如显示目录内容,或执行某个程序等);

(4)把执行命令的结果送回本地计算机显示;

(5)重新等候本地主机的命令。

在 Internet 中,很多服务都采取这样的客户/服务器结构。对使用者来讲,通常只要了解客户端的程序就可以了。

5. 安全隐患

虽然 Telnet 较为简单、实用,也很方便,但是在格外注重安全的现代网络技术中,Telnet 并不被重用。原因在于 Telnet 是一个明文传送协议,它将用户的所有内容,包括用户名和密码都在互联网上明文传送,具有一定的安全隐患,因此许多服务器都会选择禁用 Telnet 服务。如果用户要使用 Telnet 的远程登录,使用前应在远端服务器上检查并设置允许 Telnet 服务的功能。

7.6.3　SNMP

1. SNMP 的发展

SNMP 是目前 TCP/IP 网络中应用最为广泛的网络管理协议之一。1990 年 5 月,RFC 1157 定义了 SNMP 的第一个版本 SNMPv1。RFC 1157 和另一个关于管理信息的文件 RFC 1155 一起提供了一种监控和管理计算机网络的系统方法。因此,SNMP 得到了广泛应用,并成为网络管理事实上的标准。

SNMP 在 20 世纪 90 年代初得到了迅猛发展,同时也暴露出了明显的不足,如难以实现大量的数据传输,缺少身份验证(Authentication)和加密(Privacy)机制等。因此,1993 年发布了 SNMPv2,其特点为支持分布式网络管理,扩展了数据类型,可以实现大量数据的同时传输,提高了效率和性能,丰富了故障处理能力,增加了集合处理功能,加强了数据定义语言。

SNMPv2 并没有完全实现预期的目标,尤其是安全性能没有得到提高,如身份验证(用户初始接入时的身份验证、信息完整性的分析、重复操作的预防)、加密、授权和访问控制、适当的远程安全配置和管理能力等都没有实现。1996 年发布的 SNMPv2c 是 SNMPv2 的修改版本,虽然功能增强了,但是安全性仍没有得到改善,继续使用 SNMPvl 的基于明文密钥的身份验证方式。IETF SNMPv3 工作组于 1998 年 1 月提出了互联网建议 RFC 2271 ~ 2275,正式形成 SNMPv3。这一系列文件定义了包含 SNMPvl、SNMPv2 所有功能在内的体系框架和包含验证服务和加密服务在内的全新的安全机制,同时还规定了一套专门的网络安全和访问控制规则。可以说,SNMPv3 在 SNMPv2 的基础上增加了安全和管理机制。

　　SNMP 最重要的思想就是要尽可能简单,以便缩短研制周期。SNMP 的基本功能包括监视网络性能、检测分析网络差错和配置网络设备等。在网络正常工作时,SNMP 可实现统计、配置和测试等功能;当网络出故障时,可实现各种差错检测和恢复功能。虽然 SNMP 是在 TCP/IP 基础上的网络管理协议,但也可扩展到其他类型的网络设备上。

　　2. SNMP 的配置

　　SNMP 的典型配置如图 7 - 14 所示。整个系统必须有一个管理站(Management Station),这实际上是网控中心。在每个被管对象中一定要有代理进程。管理进程和代理进程利用 SNMP 报文进行通信,而 SNMP 报文又使用 UDP 来传输。图 7 - 15 中有两个主机和一个路由器,这些协议栈中带有阴影的部分是这些主机和路由器本身所具有的,而没有阴影的部分是为实现网络管理而增加的。

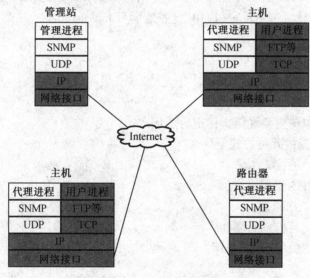

图 7 - 14　SNMP 的典型配置

　　有时网络管理协议无法控制某些网络元素,如该网络元素使用的是另一种网络管理协议,则可使用委托代理(Proxy Agent)。委托代理能提供如协议转换和过滤操作的汇集功能,然后委托代理对管理对象进行管理,委托管理的配置如图 7 - 15 所示。

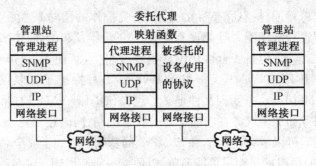

图 7 - 15 委托管理的配置

SNMP 的网络管理由 3 部分组成,即管理信息库(MIB)、管理信息结构(SMI)及 SNMP 本身。

7.7 本章小结

本章通过对万维网基础知识的了解,对信息查询与搜索引擎相关技术的了解,对电子邮件、文件传输协议 FTP、电子商务与电子政务相关知识和即时通信服务、Telnent 和 SNMP 等的了解,从而更好地掌握 Internet 应用,更好地学习 Internet 知识。

习 题

1. 评价搜索引擎的主要性能指标指的是什么?
2. 浏览 Web 信息的几种方式是什么?
3. 列出经常使用的搜索引擎。
4. 简述电子邮件的相关协议。
5. 简述 FTP 的工作原理。
6. 电子商务的交易模式有哪些?
7. 列举 3 种以上的 Internet 应用。

第8章 网络操作系统

学习目标

- 了解操作系统及网络操作系统的概念
- 了解常用的操作系统
- 理解 Windows 2003 常用的服务
- 了解 UNIX 操作系统
- 了解 Linux 操作系统

8.1 操作系统及网络操作系统概述

网络操作系统是由操作系统发展而来的,故在介绍网络操作系统之前,先对操作系统进行一些必要的介绍。

8.1.1 操作系统概述

1.操作系统的基本概念

计算机系统由硬件和软件两部分构成。软件又可分成系统软件和应用软件两类。系统软件是为解决用户使用计算机而编制的程序和数据,如操作系统、编译程序、汇编程序等;应用软件指为解决某个特定问题而编制的程序。在所有软件中,操作系统是紧挨着硬件的第一层软件,其他软件则建立在操作系统之上。

操作系统(Operating System,OS)是若干程序模块的集合,它们能有效地组织和管理计算机系统中的硬件及软件资源,合理地组织计算机工作流程,控制程序的执行,并向用户提供各种服务功能,使得用户能够灵活、方便、有效地使用计算机,使整个计算机系统能够高效运行。

操作系统有以下两个重要作用:

(1)管理系统中的各种资源

操作系统是资源的管理者和仲裁者,负责资源在各个程序之间的调度和分配,保证系统中的各种资源得以有效利用。

(2)为用户提供良好的界面

操作系统的最主要功能是管理软、硬件资源,并为用户提供良好的界面。

2.操作系统的特性

(1)并发性

并发性指在计算机系统中同时存在多个程序,宏观上看,这些程序是同时向前推进的。

在单 CPU 环境下,这些并发执行的程序是交替在 CPU 上运行的。程序的并发性具体体现在如下两个方面:用户程序与用户程序之间并发执行;用户程序与操作系统程序之间并发执行。

(2)共享性

共享性指操作系统程序与多个用户程序共用系统中的各种资源。这种共享是在操作系统控制下实现的。

(3)随机性

操作系统运行在一个随机的环境中,一个设备可能在任何时间向处理机发出中断请求,系统也无法知道运行着的程序会在什么时候做什么事情。

3. 操作系统的地位

没有任何软件支持的计算机称为裸机,而实际的计算机系统是经过若干层软件改造的计算机,操作系统位于各种软件的最底层,是硬件的第一层软件扩充,如图 8-1 所示。

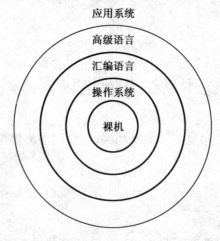

图 8-1　计算机系统的层次结构

4. 操作系统的功能

(1)进程管理

进程管理主要是对处理机进行管理。CPU 是计算机系统中最宝贵的硬件资源。为了提高 CPU 的利用率,采用了多道程序技术。如果一个程序因等待某一条件而不能运行下去,就把处理机占用权转交给另一个可运行程序。或者,当出现了一个比当前运行的程序更重要的可运行程序时,后者应能抢占 CPU。为了描述多道程序的并发执行,就要引入进程的概念。通过进程管理协调多道程序之间的关系,解决对处理机的分配调度策略、分配实施和回收等问题,从而使 CPU 资源得到最充分的利用。

操作系统对处理机管理策略的不同,其提供的作业处理方式也不同,如有批处理方式、分时方式和实时方式,从而呈现在用户面前的是具有不同性质的操作系统。

(2)存储管理

存储管理主要管理内存资源。内存价格相对高昂,容量也相对有限。因此,当多个程序共享有限的内存资源时,如何为它们分配内存空间,以使存放在内存中的程序和数据能彼此隔离、互不侵扰,尤其是当内存不够用时,如何解决内存扩充问题,即将内存和外存结合起来管理,为用户提供一个容量比实际内存大得多的虚拟存储器,是操作系统的存储管理功能要承担的重要任务。操作系统的这一部分功能与硬件存储器的组织结构密切相关。

（3）文件管理

系统中的信息资源是以文件形式存放在外存储器上的，需要时再把它们装入内存。文件管理的任务是有效地支持文件的存储、检索和修改等操作，解决文件的共享、保密和保护等问题，使用户方便、安全地访问文件。操作系统一般都提供很强大的文件系统。

（4）设备管理

设备管理指计算机系统中除 CPU 和内存以外的所有输入、输出设备的管理。除了进行实际 I/O 操作的设备外，还包括诸如控制器、通道等支持设备。设备管理负责外部设备的分配、启动和故障处理，用户不必详细了解设备及接口的技术细节，就可以方便地对设备进行操作，为了提高设备的使用效率和整个系统的运行速度，可采用中断技术、通道技术、虚拟设备技术和缓冲技术，尽可能发挥设备和主机的并行工作能力。此外，设备管理应为用户提供一个良好的界面，以使用户不必涉及具体的设备物理特性即可方便、灵活地使用这些设备。

（5）用户与操作系统的接口

除了上述 4 项功能外，操作系统还应向用户提供使用它的方法，即用户与计算机系统之间的接口。接口的任务是为用户提供一个使用系统的良好环境，使用户能有效地组织自己的工作流程，并使整个系统高效地运行。除此之外，操作系统还要具备中断处理、错误处理等功能。操作系统的各功能之间不是相互独立的，而是存在着相互依赖的关系。

5. 操作系统的类型

操作系统经历了手工操作、早期成批处理、执行系统、多道程序系统、分时系统、实时系统、通用操作系统等阶段。随着硬件技术的飞速发展及微处理机的出现，个人计算机向计算机网络、分布式处理和智能化方向发展，操作系统也因此有了进一步发展。

操作系统可以按不同的方法分类。按硬件系统的大小，可以分为微型机操作系统和中、小型机操作系统。按适用范围，可以分为实时操作系统和作业处理系统。按操作系统提供给用户工作环境的不同，可以分为 6 大类型：批处理操作系统、分时系统、实时系统、个人计算机操作系统、网络操作系统、分布式操作系统。操作系统类型如图 8 - 2 所示。

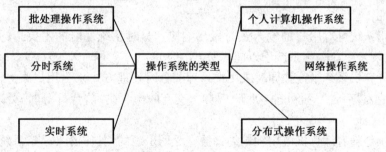

图 8 - 2 操作系统类型

（1）批处理操作系统

在批处理系统中，用户一般不直接操纵计算机，而是将作业提交给系统操作员。操作员将作业成批地装入计算机，由操作系统将作业按规定的格式组织好存入磁盘的某个区域（通常称为输入井），然后按照某种调度策略选择一个或几个搭配得当的作业调入内存加以处理；内存中的多个作业交替执行，处理的步骤事先由用户设定；作业输出的处理结果通常也由操作系统组织存入磁盘的某个区域(称为输出井),由操作系统按作业统一加以输出;最后,由操作员将作业运行结果交给用户。

批处理系统有两个特点:一是多道;二是成批。多道指系统内可同时容纳多个作业,这些作业存放在外存中,组成一个后备作业队列,系统按一定的调度原则每次从后备作业队列中选取一个或多个作业送入内存运行,运行作业结束并退出运行及后备作业进入运行均由系统自动实现,从而在系统中形成一个自动转接的连续的作业流。而成批的特点是在系统运行过程中不允许用户与其他作业发生交互作用,即作业一旦进入系统,用户就不能直接干预其作业的运行。

批处理系统追求提高系统资源利用率和扩大作业吞吐量,以及增强作业流程的自动化。

(2)分时系统

分时系统允许多个用户同时联机使用计算机。一台分时计算机系统连有若干台终端,多个用户可以在各自的终端上向系统发出服务请求,等待计算机的处理结果并决定下一个步骤。操作系统接收每个用户的命令,采用时间片轮转的方式处理用户的服务请求,即按照某个次序给每个用户分配一段 CPU 时间,进行各自的处理。对每个用户而言,仿佛独占了整个计算机系统。分时系统的特点如下:

①多路性

多路性指多个用户同时使用一台计算机。微观上是各用户轮流使用计算机;宏观上是各用户在并行工作。

②交互性

交互性指用户可根据系统对请求的响应结果,进一步向系统提出新的请求。这种能使用户与系统进行人－机对话的工作方式,明显地有别于批处理系统,因而分时系统又称为交互式系统。

③独立性

独立性指用户之间可以相互独立操作,互不干涉。系统保证各用户程序运行的完整性,不会发生相互混淆或破坏现象。

④及时性

及时性指系统可对用户的输入及时做出响应。分时系统性能的主要指标之一是响应时间,指从终端发出命令到系统予以应答所需的时间。

通常在计算机系统中往往同时采用批处理和分时处理方式来为用户服务,即时间要求不强的作业放入"后台"(批处理)处理,需频繁交互的作业在"前台"(分时)处理。

(3)实时系统

实时系统是随着计算机应用领域的日益广泛而出现的,具体含义是指系统能够及时响应随机发生的外部事件,并在严格的时间范围内完成对该事件的处理。实时系统在一个特定的应用中是作为一种控制设备来使用的。通过模数转换装置,将描述物理设备状态的某些物理量转换成数字信号传送给计算机,计算机分析接收来的数据、记录结果,并通过数模转换装置向物理设备发送控制信号来调整物理设备的状态。实时系统可分成两类:

①实时控制系统

计算机用于飞机飞行、导弹发射等自动控制时,要求计算机能尽快处理测量系统测得的数据,及时地对飞机或导弹进行控制,或将有关信息通过显示终端提供给决策人员。

②实时信息处理系统

计算机用于预订飞机票、查询有关航班、航线、票价等事宜时,要求计算机能对终端设备发来的服务请求及时予以正确回答。

实时操作系统的一个主要特点是及时响应,即每一个信息接收、分析处理和发送的过程必须在严格的时间内完成;另一个主要特点是具有高可靠性。

(4)个人计算机操作系统

个人计算机操作系统是一种联机交互的单用户操作系统,它提供的联机交互功能与分时系统所提供的功能很相似。由于是个人专用,一些功能会简单得多。然而,由于个人计算机的应用普及,对提供方便友好的用户接口和丰富功能的文件系统的要求越来越迫切。

(5)网络操作系统

计算机网络是通过通信设施将地理上分散的具有自治功能的多个计算机系统互联起来,实现信息交换、资源共享、互操作和协作处理的系统。网络操作系统就是在原来各自计算机操作系统上,按照网络体系结构的各个协议标准进行开发,使之包括网络管理、通信、资源共享、系统安全和多种网络应用服务的操作系统。

(6)分布式操作系统

分布式操作系统指通过通信网络将物理上分布的具有自治功能的数据处理系统或计算机系统互联起来,实现信息交换和资源共享,协作完成任务。分布式系统要求是一个统一的操作系统,实现系统操作的统一性。分布式操作系统管理分布式系统中的所有资源,它负责全系统的资源分配和调度、任务划分、信息传输控制协调工作,并为用户提供一个统一的界面,用户通过这一界面实现所需要的操作并使用系统资源,至于操作定在哪一台计算机上执行或使用哪台计算机的资源则由操作系统自动完成,用户不必知道。此外,由于分布式系统更强调分布式计算和处理,因此对多机合作和系统重构、健壮性和容错能力有更高的要求,要求分布式操作系统有更短的响应时间、更高的吞吐量和更高的可靠性。

8.1.2　网络操作系统概述

1. 网络操作系统的基本概念

网络操作系统(Network Operating System,NOS)也是程序的组合,指在网络环境下,用户与网络资源的接口,用以实现对网络资源的管理和控制。对网络系统来说,所有网络功能几乎都是通过其网络操作系统体现的,网络操作系统代表着整个网络的水平。随着计算机网络的不断发展,特别是计算机网络互联、异质网络互联技术及其应用的发展,网络操作系统正朝着支持多种通信协议、多种网络传输协议、多种网络适配器的方向发展。

网络操作系统是使联网计算机能够方便、有效地共享网络资源,为网络用户提供所需的各种服务的软件与协议的集合。因此,网络操作系统的基本任务就是屏蔽本地资源与网络资源的差异性,为用户提供各种基本网络服务功能,完成网络共享系统资源的管理,并提供网络系统的安全性服务。

计算机网络系统是通过通信媒体将多个独立的计算机连接起来的系统,每个连接起来的计算机各自拥有独立的操作系统。网络操作系统是建立在这些独立的操作系统之上,为网络用户提供使用网络系统资源的桥梁。当多个用户争用系统资源时,网络操作系统进行资源调剂管理,它依靠各个独立的计算机操作系统对所属资源进行管理,协调和管理网络用户进程或程序与联机操作系统进行交互作用。

2. 网络操作系统的类型

网络操作系统一般可以分为面向任务型与通用型。面向任务型网络操作系统是为某一种特殊网络应用要求设计的;通用型网络操作系统能提供基本的网络服务功能,支持用户在各个领域应用的需求。

通用型网络操作系统也可以分为变形系统与基础级系统两类。变形系统是在原有的单机操作系统基础上,通过增加网络服务功能构成的;基础级系统则是以计算机硬件为基础,根据网络服务的特殊要求,直接利用计算机硬件与少量软件资源专门设计的网络操作系统。

纵观近十余年网络操作系统的发展,网络操作系统经历了从对等结构向非对等结构演变的过程,其演变过程如图 8-3 所示。

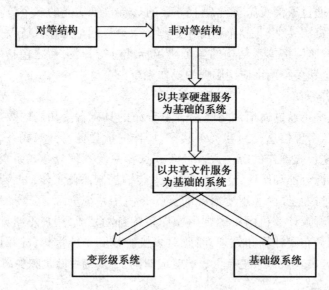

图 8-3 网络操作系统的演变过程

(1)对等结构网络操作系统

在对等结构网络操作系统中,所有的联网节点地位平等,安装在每个联网节点的操作系统软件相同,联网计算机的资源在原则上都可以相互共享。每台联网计算机都以前后台方式工作,前台为本地用户提供服务,后台为其他节点的网络用户提供服务。

对等结构的网络操作系统可以提供共享硬盘、共享打印机、电子邮件、共享屏幕与共享CPU 服务。

对等结构网络操作系统的优点是:结构相对简单,网中的任何节点之间均能直接通信。而其缺点是:每个联网节点既要完成工作站的功能,又要完成服务器的功能;既要完成本地用户的信息处理任务,还要承担较重的网络通信管理与资源共享管理的任务。这都将加重联网计算机的负荷,因而信息处理能力明显降低。因此,对等结构网络操作系统支持的网络系统一般规模较小。

(2)非对等结构网络操作系统

针对对等结构网络操作系统的缺点,人们进一步提出了非对等结构网络操作系统的设计思想,即将联网节点分为网络服务器(Network Server)和网络工作站(Network Workstation)两类。

在非对称结构的局域网中,联网计算机有明确的分工。网络服务器采用高配置与高性能的计算机,以集中方式管理局域网的共享资源,并为网络工作站提供各类服务。网络工作站一般是配置较低的微型机系统,主要为本地用户访问本地资源与网络资源提供服务。

非对等结构网络操作系统软件分为两部分,一部分运行在服务器上,另一部分运行在工作站上。因为网络服务器集中管理网络资源与服务,所以网络服务器是局域网的逻辑中心。网络服务器上运行的网络操作系统的功能与性能,直接决定着网络服务功能的强弱及系统的性能与安全性,它是网络操作系统的核心部分。

在早期的非对称结构网络操作系统中,人们通常在局域网中安装一台或几台大容量的硬盘服务器,以便为网络工作站提供服务。硬盘服务器的大容量硬盘可以作为多个网络工作站用户使用的共享硬盘空间。硬盘服务器将共享硬盘空间划分为多个虚拟盘体,虚拟盘体一般可以分为三个部分,即专用盘体、公用盘体与共享盘体。

专用盘体可以分配给不同用户,用户可以通过网络命令将专用盘体链接到工作站,用户可以通过口令、盘体的读写属性与盘体属性,来保护存放在专用盘体上的用户数据;公用盘体为只读属性,它允许多用户同时进行读操作;共享盘体的属性为可读写,它允许多用户同时进行读写操作。

共享硬盘服务系统的缺点是:用户每次使用服务器硬盘时首先需要进行链接;用户需要自己使用 DOS 命令来建立专用盘体上的 DOS 文件目录结构,并且要求用户自己进行维护。因此,它使用起来很不方便,系统效率低,安全性差。

为了克服上述缺点,人们提出了基于文件服务的网络操作系统。这类网络操作系统分为文件服务器和工作站软件两个部分。

文件服务器具有分时系统文件管理的全部功能,它支持文件的概念与标准的文件操作,提供网络用户访问文件、目录的并发控制和安全保密措施。因此,文件服务器具备完善的文件管理功能,能够对全网实行统一的文件管理,各工作站用户可以不参与文件管理工作。文件服务器能为网络用户提供完善的数据、文件和目录服务。

目前的网络操作系统基本都属于文件服务器系统,如 Microsoft 公司的 Windows NTServer 操作系统与 Novell 公司的 NetWare 操作系统等。这些操作系统能提供强大的网络服务功能与优越的网络性能,它们的发展为局域网的广泛应用奠定了基础。

3. 网络操作系统的功能

网络操作系统除了应具有上述一般操作系统的进程管理、存储管理、文件管理和设备管理等功能外,还应提供高效可靠的通信能力及多种网络服务功能。

(1)文件服务

文件服务(File Service)是最重要与最基本的网络服务功能。文件服务器以集中方式管理共享文件,网络工作站可以根据所规定的权限对文件进行读写及其他各种操作,文件服务器为网络用户的文件安全与保密提供了必要的控制方法。

(2)打印服务

打印服务(Print Service)可以通过设置专门的打印服务器完成,或者由工作站或文件服务器来担任。通过网络打印服务功能,局域网中可以安装一台或几台网络打印机,用户可以远程共享网络打印机。打印服务实现对用户打印请求的接收、打印格式的说明、打印机的配置、打印队列的管理等功能。网络打印服务在接收用户打印请求后,本着先到先服务的原则,将用户需要打印的文件排队,用排队队列管理用户打印任务。

(3)数据库服务

随着计算机网络的迅速发展,网络数据库服务(Database Service)变得越来越重要。选择适当的网络数据库软件,依照客户机/服务器(Client/Server)工作模式,开发出客户端与服务器端的数据库应用程序,客户端就可以向数据库服务器发送查询请求,服务器进行查询后将结果传送到客户端。它优化了局域网系统的协同操作模式,从而有效地改善了局域网应用系统的性能。

(4)通信服务

局域网主要提供工作站与工作站之间、工作站与网络服务器之间的通信服务(Communication Service)功能。

(5)信息服务

局域网可以通过存储转发方式或对等方式完成电子邮件服务。目前,信息服务(Message Service)已经逐步发展为文件、图像、数字视频与语音数据的传输服务。

(6)分布式服务

分布式服务(Distributed Service)将网络中分布在不同地理位置的资源组织在一个全局性的、可复制的分布数据库中,网络中多个服务器都有该数据库的副本。用户在一个工作站上注册,便可与多个服务器连接。对于用户来说,网络系统中分布在不同位置的资源是透明的,这样就可以用简单方法去访问大型互联局域网系统。

(7)网络管理服务

网络操作系统提供了丰富的网络管理服务(Network Management Service)工具,可以提供网络性能分析、网络状态监控、存储管理等多种管理服务。

(8)Internet/Intranet 服务

为了适应 Internet 与 Intranet 的应用,网络操作系统一般都支持 TCP/IP 协议,提供各种 Internet/Intranet 服务(Internet/Intranet Service),支持 Java 应用开发工具,使局域网服务器容易成为 Web 服务器,全面支持 Internet 与 Intranet 访问。

4. 典型的网络操作系统

(1)Windows

微软公司的 Windows 系统在个人操作系统中占有绝对优势,在网络操作系统中也具有非常强劲的力量。由于它对服务器的硬件要求较高,并且稳定性不是很好,因此一般用在中、低档服务器中,高端服务器通常采用 UNIX、Linux 或 Solaris 等非 Windows 操作系统。在局域网中,微软的网络操作系统主要有 Windows NT 4.0 Server、Windows 2003 Server/Advanced Server 及最新的 Windows 2003 Server/ Advanced Server 等。

(2)NetWare

NetWare 操作系统在局域网中已失去当年雄霸一方的气势,但是因对网络硬件要求较低而受到一些设备比较落后的中、小型企业,特别是学校的青睐。目前常用的有 3.11、3.12、4.10、V4.11、V5.0 等中英文版本。NetWare 服务器对无盘工作站和游戏的支持较好,常用于教学网和游戏厅。目前这种操作系统的市场占有率呈下降趋势。

(3)UNIX

目前 UNIX 系统常用的版本有 UNIX SUR 4.0、HP – UX 11.0、SUN 的 Solaris 8.0 等,均

支持网络文件系统服务,功能强大。这种网络操作系统稳定,安全性非常好,但由于它多数是以命令方式来进行操作的,不容易掌握,特别是初级用户。正因如此,小型局域网基本不使用 UNIX 作为网络操作系统,UNIX 一般用于大型的网站或大型的企事业局域网中。UNIX 网络操作系统历史悠久,其良好的网络管理功能已为广大网络用户所接受,拥有丰富的应用软件的支持。UNIX 本是针对小型机主机环境开发的操作系统,是一种集中式分时多用户体系结构。但因其体系结构不够合理,UNIX 的市场占有率呈下降趋势。

（4）Linux

Linux 是一种新型的网络操作系统,最大的特点是开放源代码,并可得到许多免费应用程序。目前有中文版本的 Linux,如 RedHat（红帽子）、红旗 Linux 等,其安全性和稳定性较好,在国内得到了用户的充分肯定。它与 UNIX 有许多类似之处,目前这类操作系统主要用于中、高档服务器中。

总的来说,对特定计算环境的支持使得每一种操作系统都有适合于自己的工作场合。例如,Windows 2003 Professional 适用于桌面计算机,Linux 目前较适用于小型网络,Windows 2003 Server 适用于中小型网络,而 UNIX 则适用于大型网络。因此,对于不同的网络应用,需要有目的地选择合适的网络操作系统。后文将分别对这几种典型网络操作系统进行较详细的介绍。

8.2　Windows 系列操作系统

8.2.1　Windows 系列操作系统的发展与演变

Microsoft 公司开发 Windows 3.1 操作系统的出发点是在 DOS 环境中增加图形用户界面（Graphic User Interface,GUI）。Windows 3.1 操作系统的巨大成功与用户对网络功能的强烈需求是分不开的。微软公司很快又推出了 Windows for Workgroup 操作系统,这是一种对等结构的操作系统。但是,这两种产品仍没有摆脱 DOS 的束缚,严格地说都不能算是一种网络操作系统。

但 Windows NT 3.1 操作系统推出后,这种状况得到了改观。Windows NT 3.1 操作系统摆脱了 DOS 的束缚,并具有很强的联网功能,是一种真正的 32 位操作系统。然而 Windows NT 3.1 操作系统对系统资源要求过高,并且网络功能明显不足,这就限制了它的广泛应用。

针对 Windows NT 3.1 操作系统的缺点,Microsoft 公司又推出了 Windows NT 3.5 操作系统,它不仅降低了对微型机配置的要求,而且在网络性能、网络安全性与网络管理等方面都有了很大的提高,并受到网络用户的欢迎。至此,Windows NT 操作系统才成为 Microsoft 公司具有代表性的网络操作系统。

后来 Microsoft 公司推出 Windows 2003 操作系统,它是在 Windows NT Server 4.0 的基础上开发而来的。Windows NT Server 4.0 是整个 Windows 网络操作系统较为成功的一套系统,目前还有很多中小型局域网把它当作标准网络操作系统。Windows 2003 操作系统是服务器端的多用途网络操作系统,可为部门级工作组和中小型企业用户提供文件和打印、应用软件、Web 服务及其他通信服务,具有功能强大、配置容易、集中管理、安全性高等特点。

8.2.2 Windows 2003 操作系统

Windows 2003 又称 Windows NT 5.0,是 Microsoft 公司在 Windows NT 4.0 基础上推出的新一代操作系统。Windows 2003 家族包括 Windows 2003 Professional、Windows 2003 Server、Windows 2003 Advanced Server 与 Windows 2003 DataCenter Server 4 个成员。其中,Windows 2003 Professional 是运行于客户端的操作系统,Windows 2003 Server、Windows 2003 Advanced Server 与 Windows 2003 DataCenter Server 都是运行在服务器端的操作系统,只是它们所能实现的网络功能和服务不同。

1. 体系结构

Windows 2003 不是单纯按照层次结构或按照客户机/服务器体系建造而成的,而是融合了两者的特点。Windows 2003 体系结构概图如图 8-4 所示。

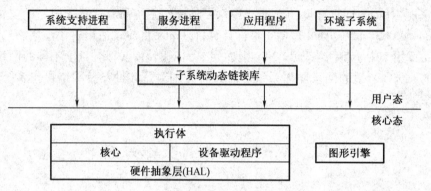

图 8-4　Windows 2003 体系结构概图

Windows 2003 分为用户态和核心态两大部分。

(1)用户态

用户态有以下 4 种类型的用户进程。

①系统支持进程

系统支持进程(System Support Process)如登录进程 WINLOGON 和会话进程 SMSS,这类进程不是 Windows 2003 的服务,不由服务控制器启动。

②服务进程

服务进程(Service Process)如事件日志服务等。

③环境子系统

环境子系统(Environment Subsystem)用于向程序提供运行环境(操作系统功能调用接口),Windows 2003 的环境子系统有 Win 32/POSIX 和 OS/21.2。

④应用程序

应用程序(User Application)是 Win 32、Windows 3.1、MS-DOS、POSIX(UNIX 类型的操作系统接口的国际标准)或 OS/21.2 之一。

服务进程和应用进程不能直接调用操作系统服务,必须通过子系统动态链接库(Subsystem DLLs)和系统交互才能进行。

(2)核心态

核心态组件包括以下内容:

①内核

内核（Kernel）包含了最低级的操作系统功能，如线程调度、中断和异常调度、多处理器同步等。Windows 2003 的内核始终运行在核心态，其代码短小紧凑，可移植性好。

②执行体

执行体（Executive）是实现高级结构的一组例程和基本对象，包含了基本的操作系统服务，如内存管理器、进程和线程管理、安全控制、I/O 及进程间的通信。

③硬件抽象层

硬件抽象层（Hardware Abstraction Layer,HAL）将内核、设备驱动程序及执行体同硬件分隔开来，使它们可以适应多种平台。

④设备驱动程序

设备驱动程序（Device Drivers）包括文件系统和硬件设备驱动程序等，其中硬件设备驱动程序将用户的 I/O 函数调用转换为对特定硬件设备的 I/O 请求。

⑤图形引擎

图形引擎包含了实现用户界面的基本函数。

2. Windows 2003 的特点及新增功能

（1）Windows 2003 的特点

Windows 2003 操作系统除了具有 Windows NT 的特点之外，还在其基础上做了大量改进，其特点如下：

①全面的 Internet 及应用软件服务；

②强大的电子商务及信息管理功能；

③增强的可靠性和可扩展性；

④整体系统的可靠性和规模性；

⑤强大的端对端管理；

⑥支持对称的多处理器结构，支持多种类型的 CPU。

（2）Windows 2003 的新增功能

①终端服务

终端服务允许多台计算机使用终端服务功能实现会话。在运行终端服务的服务器上安装基于 Windows 的应用程序，对于连接到服务器桌面的用户都是可用的，并且在客户桌面上打开的终端会话与在每个设备上打开的会话，其外观与运行方式相同。

②活动目录技术

活动目录技术是一种采用 Internet 的标准技术，具有扩展性的多用途目录服务技术，能够有效地简化网络用户及资源管理，能使用户更容易地寻找资源。

③完善的文件服务

完善的文件服务新增了分布式文件系统、用户配额、加密文件系统、磁盘碎片整理、索引服务、动态卷管理和磁盘管理等。

④打印服务

打印服务除了支持本地打印机自动检查和安装驱动程序，还支持脱机打印，打印机重新连接时，原来存储的打印任务可以继续进行。

⑤Internet 信息服务

Internet 信息服务更新了 IIS（Internet Information Server）的版本，提供更方便的安装与管

理,体现了扩展性、稳定性和可用性。

3. 活动目录

目录服务的目的是让用户通过目录很容易地找到所需的数据。Windows 2003 的目录用来存储用户账户、组、打印机等对象的有关数据,这些数据存储在目录数据库中。在Windows 2003 的域中,负责提供目录服务的组件就是活动目录。它的适用范围非常广,可以包含如设备、程序、文件及用户等对象。活动目录以阶梯式的结构,将对象、容器、组织单位等组合在一起,并将其存储到活动目录的数据库中。名称空间是一块划好的区域,在这块区域内,可以利用某个名字找到与这个名字相关的信息。活动目录就是一个名称空间,利用活动目录,通过对象的名称找到与这个对象有关的信息。容器(Container)也称容区,与对象相似,有自己的名称,也是属性的集合。但它并不代表一个实体,容器内可以包含一组对象及其他的容器。组织单位 OU(Organization Units)就是活动目录内的一个容器。组织单位内可以包含其他对象,还可以有其他组织单位。

Windows 2003 的活动目录是一个具有安全性、分布式、可分区、可复制的目录结构。与Windows NT 3. x/4.0 结构相同,Windows 2003 也沿用域的概念。Windows 2003 活动目录中的核心单元也是域,将网络设置为一个或多个域,所有的网络对象都存放在域中。对对象的访问由其访问控制链表(ACL)控制,默认情况下管理权限被限制在域的内部。任何一个域都可加入其他域中,成为其子域。因为活动目录的域名采用域名系统 DNS(Domain Name System)的域名结构来命名,子域的域名内一定包含父域的域名,所以网络具有统一的域名和安全性,用户访问资源更方便容易。

活动目录中的多个域可以通过传递式信任关系进行连接,形成树状的域目录树结构,称为一个域树。域目录树内的所有域共享一个活动目录。活动目录内的数据是分散地存储在各个域内,每个域内只存放该域内的数据。使用包含域的活动目录系统,可以通过对象的名称找到与这个对象有关的信息。两个域之间必须建立信任关系,才可访问对方域内的资源。一个域加入域目录树后,这个域会自动信任其上一层的父域,并且父域也自动信任此域,信任关系是双向传递的。域树中的用户可以通过传递式信任关系访问域树中的所有其他域,并具有良好的安全性;管理者也能很方便地管理与检测。同时,活动目录使用一种叫作"多主体式"的对等控制器模式,也就是一个域中的所有域控制器都可接收对象的改变且把改变复制到其他域控制器上。

信任关系的双向传递性这一点与 Windows NT 不同。它通过父域与其他域建立的信任关系,自动传递给它而形成隐含的信任关系。因此,当任何一个 Windows 2003 的域加入域目录树后,就会信任域目录树内的所有的域。但是,管理权限却是不可传递的,因此可以通过限制域的范围来增加系统的安全性。

一个网络既可以是单树结构,又可以是多树结构,最小的树就是一个单一的 Windows 2003 域,但一个特定树的名称空间总是连续的。用户打开浏览器,看到的将不再是单独的一个域,而是一个域树的列表。把两个以上的域树结合起来可以形成一个域森林,组成域森林的域树不共享同一个连续的命名空间。

活动目录中存在两种信任机制,即传递式双向信任和 Windows NT 3.1/4.0 方式的单向信任关系。第一种信任机制是活动目录独有的。它不需要在每两个域之间都直接建立信任关系,而只要信任树中的两个域是连通的,它们就建立了信任关系。第二种信任机制用于以下两种情况:①不支持活动目录;②活动目录域树中的域与一个 Windows 2003 域树之间建立信任关系时,这种方式把访问限制在直接信任的域内,也提供一种限制对网络资源访问的方法。

活动目录与 DNS 紧密地集成在一起。在 TCP/IP 网络环境里,用 DNS 解析计算机名称与 IP 地址的对应关系,以便计算机查找相应的设备及其 IP 地址,是 TCP/IP 网络通信中必不可少的部分。一般 Windows 2003 的域名都采用 DNS 的域名,使网上的内部用户(Intranet)和外部用户(Internet)都用同一名称来访问。

在域中 Windows 2003 Server 可以担当不同的服务器角色,完成不同的任务。

Windows 2003 服务器有以下几种类型:

(1)主域控制器服务器

主域控制器服务器存储其所控制的域中用户账户和其他活动目录数据。如果使用基于域的用户账户和安全特性,则必须建立一个或多个域。一个域必须至少有一个主域控制器服务器,通常有多个主域控制器。每个主域控制器都复制其他主域控制器中的用户账户和其活动目录数据,并为用户提供登录验证。主域控制器必须使用 NTFS 文件系统,因为所有 FAT 或 FAT32 磁盘分区的服务器将失去许多安全特性。

(2)成员服务器

成员独立服务器属于某一个域,但没有活动目录数据。

(3)独立服务器

独立服务器不属于某一个域或某个工作组。

4.IIS 简介

IIS(Internet Information Server)是一个信息服务系统,主要建立在服务器一方。服务器接收从客户发来的请求并处理它们的请求,而客户机的任务是提出与服务器的对话。只有实现了服务器与客户机之间信息的交流与传递,Internet/Intranet 的目标才可能实现。

Windows 2003 集成了 IIS 5.1 版,这是 Windows 2003 中最重要的 Web 技术,同时也使它成为一个功能强大的 Internet/Intranet Web 应用服务器。

Web 服务器是 IIS 提供的非常有用的服务,用户可以使用浏览器来查看 Web 站点的网页内容。

文件传输协议(FTP)是 IIS 提供的另一种非常有用的服务。它允许用户在任何地方传输文档和程序,用户可以将数据传输到世界上任何不知名的站点,它也允许在两个不同的操作系统之间方便地传输文件,FTP 服务器接收客户发来的文件传送请求并满足这些请求。目前,FTP 是使用最广泛的从一台计算机向另一台计算机传送文件的工具。

除了上述两种服务外,Windows 2003 IIS 还提供了邮件服务的功能,电子邮件(E-mail)是 Internet 早期提供的主要服务之一,最初许多用户都是为了能够通过 E-mail 服务来收发电子邮件才开始使用 Internet 的。

Windows 2003 的 IIS 还提供了新闻组服务器,它使人们可以就某一问题进行全球范围内的大讨论。

8.2.3 Windows 2003 常用的服务

1.DHCP

动态主机配置协议(Dynamic Host Configuration Protocol,DHCP)通常被应用在大型的局域网络环境中,主要作用是集中地管理、分配 IP 地址,使网络环境中的主机动态地获得 IP

地址、Gateway 地址、DNS 服务器地址等信息,并能够提升地址的使用率。

DHCP 协议采用客户端/服务器模型,主机地址的动态分配任务由网络主机驱动。当DHCP 服务器接收到来自网络主机申请地址的信息时,才会向网络主机发送相关的地址配置等信息,以实现网络主机地址信息的动态配置。DHCP 具有以下功能:

(1)保证任何 IP 地址在同一时刻只能由一台 DHCP 客户机使用。

(2)DHCP 可以给用户分配永久固定的 IP 地址。

(3)DHCP 可以同用其他方法获得 IP 地址的主机共存(如手工配置 IP 地址的主机)。

(4)DHCP 服务器应向现有的 BOOTP 客户端提供服务,DHCP 服务器和客户端之间的租用过程如图 8 - 5 所示。

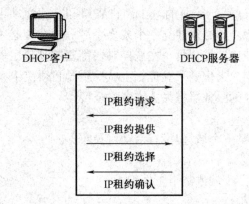

图 8 - 5　DHCP 服务器和客户端之间的租用过程

DHCP 有 3 种机制分配 IP 地址:

①自动分配方式(Automatic Allocation),DHCP 服务器为主机指定一个永久性的 IP 地址,一旦 DHCP 客户端第一次成功从 DHCP 服务器端租用到 IP 地址后,就可以永久性地使用该地址。

②动态分配方式(Dynamic Allocation),DHCP 服务器给主机指定一个具有时间限制的 IP 地址,时间到期或主机明确表示放弃该地址时,该地址可以被其他主机使用。

③手工分配方式(Manual Allocation),客户端的 IP 地址是由网络管理员指定的,DHCP 服务器只是将指定的 IP 地址告诉客户端主机。

3 种地址分配方式中,只有动态分配可以重复使用客户端不再需要的地址。

DHCP 消息的格式是基于 BOOTP(Bootstrap Protocol)消息格式的,这就要求设备具有 BOOTP 中继代理的功能,并能够与 BOOTP 客户端和 DHCP 服务器实现交互。BOOTP 中继代理的功能,使得没有必要在每个物理网络都部署一个 DHCP 服务器。

2. DNS

DNS 是域名系统(Domain Name System)的英文缩写,DNS 是一种用于 TCP/IP 应用程序的分布式数据库,它提供主机名和 IP 地址之间的转换、有关电子邮件的选路信息,以及其他与主机有关的信息。

DNS 命名用于 TCP/IP 网络(如 Internet),用来通过用户友好的名称定位计算机和服务。当用户在应用程序(如 HTTP、FTP)中输入 DNS 名称时,DNS 服务可以将此名称解析为与此名称相关的其他信息,如 IP 地址。

以"my. cyber100. com"为例,域名解析的过程大致如下:

(1)当在自己的浏览器中输入 my. cyber100. com 后,机器便向设置的 DNS 服务器发问以确定 my. cyber100. com 的 IP 地址。

(2)DNS 服务器首先检查自己的记录中是否有这个域名,如果有,它便立即抛出 my. cyber100. com 的 IP 地址给机器。

(3)如果没有,DNS 服务器便会从这个域名的根域. com 到. cyber100. com 最后到 my. cyber100. com,一步一步层进式地查出该域名所指向的 IP 地址,然后机器便可以根据结果进行连线。

3. WINS

Windows Internet 命名服务(WINS)为注册和查询网络上计算机和用户组 NetBIOS 名称的动态映射提供分布式数据库。WINS 将 NetBIOS 名称映射为 IP 地址,并设计以解决路由环境的 NetBIOS 名称解析中所出现的问题。WINS 对于使用 TCP/IP 上的 NetBIOS 路由网络中的 NetBIOS 名称解析是最佳选择。

早期版本的 Windows 操作系统使用 NetBIOS 名称以标识和定位计算机及其他共享或群集资源,要在网络上使用这些资源需要注册或名称解析。尽管可以对非 TCP/IP 的网络协议使用 NetBIOS 命名协议(如 NetBEUI 或 IPX/SPX),在早期版本的 Windows 操作系统(Windows 2003 以前的系统)中,NetBIOS 名称对于创建网络服务是必需的。WINS 在基于 TCP/IP 的网络中简化了对 NetBIOS 名称空间的管理。

WINS 客户端和服务器的工作情况如图 8-6 所示,WINS 客户 HOST-A 使用 WINS-A 向已配置的 WINS 服务器注册本地 NetBIOS 名称。另一个 WINS 客户 HOST-B 向 WINS 服务器发出查询 WINS-A 客户机 IP 地址的请求。WINS 服务器用 WINS-A 的 IP 地址 192. 168. 1. 20 应答 HOST-B 客户机。

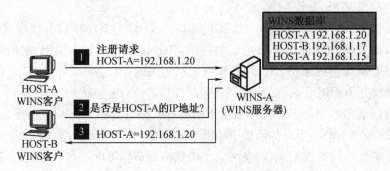

图 8-6 WINS 客户端和服务器的工作情况

WINS 减少使用 NetBIOS 名称解析的本地 IP 广播,并允许用户很容易定位远程网络上的系统。因为 WINS 注册在每次客户启动并加入网络时自动执行,所以 WINS 数据库在更改动态地址配置时会自动更新。例如,当 DHCP 服务器将新的或已更改的 IP 地址发布到启用 WINS 的客户计算机时,将更新客户的 WINS 信息。这不需要用户或网络管理员进行手动更改。WINS 客户/服务器通信的过程如图 8-7 所示。

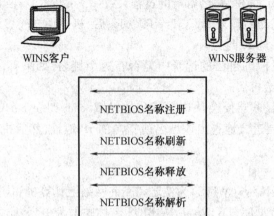

图 8 – 7　WINS 客户/服务器通信的过程

（1）WINS 名称解析原理

WINS 用于解析 NetBIOS 名称,但是为了使名称解析生效,客户机必须可以动态添加、删除或更新 WINS 中的名称。下面是这些过程的功能性描述,说明了在基于 WINS 的网络上客户如何注册、更新、释放和解析名称。WINS 客户/服务器通信的过程如图 8 – 6 所示。

在 WINS 服务系统中,所有的名称都通过 WINS 服务器注册。名称存储在 WINS 服务器上的数据库中,WINS 服务器响应基于该数据库项的名称——IP 地址解析请求。在大型网络中,通常是通过在网络中使用多个 WINS 服务器来维护冗余和负载平衡。为了维护 NetBIOS 名称空间的一致性,多个 WINS 服务器之间周期性地相互复制数据库项。

（2）何时使用 WINS 服务

对于由运行 Windows 2003 Server 及以上版本的 NT 核心系统的服务器和运行 Windows 2003 Professional 的所有其他计算机组成的网络,NetBIOS 对基于 TCP/IP 的网络已不再需要。当决定是否需要使用 WINS 时,应首先考虑以下问题:

①在需要使用 NetBIOS 名称的网络上是否有旧式计算机

运行在以前版本的 Microsoft 操作系统下的所有网络计算机,如 MS – DOS 的各种版本、Windows 95/98 或 Windows NT,都需要 NetBIOS 名称支持。Windows 2003 是第一个不再需要 NetBIOS 命名支持的操作系统,但在网络上仍然需要 NetBIOS 名称,以对使用的许多旧式应用程序提供基本文件、打印服务和支持。

②是否配置网络上的所有计算机以支持使用其他类型的网络命名

网络命名仍然是在整个网络中定位计算机和资源的重要服务,甚至当不需要 NetBIOS 时也是如此。在决定消除 WINS 或 NetBIOS 名称支持前,应确定网络上的所有计算机和程序可以使用其他命名服务正常工作,如 DNS。

通常,Windows 操作系统支持以下两种主要的网络名称解析方法:

a. 主机名称解析

主机名称解析是 Windows 基于套接字的名称解析方式,它执行了 gethostbyname( ) API 函数以搜索主机 IP 地址,该地址是建立在已查询的主机名称基础上的,该方法依赖于 hosts 文件或查询 DNS 以执行名称解析功能。

b. NetBIOS 名称解析

NetBIOS 名称解析使用 NetBIOS 重定向器来搜索基于查询的 NetBIOS 名称的地址。该方法依赖于 Lmhosts 文件或查询 WINS 执行名称解析。

在默认情况下,运行 Windows 2003 的 WINS 客户被配置为先使用 DNS 解析长度超过 15 个字符或包含小数点(.)的名称。对于少于 15 个字符并且不包含小数点的名称,如果将客户配置为使用 DNS 服务器,则也可以在 WINS 查询失败后再次将 DNS 用作最终选项。

如果运行的是纯 Windows 2003 或以上版本 NT 核心系统环境,应检查当前是否配置了 DNS 并可以由网络上的所有客户计算机来解析名称。如果运行计算机的混合环境,即计算机正在 Windows 2003 和其他操作系统平台下(如 UNIX)运行,应确认其他主机只使用 DNS 解析主机名称。

(3)网络是单个子网还是有多个子网路由

如果网络由单个小型局域网组成,并且客户机少于 50 个,那么可以不使用 WINS 服务器。将在 Windows 2003 系统下运行的所有计算机和早期基于 Microsoft 的 WINS 客户都配置为混合式节点类型客户,并使用以下方法处理 NetBIOS 请求以解析或注册名称:如果配置了 WINS 服务器,可与之直接(点对点)联系,请求到本地子网的 NetBIOS 广播。

对于小型网络,后面的选项通常是将 NetBIOS 名称服务提供给少数基于 LAN 客户的有效而简单的解决方案。注意:建议提供对 DNS 查询的充分使用,可像这部分所描述的和 Windows 2003 的 NetBIOS 名称解析过程中使用的那样,对早期 Windows 客户,如 Windows 95 或 Windows NT 4.0 客户(该客户支持该选项作为可配置的 TCP/IP 属性设置),选择启用 DNS 进行 WINS 解析。

8.3　UNIX 操作系统

UNIX 操作系统(尤尼斯)是一个强大的多用户、多任务操作系统,支持多种处理器架构。按照操作系统的分类,属于分时操作系统,最早由 Ken Thompson、Dennis Ritchie 和 Douglas McIlroy 于 1969 年在 AT&T(American Telephone & Telegraph)的贝尔实验室开发。目前它的商标权由国际开放标准组织所拥有,只有符合单一 UNIX 规范的 UNIX 系统才能使用 UNIX 这个名称,否则只能称为类 UNIX(UNIX – like)。

8.3.1　类 UNIX

1. AIX

AIX(Advanced Interactive Executive)是 IBM 开发的一套 UNIX 操作系统。它符合 Open Group 的 UNIX 98 行业标准(The Open Group UNIX 98 Base Brand),通过全面集成对 32 位和 64 位应用的并行运行支持,为这些应用提供了全面的可扩展性。它可以在所有的 IBM ~ p 系列和 IBM RS/6000 工作站、服务器和大型并行超级计算机上运行。AIX 的一些流行特性如 chuser、mkuser、rmuser 命令及相似的东西允许同管理文件一样来进行用户管理。AIX 级别的逻辑卷管理正逐渐被添加进各种自由的 UNIX 风格操作系统中。

2. Solaris

Solaris 是 SUN 公司研制的类 UNIX 操作系统。直至 2013 年,Solaris 的最新版为

Solaris 11。

早期的 Solaris 由 BSDUnix 发展而来。这是因为升阳公司的创始人之一比尔·乔伊 (Bill Joy)来自加州大学伯克莱分校(U. C. Berkeley)。但是随着时间的推移,Solaris 在接口上正在逐渐向 System V 靠拢,但至今 Solaris 仍属于私有软件。2005 - 06 - 14,Sun 公司将正在开发的 Solaris 11 的源代码以 CDDL 许可开放,这一开放版本就是 OpenSolaris。

Sun 的操作系统最初叫作 SunOS。SunOS 5.0 开始,SUN 的操作系统开发转向 System V4,并且有了新的名字 Solaris 2.0。Solaris 2.6 后,SUN 删除了版本号中的"2",因此,SunOS 5.10 就叫作 Solaris 10。Solaris 的早期版本后来又被重新命名为 Solaris 1. x. 所以 SunOS 这个词被用作专指 Solaris 操作系统的内核,因此 Solaris 被认为是由 SunOS 图形化的桌面计算环境和网络增强部分组成。

Solaris 运行在两个平台:Intel x86 及 SPARC/UltraSPARC。后者是升阳工作站使用的处理器。因此,Solaris 在 SPARC 上拥有强大的处理能力和硬件支援,同时 Intel x86 上的性能也正在得到改善。对这两个平台,Solaris 屏蔽了底层平台差异,为用户提供了尽可能相同的使用体验。

3. HP-UX

HP-UX 取自 Hewlett Packard UniX,是惠普公司(Hewlett - Packard,HP)以 System V 为基础所研发成的类 UNIX 操作系统。HP-UX 可以在 HP 的 PA-RISC 处理器、Intel 的 Itanium 处理器的电脑上运行,另外过去也能用于后期的阿波罗电脑(Apollo/Domain)系统上。较早版本的 HP - UX 也能用于 HP 9 000 系列 200 型、300 型、400 型的电脑系统(使用 Motorola 的 68 000 处理器)上,和 HP 9 000 系列 500 型电脑(使用 HP 专属的 FOCUS 处理器架构)。

4. IRIX

IRIX 是由硅谷图形公司(Silicon Graphics Inc. ,SGI)以 System V 与 BSD 延伸程序为基础所发展成的 UNIX 操作系统,IRIX 可以在 SGI 公司的 RISC 型电脑上运行,即采用 32 位、64 位 MIPS 架构的 SGI 工作站、服务器。

5. Xenix

Xenix 是一种 UNIX 操作系统,可在个人电脑及微型计算机上使用。该系统由微软公司在 1979 年从美国电话电报公司获得授权,为 Intel 处理器所开发。后来,SCO 公司收购了其独家使用权,自此以后,该公司开始以 SCO UNIX(也称 SCO OpenServer)为名发售。值得一提的是,它还能在 DECPDP - 11 或 Apple Lisa 电脑运行。它继承了 UNIX 的特性,Xenix 具备了多人多任务的工作环境,符合 UNIX System V 的接口规格 (SVID)。

6. A/UX

A/UX(取自 Apple Unix)是苹果电脑(Apple Computer)公司所开发的 UNIX 操作系统,此操作系统可以在该公司的一些麦金塔电脑(Macintosh)上运行,最新的一套 A/UX 是在 Macintosh II、Quadra 及 Centris 等系列的电脑上运行。A/UX 于 1988 年首次发表,最终的版本为 3.1.1 版,于 1995 年发表。A/UX 至少需要一颗具有浮点运算单元及标签页式的存储器管理单元(Paged Memory Management Unit,PMMU)的 68k 处理器才能运行。

A/UX 以 System V 2.2 版为基础发展,并且也使用 System V 3(简称 Sys V 3)、System V 4、BSD 4.2、BSD 4.3 等传统特色,它也遵循 POSIX 规范及 SVID 规范,不过遵循标准版本就难以支持最新的信息技术,因此在之后的第二版便开始加入 TCP/IP 网络功能。有传言表示有一个后续版本是以 OSF/1 为主要的代码基础,但却从未公开发表过,不过无法证实此版本是否真存在过。

8.3.2　UNIX 标准

UNIX 用户协会最早从 20 世纪 80 年代开始标准化工作,1984 年颁布了试用标准。后来 IEEE 为此制定了 POSIX 标准(即 IEEE 1003 标准)国际标准名称为 ISO/IEC 9945。它通过一组最小的功能定义了在 UNIX 操作系统和应用程序之间兼容的语言接口。POSIX 是由 Richard Stallman 应 IEEE 的要求而提议的一个易于记忆的名称,含义是可移植操作系统接口(Portable Operating System Interface),而 X 表明其 API 的传承。

8.3.3　UNIX 特性

(1)UNIX 系统是一个多用户,多任务的分时操作系统。

(2)UNIX 的系统结构可分为 3 部分:操作系统内核(UNIX 系统核心管理和控制中心,在系统启动或常驻内存),系统调用(供程序开发者开发应用程序时调用系统组件,包括进程管理、文件管理、设备状态等),应用程序(包括各种开发工具、编译器、网络通信处理程序等,所有应用程序都在 Shell 的管理和控制下为用户服务)。

(3)UNIX 系统大部分是由 C 语言编写的,这使得系统易读,易修改,易移植。

(4)UNIX 提供了丰富的、精心挑选的系统调用,整个系统的实现十分紧凑、简洁。

(5)UNIX 提供了功能强大的可编程的 Shell 语言(外壳语言)作为用户界面,具有简洁、高效的特点。

(6)UNIX 系统采用树状目录结构,具有良好的安全性、保密性和可维护性。

(7)UNIX 系统采用进程对换(Swapping)的内存管理机制和请求调页的存储方式,实现了虚拟内存管理,大大提高了内存的使用效率。

(8)UNIX 系统提供多种通信机制,如管道通信、软中断通信、消息通信、共享存储器通信、信号灯通信。

8.4　Linux 操作系统

8.4.1　Linux 概述

Linux 最早由芬兰赫尔辛基大学的一位名叫 Linus Torvalds 的大学生编写,他是计算机业余爱好者。他最初是想设计一个代替 Minix(一位名叫 Andrew Tannebaum 的计算机教授写的一个操作系统的教学示范程序)的操作系统,这个操作系统可用于 Intel x86 处理器的个人计算机,并且具有 UNIX 操作系统的全部功能,这就是后来的 Linux 的雏形。

Linux 是一套自由软件,用户可以无偿得到它及其源代码和大量的相关应用程序,而且可以按照自己的意图和需求进行修改和补充,无偿使用,无限制地传播。这对用户深入学习、了解操作系统的内核非常有益。Linux 是目前为数不多的可免费获得的、在 PC 机平台上提供多用户、多任务、多进程功能的操作系统之一,它提供了和其他商用操作系统相同的功能,由于网络界有众多的用户为 Linux 的发展而工作,也可以自己动手对 Linux 进行改进,因此可以节省大量用于购买或升级操作系统和应用程序的资金。

Linux 不仅具有功能强大、性能稳定的 UNIX 网络操作系统的全部优点,而且还提供了丰富的应用软件,包括文本编辑器、高级语言编译器,多窗口管理器的 Window X 图形用户界面等。用户可以从 Internet 上下载各种 Linux 版本及其源代码、应用程序,UNIX 上大部分应用程序也可以移植到 Linux 上应用。任何用户都能从 Linux 网站上找到自己需要的应用程序及其源代码,并可修改和扩充操作系统或应用程序的功能。

Linux 以它的高效性和灵活性著称,能够在 PC 上实现全部的 UNIX 特性,具有多任务、多用户的能力。Linux 是在 GNU 公共许可权限下免费获得的,是一个符合 POSIX 标准的操作系统。因此,如果认为 Linux 仅仅为广大用户提供了一个在家学习和使用 UNIX 操作系统的机会,那就忽略了 Linux 真正的能力。虽然它由众多爱好者开发,但是它在很多方面是相当稳定的,它的网络功能、安全性、稳定性和应用绝不次于任何商业化的操作系统,现在已有众多用户,包括大型公司和政府机构用它来构建安全、稳健的站点,提供各种关键业务的网络服务。

8.4.2 Linux 的组成

与 UNIX 相同,一个完整的 Linux 系统一般有 4 个主要组成部分,即 Linux 内核(Kernel)、操作系统与用户接口界面(Linux Shell)、Linux 文件系统和 Linux 实用工具等。

1. Linux 内核

内核是 Linux 系统的心脏,是运行程序和管理磁盘和打印机等硬件设备的核心程序,完成对硬件设备和资源(如 CPU、内存、I/O 设备等)的使用、接口、调度等。一般新的内核都对原有内核进行了改进,提供了更强的功能、更高的效率和稳定性,修正了一些缺陷或错误等。Linux 内核源文件一般放在/usr/src/Linux – MYMVERSION 目录下。其中,MYMVERSION 指版本号,如 Fedora Core 5 所使用的内核是 2.6.13。用户可以通过网络或公司发行的光盘获得新版本的 Linux 内核并对原有内核进行升级。

2. Linux Shell

Linux Shell 是用户与内核进行交互操作的一种接口,它接收用户输入的命令并把它送到内核中执行。它是一个命令解释器,将用户输入的命令解释成内核能识别的指令并且把它们送到内核。Shell 编辑语言具有普通编程语言的很多特点,如循环结构和分支控制结构等,可以实现对命令的编辑,允许用户编写由 Shell 命令组成的程序,实现比较复杂的功能。

Linux 提供了功能强大、类似 Microsoft Windows 可视操作界面 X Window System 的图形用户界面(GUI),能够提供多窗口管理器,通过鼠标实现各种操作。现在比较流行的窗口管理器有 KDE、GNome 等。

每个 Linux 系统用户都可拥有自己的 Shell 或界面,来满足不同的个性化需求。Shell 有多种不同版本。

目前最常用的 Shell 主要有以下几个版本:

(1) Bourne Shell

Bourne Shell 是 UNIX 最初使用的 Shell,由贝尔实验室开发。Bourne Shell 在 Shell 编程方面能力较强,但在对用户的交互处理上不如其他版本的 Shell。

(2) BASH(Bourne Again Shell)

BASH 是 Linux 操作系统的默认 Shell,它对 Bourne Shell 进行了扩展并与之完全相互兼容,增加了很多功能,还包含了很多 C Shell 和 Korn Shell 的优点,用户界面友好,编程功能灵活、强大。

（3）Tcsh

C Shell 是 SUN 公司 Shell 的 BSD 版本，语法与 C 语言相似，比 Bourne Shell 更适合编程。Tcsh 是 C Shell 的扩展版本，主要是在 Linux 上为喜欢使用 C Shell 的人提供的。

（4）KSH（Korn Shell）

KSH 具有 C Shell 和 Bourne Shell 的许多优点，并与 Bourne Shell 完全兼容。Linux 上使用的 KSH 版本是 PDKSH，即 KSH 的扩展。

Linux 还有一些流行的 Shell，如 ash、zsh 等。

3. Linux 文件系统

Linux 文件系统是对存放在磁盘等存储设备上的文件和目录的组织管理方法。目录提供了管理文件的一个方便而有效的途径，可以设置目录和文件的权限，也可以从一个目录切换到另一个目录。Linux 目录采用多级树形结构，用户可以浏览整个系统，也可以进入任何授权使用的目录并访问该目录下的文件。

Linux 系统中可建立连接文件，使几个用户访问同一个文件，共享数据变得更容易。操作系统本身的驻留程序存放在以根目录开始的专用目录中，有时被指定为系统目录。

内核、Shell 和文件系统一起构成了 Linux 的基本操作系统，实现对文件的管理、应用程序的管理和与用户进行交互操作的功能。Linux 操作系统一般还包括许多实用工具以完成特定任务。

4. Linux 实用工具

标准的 Linux 系统都有一套叫作实用工具的程序，它们是专门的程序（如编辑器），执行标准的计算操作等。用户也可以编制自己的工具，实用工具可分为 3 类：

（1）编辑器

编辑器用于编辑文件，如 Ed、Ex、Vi 和 Emacs。Ed 和 Ex 是行编辑器，Vi 和 Emacs 是全屏幕编辑器。例如在 X Window 下，KDE 环境中还有图形化编辑器 Kedit、二进制编辑器 khexdit、图标编辑器 kiconedit、超级编辑器 Kwrite 等。

（2）过滤器

过滤器（Filter）接收并过滤数据，获取从其他地方输入的数据，对数据进行检查和处理，并输出结果。在整个过程中，过滤器对过往的数据进行过滤。Linux 有几种不同类型的过滤器，如按指定的模式寻找文件并输出，对一个文件进行格式过滤并输出格式化文件等。过滤器的输入可以是文件或用户从键盘输入的数据，也可以是另一个过滤器的输出，利用这一点可实现过滤器 find、more、|、>、< 等的相互连接。

（3）交互程序

交互程序实现用户发送信息给其他用户和接收其他用户发出的信息。交互程序有 Sendmail、Write 等。

8.4.3　常见的 Linux 发行版本

通常所指的 Linux，即 Linux 的内核，是所有 Linux 操作系统的“心脏”，它离实际应用还差很远，还需要很多的软件包、编译器、程序库文件、X Window 系统等才能使 Linux 成为一个可用的操作系统。因为面向用户对象不同，各种软件包的数目不同，组合方式也不同，所以出现了许多不同版本的 Linux 系统。目前发行 Linux 版本都是以工具包的形式发布的，每个工具包都是一个工具集,每个版本实际上就是一整套完整的程序组合。用户一般可以有选择性地按时、按需来安装工具包,也可以单独对系统内核或某一个软件包进行更新或升级。目前比较流行的 Linux 版本有 Red Hat Linux、TurboLinux、Slackware Linux、红旗 Linux、Ubuntu Linux 等,Linux 的汉化工作也取得了很大的进展。

1. TurboLinux

TurboLinux 是 Pacific HiTech 公司开发的一个 Linux 发行版本,在我国和日本有很大的市场,在美国也应用得比较广泛。Pacific Hi tech 公司于 1996 年推出 Turbo Linux 英文版和日文版,1998 年 TurboLinux 全球发行 120 万套以上,在日本市场占有率达到 54%。1998 年6 月,TurboLinux 开始着手中文的本地化,拓林思公司于 1999 年 4 月进入中国,并发布TurboLinux 3.0.2 简体中文版。

TurboLinux 具有以下特点:

(1)简单、易用的图形安装程序;

(2)友好的图形桌面界面 KDE、GNome 等;

(3)丰富的软件包,包括系统管理工具、网络分析程序、服务程序包(如 Apache)等;

(4)提供了完整的源代码程序;

(5)提供了预配置安装功能。

2. Red Hat Linux

Red Hat Linux 是由 Red Hat Software 公司发布的。Red Hat 公司实力强大,该公司的Linux 产品集中了商业公司和自由软件开发者的优点,开发出非常优秀的 Red Hat Linux。因其标识为一个头戴红帽的小人,所以一般称为红帽 Linux。

Red Hat Linux 的问世比 Slackware 和 Debian 两家公司的 Linux 版本要晚,但其发展却比上述两家公司的产品要迅速,Red Hat Linux 曾被权威计算机杂志 InfoWorld 评为最佳 Linux套件。

(1) 基于 Linux 的最新内核

Red Hat Linux 当前版本(9.0)以 Linux 内核 2.6x 版本为基础,它与 Linux 一样是免费的,可以在相关站点下载,也可以购买 Red Hat Linux 的最新版本。

(2)强大的管理工具

Red Hat Linux 的软件包管理工具 RPM 是目前各种版本的 Linux 软件包管理工具的标准配置,已成为 Linux 软件包管理的事实标准,它能协助系统管理员很好地完成软件包的升级、卸载、查询、验证等工作。

(3)支持众多的硬件平台

Red Hat Linux 从 4.0 版本起同时支持 Intel、Alpha 和 Sparc 三大硬件平台。

(4)优秀的安装界面

Red Hat Linux 的整个安装过程非常简单、明了,用户只需选择很少的选项就可以开始安装。在系统升级时,旧版本的许多配置能够完整地保留下来,减少了烦琐的配置工作。

(5)丰富的软件包

Red Hat Linux 发行版本中所带的软件包十分丰富,不仅包含大量的 GNU 和自由软件,一些优秀的共享软件,而且软件包的升级管理安装工作都很简单。

(6) 良好的安全性能

Red Hat Linux 的默认设置中已经充分考虑了系统的安全性,它还提供了可插入认证模块(Pluggable Authentication Modules,PAM),供需要增强系统安全性和加强系统可扩充性的用户使用。同时,Red Hat Linux 提供快速的系统安全补丁建议,公司的邮件列表可以让用户迅速获取有关 Linux 安全漏洞及升级的各种方法和解决方案。

(7)方便的系统管理界面

Red Hat Linux 提供文本模式和 X Window 模式下的图形管理界面,能简便、明了、轻松地完成用户/群租管理、系统配置管理、系统软硬件管理等管理任务。

(8)翔实的在线帮助文档

Red Hat Linux 提供完整的安装与配置信息,控制板的各种工具,包括网络、用户或组及打印机工具,都有极为详尽的帮助说明。

Red Hat Linux 是目前最流行的 Linux 发行版本,已在网络系统、网络安全等诸多方面得到了很好的应用。Linux 目前分为两种主要的版本:一种是面向服务器版的 RHEL(即 Red Hat Enterprise Linux);另一种则是面向开源软件发展,即 Red Hat Linux。但至 Red Hat Linux 9.0,Red Hat 公司转向了 Fedora Core 工程,并以 Fedora Core 作为其面向个人开源软件的发展方向,Fedora Core 计划每 6~9 个月更新一个版本。

3. Slackware Linux

Slackware Linux 是最早出现的 Linux 发行套件之一,它由 Patrick Volkerding 制作,正式版本由 Walnut Creet CDROM 公司发行。

Slackware Linux 的特点是安装简单、目录结构清楚、配置文件简洁,是富有经验的 Linux 爱好者常用的版本。Slackware Linux 版本最初更新很快,如 1997 年就推出了几个版本,但是后来的发展却比较缓慢。

Slackware Linux 的缺点是软件种类不如 Red Hat 和 Debian 两个版本多,它只提供字符方式的安装界面,并且需要用户去寻找针对不同硬件的启动盘,安装不如 Red Hat 快速、简洁、直观。其升级方式也不如 Red Hat 和 Debian 简单,提供的软件包管理工具 pkgtool 较 RPM 来说十分简陋,在卸载软件时经常发生卸载后其他软件也无法使用的现象。

4. 红旗 Linux

红旗 Linux 是中科院软件所和北大方正集团联合推出的全中文化的 Linux 发行版本,它在中文环境和应用支持上具有独特的地域优势。

红旗 Linux 具有以下特色:

(1)良好的中文支持

预装炎黄中文平台和方正 TrueType 字库,是目前国内率先支持大字符集(GBK)的中文 Linux 系统,实现了 Linux 上的 TrueType 字体打印功能,并且从安装到使用提供了全中文化的操作环境。全外挂的字符界面中文环境和 X Window 界面中文环境,全面的中西文兼容性;丰富的输入法,支持国际 ISO Unicode、GB 码和标准的 CJK 统一汉字字符集,符合国际标准的多字节字符和宽字节字符处理及自动转换,提供的软件包可以完成单字节字符系统与多字节字符系统的兼容处理。

(2)新的 Linux 内核

最新版本的红旗 Linux 使用最新的系统内核,对 Alpha 及相关体系结构有良好的支持,支持 AGP 显卡,扩充了对网络设备和多媒体设备的支持,并能支持 FAT32 文件系统。

(3)多硬件平台支持

红旗 Linux 支持基于 Intel 芯片的各类 PC 和服务器,并且支持基于 Alpha 的工作站和服务器。新版本的红旗 Linux 得到了众多国际著名软件硬件厂商的支持,如 Compaq、Dell、IBM、Borland、PC – cillin 等公司为新版本红旗 Linux 提供了很多可兼容的软、硬件产品。

(4)全面的网络服务功能

针对不同领域和行业的应用需求,红旗 Linux 提供了各种流行的网络应用服务,如代理服务器、防火墙、路由器、工作站、Internet 服务器、打印服务器等。

(5)数据库支持功能

多种数据库,如 Informix – SE、Oracle、Sybase、DB2 等都能与红旗 Linux 完美结合,为 Linux 用户提供数据库解决方案,为用户开发基于 Linux 的数据库服务器应用打下了良好的基础。

(6)丰富的应用软件和开发工具包

红旗 Linux 收录了 Linux 上流行的各种软件包,如 Emacs、texinfo 等,它提供丰富、优秀的编程语言和开发工具,如 GNU C/C + +、JDK、Perl、gawk、xwpe 等,使用户可在红旗 Linux 系统上方便地开发各类 Linux 程序和应用。

(7)流行的 X Window 管理器

红旗 Linux 集成了流行的 X Window 桌面图形管理器 KDE 和 GNOME,并且提供了全中文化的界面,集成了许多 X Window 应用程序。

应用红旗 Linux 可以方便地构建各类企业级网络服务器,如稳定、低成本的文件和打印服务器、高性能的 Intranet/Internet 服务器和安全性极高的网络防火墙和代理服务器。

8.4.4　Linux 的特点

1. Linux 系统性能

Linux 操作系统的发展势头正旺,越来越受到人们的重视和关注,主要是因为它不仅具有 UNIX 系统的全部功能和特性,还具有其他操作系统所不具备的特点。

(1)开放性

Linux 从一开始就遵循商业 UNIX 版本的标准,即计算机环境的可移植性操作系统界面(POSIX)。这种标准化的设计,使它与遵循标准的其他软硬件和系统能够相互兼容,方便互联。

(2)多任务、多用户

在 Linux 系统上可以有多个任务或程序同时进行,这些任务或程序间互不影响。Linux 管理的系统资源也可以同时被不同用户拥有和使用,每个用户对自己的资源有特定的权限,如同有一套独立的系统,互不影响。

(3)可扩展性、可移植性

Linux 的标准化设计可以实现对其功能的扩展,并可移植到其他平台上,目前,Linux 除了在 x86 平台上得到广泛的应用外,已经成功地移植到 Alpha、Sparc 等硬件平台上。

(4)稳定性、安全性

Linux 对应用程序使用的内存进行保护,应用程序仅可以使用系统分配的内存区域,一个软件的错误不会造成整个系统的死锁,提高了系统的稳定性。Linux 对每个文件和目录、用户的权限都有严格限制,并能进行系统审计和跟踪,所以安全性很高。同时,由于 Linux 是众多用户共同维护的,所以一旦发现漏洞或问题,立即可以得到解决,进一步提高了系统的安全性。

(5)适用性、量身定制

Linux 可以支持的硬件有很多,各种流行的硬件都有相应的驱动程序。同时,Linux 对内存的要求不高,最低 4 MB 即可运行系统。除最基本的系统内核及 Shell 外,Linux 的其他应用程序和功能均可以按需选用,可以按照实际应用需求对系统量身定制,提高设备利用率和系统的运行效率。

(6)丰富的网络功能、良好的用户界面

Linux 继承和发展了 UNIX 的网络功能,它提供了完善的内置通信和网络功能,支持各种 Internet 应用,支持文件传输和远程访问。Linux 良好的用户界面包括可以按需订制的 Shell 和编程时直接使用的系统调用,实现高效率的编程服务。Linux 的图形界面则给用户直观、易操作的友好界面,使用户可以将一切计算机和网络应用尽情挥洒在鼠标的一点一击中。

(7)自由传播、免费使用

Linux 免费提供全部源代码,包括系统核心、驱动程序、开发工具及所有的应用程序。任何人都可以无约束地传播 Linux,无偿使用。

(8)更新快、发展迅速

由于有众多的人在网上对 Linux 进行维护、开发和应用,因此能够及时对操作系统的缺陷、存在的问题和漏洞及时修补,并发行新的版本来取代旧的版本以解决存在的问题,改善系统性能,提高系统效率。

2. Linux 与 UNIX

Linux 是 UNIX 在 x86 PC 机上的版本,现已应用于笔记本、个人计算机和大型主机,并有着不逊于大型机上 UNIX 的表现。Linux 具有硬件支持的广泛性、应用程序的丰富性、内置网络的完整性与内核捆绑等特性,已不是 UNIX 所能包容的。如果说 UNIX 是商业版本、大型机上的 UNIX,Linux 则不仅是 UNIX 在各型机器上的广泛应用,而且是 UNIX 免费的商业版本,因为它不仅具有商业版本的稳定性和全部功能,而且免费提供全部内核源代码。Linux 的 X Window 系统则是对 UNIX 操作界面的补充,更适应当前操作系统人机交互界面可视化的需求。

3. Linux 与 Windows XP/NT/2000/2003、OS/2

Linux 是从比较成熟的操作系统 UNIX 系统发展来的,其他操作系统则相对独立、自成体系。由于 UNIX 是世界上使用最广泛、最成熟的操作系统之一,一般认为,只有 UNIX 才是真正的操作系统。作为 UNIX 的克隆,Linux 不仅继承了 UNIX 所有已有的特性和功能,还对其进行了扩充。

Linux 和 Windows XP/NT/2000/2003、OS/2 操作系统最大的区别在于 Linux 是开放的、免费的、可以无偿使用。每个有兴趣的人都可以获得 Linux 的各种版本及其应用软件,而目前几乎所有的自由软件都能在 Linux 上运行,它的接口及设计一直遵循 POSIX 开放标准,没有任何一个公司或个人对其进行控制。Windows XP/NT/2000/2003、OS/2 等操作系统的接口和设计由某一公司控制,其他人无权对其进行修改和重新设计,是在一种封闭的环境中开发和发展的。

8.5 Mac OS X操作系统

Mac OS 是一套运行于苹果 Macintosh 系列电脑上的操作系统,是首个在商用领域成功的图形用户界面。

OS X(前称 Mac OS X)是苹果公司为麦金塔电脑开发的专属操作系统。Mac OS X 于 1998 年首次推出,并从 2002 年起随麦金塔电脑发售。Mac OS X 是一套 UNIX 基础的操作系统,包含两个主要的部分:核心名为 Darwin,是以 FreeBSD 源代码和 Mach 微核心为基础,由苹果公司和独立开发者社区协力开发及一个由苹果电脑开发,名为 Aqua 专有版权的图形用户接口。

OS X 是先进的操作系统。它基于坚如磐石的 UNIX 基础,设计简单直观,让处处创新的 Mac 安全易用,高度兼容,出类拔萃。所有的一切从启动 Mac 后所看到的桌面,到日常使用的应用程序,都设计得简约精致。无论是浏览网络、查看邮件,还是和外地朋友视频聊天,所有事情都简单高效、趣味盎然。当然,简化复杂任务要求尖端科技,而 OS X 正拥有这些尖端科技。OS X 不仅使用基础坚实、久经考验的 UNIX 系统提供空前的稳定性,还提供超强性能、超炫图形并支持互联网标准。

Mac OS 是一套运行于苹果 Macintosh 系列电脑上的操作系统。Mac OS 是首个在商用领域成功的图形用户界面操作系统。现行的最新的系统版本是 Mac OS 10.14,且网上也有在 PC 上运行的 Mac 系统,简称 Mac PC。

Mac 系统是基于 Unix 内核的图形化操作系统,一般情况下在普通 PC 上无法安装操作系统。由苹果公司自行开发。苹果机的操作系统已经到了 OS 10,代号为 Mac OS X(X 为 10 的罗马数字写法),这是 Mac 电脑诞生 15 年来最大的变化。新系统非常可靠,它的许多特点和服务都体现了苹果公司的理念。

另外,疯狂肆虐的电脑病毒几乎都是针对 Windows 的,由于 MAC 的架构与 Windows 不同,所以很少受到病毒的攻击。Mac OS X 操作系统界面非常独特,突出了形象的图标和人机对话。苹果公司不仅自己开发系统,也涉及硬件的开发。

2011 – 07 – 20,Mac OS X 已经正式被苹果改名为 OS X。2018 – 09 – 25 凌晨发布最新版本 Mac OS X 10.14.2。

2018 – 03 – 30,苹果推送了 Mac OS High Sierra 10.13.4 正式版,新版本增强了对外接 eGPU 的支持,还新增了此前 iMac Pro 专属的墨水云墙纸。

2018 – 09 – 25,苹果推送 Mac OS Mojave 10.14,增加了深色模式,更新了 Safari 浏览器、Mac App Store、桌面、股市、语音备忘录、家庭 App 等。

8.6 本 章 小 结

本章主要介绍了网络操作系统的基本概况和 Microsoft Windows 操作系统的发展历程及应用状况;阐述了 Windows 系列操作系统、UNIX 网络操作系统和 Linux 操作系统的特点与组成;最后描述苹果操作系统的发展及对未来操作系统的展望。通过本章的学习,读者可以对网络操作系统有一个初步的了解与认识。

习　　题

1. 操作系统具有哪些特征？
2. 典型的网络操作系统有哪些？
3. Windows 2003 分为用户态的用户进程有几种类型？
4. Windows 2003 有哪些常用服务？
5. Linux 系统由哪些部分组成？
6. Linux 有几种常见的发行版本？

第9章 网络管理与网络安全

学习目标

- 了解网络安全基础知识
- 了解网络安全相关技术
- 了解网络管理相关知识
- 了解简单网络管理协议 SNMP
- 了解网络故障排除的简单方法

随着计算机网络的发展,网络应用越来越多,网络的安全问题也日趋严重,当网络的用户来自社会各个阶层与部门时,大量在网络中存储和传输的数据就需要保护,由于计算机网络安全是另一门学科,本章只对计算机网络安全问题的基本内容进行初步的介绍。

9.1 网络安全概述

9.1.1 计算机网络安全的含义

随着使用者的变化,计算机网络安全的含义也随之变化。从普通使用者的角度来说,可能仅仅希望个人隐私或机密信息在网络上传输时受到保护,避免被窃听、篡改和伪造;而网络提供商除了关心网络信息安全外,还要考虑如何应付突发的自然灾害、军事打击等对网络硬件的破坏,以及在网络出现异常时如何恢复网络通信,保持网络通信的连续性。

从本质上来讲,网络安全包括组成网络系统的硬件、软件及其在网络上传输信息的安全性,使其不致因偶然的或恶意的攻击遭到破坏,网络安全既有技术方面的问题,也有管理方面的问题,两方面互补,缺一不可。人为的网络入侵和攻击行为使得网络安全面临新的挑战。

9.1.2 计算机网络攻击的特点

1. 损失巨大

由于攻击和入侵的对象是网络上的计算机,所以一旦成功,就会使网络中成千上万台计算机处于瘫痪状态,从而给计算机用户造成巨大的经济损失。

2. 威胁社会和国家安全

一些计算机网络攻击者出于各种目的经常把政府要害部门和军事部门的计算机作为攻击目标,从而威胁社会和国家安全。

3. 手法隐蔽、计算机攻击的手段五花八门网络攻击者既可以通过监视网上数据来获取别人的保密信息,也可以通过截取别人的帐号和口令堂而皇之地进入别人的计算机系统,还可以通过一些特殊的方法绕过人们精心设计好的防火墙等。这些过程都可以在很短的时间内通过任何一台联网的计算机完成,因而犯罪不留痕迹,隐蔽性很强。

4.以软件攻击为主

几乎所有的网络入侵都是通过对软件的截取和攻击从而破坏整个计算机系统的,导致了计算机犯罪的隐蔽性。

9.1.3 计算机网络中的安全缺陷及产生的原因

1. TCP/IP 的脆弱性

因特网的基石是 TCP/IP 协议。该协议对网络的安全性考虑得并不多,并且由于 TCP/IP 协议是公布于众的,如果人们对 TCP/IP 很熟悉,就可以利用它的安全缺陷来实施网络攻击。

2. 网络结构的不安全性

因特网是一种网间网技术,是由无数个局域网所连成的一个巨大网络。当人们用一台主机和另一局域网的主机进行通信时,通常情况下它们之间互相传送的数据流要经过很多机器重重转发,如果攻击者利用一台处于用户的数据流传输路径上的主机,就可以劫持用户的数据包。

3. 易被窃听

由于因特网上大多数数据流都没有加密,因此人们利用网上免费提供的工具就很容易对网上的电子邮件、口令和传输文件进行窃听。

4. 缺乏安全意识

虽然网络中设置了许多安全保护屏障,但人们普遍缺乏安全意识,从而使这些保护措施形同虚设。如人们为了避开防火墙代理服务器的额外认证,进行直接的 PPP 连接从而避开了防火墙的保护。

9.1.4 网络攻击及其防护技术

网络的安全主要来自黑客和病毒攻击,各类攻击给网络造成的损失已越来越大,有的损失对一些企业、单位是致命的,下面就攻击和防御做简要介绍。

1. 入侵系统攻击

侵入用户系统,系统上的资源被对方一览无遗,对方可以直接控制用户的机器。

2. 对防火墙的攻击

防火墙是由软件和硬件组成的,在设计和实现上都不可避免地存在着缺陷,对防火墙的攻击方法也是多种多样的,如探测攻击技术、认证的攻击技术等。

3. 欺骗类攻击

网络协议本身的一些缺陷可以被利用,使黑客可以对网络进行攻击,主要方式有 IP 欺骗、ARP 欺骗、Web 欺骗、电子邮件欺骗等。

4. 后门程序

由于程序员设计一些功能复杂的程序时,一般采用模块化的程序设计思想,将整个项目分割为多个功能模块,分别进行设计、调试,这时后门就是一个模块的秘密入口。在程序开发阶段,后门便于测试、更改和增强模块功能。正常情况下,完成设计后需要去掉后门,不过有时由于疏忽或者其他原因没有去掉,一些别有用心的人会利用这些后门,进入系统并发动攻击。

5. 信息炸弹

信息炸弹是使用一些特殊工具软件,短时间内向目标服务器发送大量超出系统负荷的信息,造成目标服务器超负荷、网络堵塞、系统崩溃的攻击手段。

6. 拒绝服务攻击

使用超出被攻击目标处理能力的大量数据包消耗系统可用系统、带宽资源,最后致使网络服务瘫痪的一种攻击手段。作为攻击者,首先需要通过常规的黑客手段侵入并控制某个网站,然后在服务器上安装并启动一个可由攻击者发出的特殊指令来控制进程,攻击者把攻击对象的 IP 地址作为指令下达给进程时,这些进程就开始对目标主机发起攻击。

7. 缓冲区溢出攻击

程序员在编程时会用到一些不进行有效位检查的函数,可能导致黑客利用自编写程序来进一步打开安全豁口然后将该代码缓在缓冲区有效载荷末尾,这样当发生缓冲区溢出时,破坏程序的堆栈,使程序转而执行其他指令。

8. 利用病毒攻击

病毒是黑客实施网络攻击的有效手段之一,它具有传染性、隐蔽性、寄生性、潜伏性、不可预见性和破坏性等特性。目前可通过网络进行传播的病毒已有数万种,可通过注入技术进行破坏和攻击。

9. 木马程序攻击

特洛伊木马是一种直接由一个黑客,或通过一个不令人起疑的用户秘密安装到目标系统的程序。一旦安装成功并取得管理员权限,安装此程序的人就可以直接远程控制目标系统。

10. 网络监听

网络监听是一种监视网络状态、数据流及网络上传输信息的管理工具,它可以将网络接口设置在监听模式,并且可以截获网上传输的信息,也就是说,当黑客登录网络主机并取得超级用户权限后,若要登录其他主机,使用网络监听可以有效地截获网上的数据,这是黑客使用最多的方法。

现在的网络攻击手段日新月异,随着计算机网络的发展,其开放性、共享性、互联程度扩大,网络的重要性和对社会的影响也越来越大。计算机和网络安全技术正变得越来越先进,操作系统对本身漏洞的更新补救越来越及时。

9.1.5 主要防御措施

1. 防火墙

防火墙是一种用来加强网络间访问控制,防止外部网络用户以非法手段通过外部网络进入内部网络,访问内部网络资源,保护内部网络操作环境的特殊网络互联设备。它对两个或多个网络之间传输的数据包如链接方式按照一定的安全策略来实施检查,以决定网络之间的通信是否被允许,并监视网络运行状态。作为内部网络与外部公共网络的第一道屏障,防火墙是最先受到人们重视的网络安全产品之一。

2. 虚拟专用网

虚拟专用网(VPN)的实现技术和方式有很多,但是所有的 VPN 产品都应该保证通过公用网络平台传输数据的专用性和安全性,如在非面向连接的公用 IP 网络上建立一个隧道,利用加密技术对经过隧道传输的数据进行加密,以保证数据的私有性和安全性。

3. 虚拟局域网

虚拟局域网(VLAN)可从链路层实施网络安全。VLAN 是在交换局域网的基础上,采用网络管理软件构建的可跨越不同网段、不同网络的端到端的逻辑网络。一个 VLAN 组成一个逻辑子网,即一个逻辑广播域,它可以覆盖多个网络设备,允许处于不同地理位置的网络用户加入一个逻辑子网中。该技术能有效地控制网络流量、防止广播风暴,还可利用 MAC 层的数据包过滤技术,对安全性要求高的 VLAN 端口实施 MAC 帧过滤。而且,即使黑客攻破某一虚拟子网,也无法得到整个网络的信息,但 VLAN 技术的局限在新的 VLAN 机制得到较好的解决,这一新的 VLAN 就是专用虚拟局域网(PVLAN)技术。

4. 漏洞检测

漏洞检测就是对重要计算机系统或网络系统进行检查,发现其中存在的薄弱环节和所具有的攻击性特征。通常采用两种策略,即被动式策略和主动式策略。漏洞检测的结果实际上就是系统安全性的评估,它指出了哪些攻击是可能的,因此成为安全方案的重要组成部分之一。

5. 入侵检测

入侵检测将网络上传输的数据实时捕获下来,检查是否有黑客入侵或可疑活动的发生,一旦发现有黑客入侵或可疑活动的发生,系统将做出实时报警响应。

6. 密码保护

密码保护是保护信息的最后防线,被公认为保护信息传输唯一实用的方法。但随着计算机性能的飞速发展,破解部分公开算法的加密方法已越来越可能实现。因此,现在对加密算法的保密越来越重要,几个加密算法的协同应用会使信息保密性大大加强。

7. 安全策略

安全策略可以认为是一系列政策的集合,用来规范对组织资源的管理、保护及分配,以达到最终安全的目的。安全策略的制订需要基于一些安全模型。

8. 网络管理员

网络管理员在防御网络攻击方面也是非常重要的,虽然在构建系统时一些防御措施已经通过各种测试,但无论哪一条防御措施都有其局限性,只有高素质的网络管理员和整个网络安全系统协同防御,才能起到最好的效果。

9.2　数据加密技术

数据加密技术就是对信息进行重新编码,从而隐藏信息内容,使非法用户无法获取信息的真实内容的一种技术手段。数据加密技术是为提高信息系统及数据的安全性和保密性,防止秘密数据被外部破析所采用的主要手段之一。

数据加密技术按作用不同可分为数据存储、数据传输、数据完整性的鉴别及密匙管理技术 4 种。数据存储加密技术以防止在存储环节上的数据失密为目的,可分为密文存储和存取控制两种;数据传输加密技术的目的是对传输中的数据流加密,常用的有线路加密和端口加密两种方法;数据完整性鉴别技术的目的是对介入信息的传送、存取、处理人的身份和相关数据内容进行验证,以达到保密的要求,系统通过对比验证对象输人的特征值是否符合预先设定的参数,实现对数据的安全保护。数据加密在许多场合集中表现为密匙的应用,密匙管理技术事实上是为了数据使用方便。密匙的管理技术包括密匙的产生、分配保存、更换与销毁等各环节的保密措施。

数据加密技术主要通过对网络数据的加密来保障网络的安全可靠性,能够有效防止机密信息的泄露。另外,它也广泛应用于信息鉴别、数字签名等技术中,用来防止电子欺骗,这对信息处理系统的安全起到极其重要的作用。

9.2.1 数据加密技术

数据加密的目的是防止机密信息泄露,同时还可以验证传输信息的真实性,验证收到的数据完整性。加密通常需要进行隐蔽的转换,这个转换需要使用密钥进行加密,加密前的数据为明文,加密后的数据为密文。

在密码中,密钥是一种只有双方才知道的信息,通过密钥将明文转换成密文的过程为加密,而通过密钥将密文转换成明文的过程为解密。加密技术主要是研究加密、解密及密钥的技术。

一般的加密模型如图 9-1 所示,在发送端,明文用加密算法和加密密钥加密成密文,然后以密文方式进行网络传输,到达接收方后,对密文进行解密,还原为明文。密文在传输过程中可能会被非法截获,但由于没有解密密钥而无法将密文还原为明文。

图 9-1　一般的加密模型

在加密方法中,存在对称加密和非对称加密两种方式。在一种加密方法中,用一个密钥同时用作信息的加密密钥和解密密钥,这种加密方法为对称加密;在一种加密方法中使用两个密钥,一个用于加密,另一个用于解密,这种加密方法为非对称加密。

1. 对称加密

对称加密是应用较早的加密算法,技术较为成熟,在对称加密算法中,实现加密的过程是数据发送方将明文(原始数据)和加密密钥一起经过特殊加密算法处理后,使其变成复杂的加密密文发送出去。接收方收到密文后,使用加密的密钥及相同算法的逆算法对密文进行解密,使其恢复成明文。在对称加密算法中,使用的密钥只有一个,发送方和接收方都使用这个密钥对数据进行加密和解密,这就要求解密方事先必须知道加密密钥。

历史上典型的对称加密是恺撒密码,恺撒密码使用的密钥是3,也就是甲方的加密过程为将明文中的每个字母在字母表中的位置都向后移动3位,即将明文中的一个字母转换成后3位位置上的另外一个字母。如 a 换成 d,b 换成 e,c 换成 f,……,h 换成 k,……,s 换成 v,……,x 换成 a,y 换成 b,z 换成 c。恺撒密码如图 9-2 所示。

在发送方,明文 shot 经过加密就变成密文 vkrw,该密文发送到接收方后,如果接收方知道密码是3,通过逆运算,就可以将密文解密为原来的 shot,在恺撒密码中,数据使用了相同的密钥,即 Key1 = Key2。

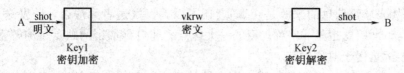

图 9 - 2　恺撒密码

由于恺撒密码中仅使用了 26 个字母,其加密算法为:将某个小写英文字母用排列在该字母后的第 K 个字母进行替换。在恺撒密码中,$K = 3$,对称加密的数学表达式为:

加密过程:$E = (M + K) \bmod (26)$

解密过程:$E = (M - K) \bmod (26)$

其中,M 表示小写英文字母按 $0 \sim 25$ 的排序序号;E 表示加密后的序号;mod 表示取模。对称加密的安全程度依赖于密钥的秘密性,而不是算法的秘密性,容易通过硬件方式实现加密、解密的处理,实现较高的加密、解密处理速度,在实际应用中有其优越的一面。

对称加密系统由于加密方和解密方都使用相同的密钥,每对用户每次使用对称加密算法时,都需要使用其他人不知道的唯一密匙,这会使发收信双方所拥有的密匙数量呈几何级数增长,如果一个用户要与网上的 N 个人进行保密通信,就需要 N 个不同的对称密码,如果一个网络有 N 个用户,他们之间要进行相互的保密通信时,网络共需 $N(N-1)/2$ 个密钥(每个用户都要保存 $N - 1$ 个密钥),这样大的密钥量分配和管理是极不容易的。

2. 非对称加密

非对称加密将密钥分解成一对,一个用于加密,另一个用于解密。这两个密钥一个称为公钥,一个称为私钥,公钥可以通过非保密方式向他人公开,在加密时使用;私钥不是公开的,是需要保密的,在解密时使用,非对称加密的这对密钥中的任何一个都可以称为公钥,相应地,另外一个就作为私钥,非对称加密如图 9 - 3 所示。

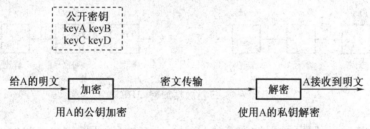

图 9 - 3　非对称加密

公开密钥与私有密钥是一对,如果用公开密钥对数据进行加密,只有用对应的私有密钥才能解密;如果用私有密钥对数据进行加密,那么只有用对应的公开密钥才能解密。因为加密和解密使用的是两个不同的密钥,所以这种算法叫作非对称加密算法。

非对称加密算法实现机密信息交换的基本过程是:甲乙双方生成一对密钥并将其中的一把作为公用密钥向对方公开,得到乙方公钥的甲方(乙方)使用该公钥对数据进行加密后再发送给乙方(甲方);乙方再用自己保存的私钥对加密后的信息进行解密。

如果一个网络有 N 个用户,他们之间存在秘密通信的需要时,每个用户需要保存 $N - 1$ 个密钥。网络需要生成 N 对密钥,并分发 N 个公钥。由于公钥是可以公开的(类似公开电话号码),用户只要保管好自己的私钥即可,因此非对称加密密钥的分发将变得十分简单。在非对称加密方式中,由于每个用户的私钥是唯一的,接收信息的用户除了可以通过信息发送者的公钥来验证信息的来源是否真实,还可以确保发送者无法否认曾发送过该信息,即具有不可抵赖性,这也是非对称加密的一大优点。非对称加密的缺点是加解密过程相对复杂,速度要远远慢于对称加密。

非对称加密方式中,只要某一用户知道其他用户的公钥,就可以实现安全通信。也就是说,非对称加密方式中,通信双方无须事先交换密钥就可以建立安全通信。正是由于它具有这样的优越性,非对称加密被广泛应用于身份认证、数字签名等信息交换领域。

9.2.2 数据加密标准

数据加密标准(Data Encryption Standard,DES)是一个广泛用于商用数据保密的公开密码算法,1977 年由美国国家标准局颁布,DES 采用对称加密,分组密码的加密技术,采用 56 位密钥对 64 位二进制数据块进行加密。DES 加密处理时,先将明文划分成若干组 64 位的数据块,然后对每一个 64 位数据块进行 16 轮编码,经一系列替换和移位后,形成与原始数据完全不同的密文。

由于 DES 具有运算速度快,密钥产生容易,适合在计算机上实现等优点,推出后迅速得到的推广使用。大量计算机厂家还生产了以 DES 为基本算法的加密机,使用专用芯片、专用软件,形成了以 DES 为核心的数据安全加密产品。但 DES 也存在不足,由于密钥容量仅有 56 位,安全度不够高。

为了克服 DES 的不足,美国 1985 年推出三重数据加密(3DES)。3DES 使用两个密钥,对每个数据库使用 3 次 DES 加密算法。3DES 密钥长度达 112 位,具有足够的安全度。3DES 加密时使用加密、解密、加密的方式,解密时使用解密、加密、解密的方式,实现了对 DES 的兼容,Key1 = Key2 时,3DES 的效果完全等同于 DES,三重数据加密(3DES)如图 9 - 4 所示。

图 9 - 4　三重数据加密(3DES)

在 DES 的基础上,国际数据加密算法(International Data Encryption Algorithm,IDEA)发展起来,IDEA 仍然是对称加密方法,IDEA 的明文和密文都是 64 位,但密钥长度为 128 位,使用密码的破译更加不易实现,因而具有更高的安全性。

IDEA 与 DES 相似,也是先将明文化成一个个 64 位的数据块,然后将每个 64 位数据经过 8 轮编码和一次变换得出 64 位密文。对于每一轮编码,每一个输出比特都与每一个输入比特有关,IDEA 比 DES 加密性好,运算速度快,实现容易,得到广泛的应用。

9.2.3 数字签名技术

传统事务中存在大量人工签名情况,签名的目的是证明签名者的身份和所签信息的真实性,实际上也提供一种证实信息。既然签名是一种信息,也就可以用数字的形式出现,这就是数字签名。

数字签名就是附加在报文中一起传送的一串经过加密的代码。数字签名能证实报文的真实性。数据签名必须满足以下要求：

(1)接收者能够核实发送者对报文的签名；

(2)发送者(事后)不能否认(抵赖)对报文的签名；

(3)接收者不能伪造和修改发送者对报文的签名；

(4)网络中的其他用户不能冒充报文的发送者和接收者。

手写签名一般都能满足以上条件,进而得到了司法的支持,具有一定的法律效力,数字签名采用密码技术使其具有与手写签名相同的功效。

数字签名采用非对称密码技术,一般使用双重解密。传输的 A、B 双方进行数字签名的过程如下:

(1)签名

在数字签名过程中,A 使用私有密钥 SKa 对明文 X 进行加密,通过加密实现签名。由于是使用 A 自己的私钥对明文 X 进行加密,A 私钥只有 A 知道,除了 A 以外,无人能产生密文,所以被加密的报文就证实了一定是来自 A 的报文,也就证实了签名。

(2)鉴别

若 A 要抵赖曾经发送过信息给 B,B 可以将经签名的密文交给第三方证实 A 确实发送了信息给 B,所以起到了不可抵赖的作用。

以上过程的完成就已经实现了签名和能够实现签名的鉴别,但是还不能实现对传输明文的保密。因为凡是知道发送者身份的人,都可以获得发送者的公钥。对于以上情况,A 的公钥是公开的,只要某人截获到签名的报文 Dsk(X),就可以利用公钥将密文解密成明文 X。

为了能同时实现数字签名和通信保密,数字签名在完成 A 利用自己的私有密钥 SKa 对报文进行加密(签名)后,还要对经过签名的报文 Dsk 利用 B 的公钥进行加密,这次加密的目的是保证数据通信的保密性。

所以,传输的 A、B 双方进行数字签名的完整过程应该是:A 利用自己的私有密钥 SKa 对报文 X 进行加密(签名),接着对经过签名的报文 Dsk(X)利用 B 的公钥进行加密,形成传输加密报文 Epk(Dsk(X))。该报文传到对方后,B 先利用私有密钥进行解密,还原出签名报文 Dsk(X),接着再用发送的公开密钥进行第二次解密,还原出明文 X。通过这样的方式达到鉴别签名真实性,同时也实现了数据通信的保密性,数字签名过程如图 9 - 5 所示。

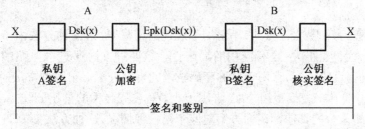

图 9 - 5　数字签名过程

9.3 密钥分配与管理

密码系统的两个基本要素是加密算法和密钥管理。加密算法是一些公式和法则,它规定了明文和密文之间的变换方法,由于密码的反复使用,仅靠加密算法已难以保证信息的安全。随着密码学的发展,大部分加密算法已经公开,人们可以通过各种途径得到它,因此信息的保密性很大程度依赖于密钥的保密,如何通过安全的渠道对密码进行分配就成为关键的问题,事实上,加密信息的安全性依赖于密钥分配与管理。

简单的办法是生成密钥后通过安全的渠道送给对方,这种方式对密钥量不大的通信是合适的,但是随着网络通信的不断增加,密钥也随之增大,密钥的传送与分配成为严重的负担,必须采用一种方法自动实现网络通信中的密码传送与分配。

密钥分配技术一般要满足两方面的要求,实现密钥的自动分配,减少系统中的密钥驻留量。为了满足这两个要求,目前有两种类型的密钥分配方式,即集中式和分布式密钥分配方式。集中式分配方式是建立一个密钥分配中心(Key Distribution Center,KDC),由 KDC 来负责密钥的产生并分配给通信双方。分布式分配方案指网络中通信的各方具有相同的地位,它们之间的密钥分配取决于它们之间的协商,即每个通信方都既可以是密钥分配方,也可以是密钥被分配方。

9.3.1 密钥分配的基本方法

密钥分配可以有以下几种方法:

(1)密钥由 A 选定,然后通过物理方法(如密钥封装在信封中)安全地传送给 B。

(2)密钥由可信赖的第三方 C 选定,并通过物理方法安全地传送给 A 和 B。

(3)如果 A 和 B 事先已有一密钥,那么其中一方选取新密钥后,用自己的密钥加密新密钥发送给另一方。

(4)如果 A 和 B 都有一个与可信赖的第三方 C 建立的保密信道,那么 C 就可以为 A 和 B 选取密钥后安全地发送给 A 和 B。

(5)如果 A 和 B 都在可信的第三方 C 发布自己公开的密钥,那 A 和 B 可以用彼此的公开密钥进行通信。

显然,前两种方法是人工方式,不适用于现代通信需要,第三种方法由于要对所有用户分配初始密钥,代价也很大,也有应用的局限性。第四种方法通过可信赖的第三方密钥分配中心 KDC 进行密钥分配,常用于对称密码技术的密钥分配。第五种方法通过可信赖的第三方证书授权中心 CA 进行密钥分配,常用于非对称密码技术的公钥分配。

用一个密钥来分配其他密钥的方案对应于第三种情况,这种方法是 DES 的密钥分配方法,它适用于任何密钥密码体制。这种方法有两种密钥,即主密钥和会话密钥,主密钥的作用是加密会话密钥,并通过它间接地保护报文内容,会话密钥是只在会话通信时暂时使用的一次性密钥。

假设用户 A 与用户 B 建立一个信道进行通信,首先用户 A 与用户 B 协商好了共同使用主密钥 Kab,然后用户 A 先选择会话密钥 SK,使用主密钥 Kab 对会话密钥 SK 加密后发送给用户 B,用户 B 收到此加密报文后,使用主密钥 Kab 解密出报文,即解密出会话密钥 SK,此时用户 B 获得会话密钥 SK。在获得会话密钥的情况下,双方使用会话密钥 SK 进行加密通信,通信结束后,用户 A 和用户 B 销毁会话密钥 SK,密钥分配工作过程如图 9-6 所示。

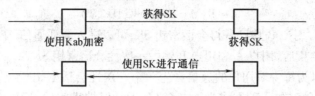

图 9-6 密钥分配工作过程

这种密钥分配是对称的,无论是用户 A 还是用户 B,都可请求一个会话,选取一个会话密钥或终止使用的会话密钥。在这种方式中,主密钥必须精心保护,当用户很多时,对这么多主密钥的保密和传送是很困难的,解决密钥分配与传送的方法是设立一个大家都信任的密钥分配中心。每个用户都与密钥分配中心建立一个对称密钥。

9.3.2 对称密钥分配方案

集中式对称密钥分配方案是设立一个大家都信任的 KDC,由 KDC 负责密钥的产生并分配给通信双方,在这种方式下,用户不需要保存大量的会话密钥,只需保存与 KDC 通信的加密密钥。

集中式对称密钥分配对应于密钥分配方法的第四种情况,即如果 A 和 B 都有一个可信赖的第三方 KDC 建立的保密信道,KDC 为 A 和 B 选取密钥并将选取的密钥安全地发送给 A 和 B,集中式对称密钥分配如图 9-7 所示。

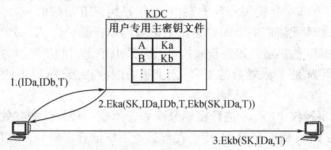

图 9-7 集中式对称密钥分配

用户 A 以明文方式向 KDC 发送一个请求,说明他需要申请会话密钥 SK 用于与用户 B 进行通信。该请求信息由两个数据项组成:一个是 A 和 B 的身份 IDa 和 IDb,一个是时间戳 T,时间戳是为了标识本次业务和收到证书的时间有效性。

$$A \rightarrow KDC : M = (IDa, IDb, T)$$

KDC 收到请求后,从用户专用密钥文件中找出为用户 A 和用户 B 传输会话密钥使用的加密密钥 Ka 和 Kb,同时产生供用户 A 和用户 B 通信使用的一次性会话密钥 SK,然后使用用户 A 的主密钥 Ka 对 SK 进行加密,并加上时间戳将该消息传送给用户 A(这个消息是使用 A 的主密钥加密的,所以只有用户 A 能解密)。同时,KDC 也将一次性会话密钥 SK 及 A 的身份 IDa 使用 B 的主密钥 Kb 加密后传送给用户 A,该信息将由 A 转发给 B,该信息用于建立 A 与 B 的连接并向 B 证明 A 的身份。

$$K \rightarrow DCA : M = EKa(SK, IDa, IDb, T, EKb(SK, IDa, T))$$

A 将信息 EKb(SK,IDa,T)传送给 B,B 收到这一报文后,使用自己的主密钥对密文进行解密获得一次性会话密钥 SK。

$$A \rightarrow B : M = EKb(SK,IDa,T)$$

至此,用户 A 和用户 B 均已获得会话密钥 SK,可以进入会话通信,于是双方使用 SK 进行加密通信,通信结束后,用户 A 和用户 B 销毁一次性会话密钥 SK。

由于 KDC 可以为每一对用户的通信产生一个一次性会话密钥 SK,从而使得破译密文更为困难,安全性更好,在这种方式中,主密钥是用来保护密钥的,所以主密钥也不能长期使用而不进行更换。

在集中式对称密钥分配方式中,由于报文中的 Ka 和 Kb 是 KDC 与用户 A 和用户 B 共同使用的主密钥,所以当用户 A 收到 EKa(SK,IDa,IDb,T,EKb(SK,IDa,T))这一报文时,便知这一报文来自 KDC,同样,当用户 B 收到 EKb(SK,IDa,T)这一报文时,就可以确定这是从用户 A 发来的报文,也就是说,该报文可以起到向 B 证明自己就是用户 A 的作用。因此,可以认为该报文是由 KDC 签发给用户 A 用于向用户 B 证明其身份的证书。

证书可以在一段时间内重复使用,在这一段时间内用户 A 与用户 B 不必每次都向 KDC 申请密钥,从而减少了 KDC 的工作员,提高了网络效率。证书的有效时间可由日期 T 和给定的有效期决定,例如,每个证书用 1 h,那么从 T 开始以后的 1 h 内证书是有效的。

9.3.3　非对称密钥分配方案

非对称密码技术的密钥分配和对称密码技术的密钥分配有着本质的差别,在对称密钥分配方案中,要求将密钥从通信的一方发送到另一方,只有通信双方知道密钥,而其他任何方都不知道密钥。在非对称密钥分配方案中,要求私钥只有通信的一方知道,而其他任何方都不知道,与私钥匹配使用的公钥则是像电话号码那样是公开的,一个用户只要查到另一个用户的公开密钥,他们就可以安全通信了。但是由于密钥的更换、增加和删除,公开密钥的完整性保护等都是十分复杂的工作,人工进行时很困难,所以仍然要进行密钥自动分配。

目前,通过证书授权中心 CA 进行密钥分配和管理是一种公认的有效的方法。每个用户要保存自己的私钥和 KDC 的公钥,用户在与其他用户进行通信时,可以通过证书授权中心 CA(Certification Authority)获得其他用户的公钥。而 CA 使用私钥对为其他用户分配公钥的信息进行加密,用户使用 CA 的公钥解密信息获得分配的公钥,通过证书授权中心 CA 进行密码分配的工作原理如图 9-8 所示。

在非对称密钥分配方式中,CA 为了和其他用户进行保密通信,也需要 UI 对公开密钥 PKca 和会话密钥 SKca,每个用户在通信前先向 CA 申请一个证书,CA 收到申请后,使用自己的私钥进行证书发放,并使用会话密钥 SKca 进行传输加密,证书的数据项包含了申请用户的公钥 PK、用户身份 ID 和时间戳 T 等。如用户 A 和用户 B 要进行通信,它们向 CA 申请获得证书分别如下:

$$CA \rightarrow A \quad Ca = Esk\ ca(IDa,PKa,T)$$
$$CA \rightarrow B \quad Cb = Esk\ ca(IDb,PKb,T)$$

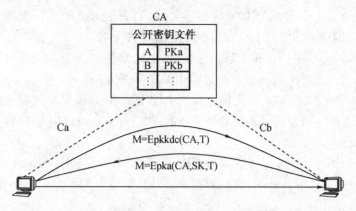

图9-8　通过证书授权中心 CA 进行密码分配的工作原理

当用户 A 和用户 B 进行保密通信时,用户 A 将自己的证书 CA 送给用户 B,B 使自己保存的 CA 的公钥 Epkkdc 对证书加以验证,由于只有用 CA 的公钥才能解密读出证书,这样 B 就验证了证书确实是 CA 发放的。同时,用户 B 还获得 A 的公钥 PKa 和用户 A 的身份标识 IDA。

$$A \rightarrow B \quad M = Epkkdc(CA,T)$$

当用户 B 收到 A 的证书后,B 将自己的证书 Cb 和由自己产生的会话密钥 SK 使用 A 的公钥加密后送给 A,用户 A 收到后使用自己的私钥解密后获得了 B 的公钥 PKb、身份标识 IDB 及会话密钥 SK。

$$B \rightarrow A \quad M = Epka(CA,SK,T)$$

经过这样的交互,A、B 双方都已获得了共享的会话密钥 SK,双方使用该会话密钥 SK 进行加密通信,通信结束后,用户 A 和用户 B 销毁 SK。

非对称加密的密钥分配过程既具有保密性,又具有认证性,因此既可以防止被动攻击,又可以防止主动攻击。这种特性使得非对称加密的密钥分配被广泛应用于安全要求较高的场合。

9.3.4　报文鉴别

报文鉴别(Message Authenticaiton,MA)对于开放的网络中的各种信息的安全性具有重要作用,是防止攻击的重要技术。报文鉴别的目的是鉴别报文的真实性和完整性,使接收方能够鉴别出接收到的报文是发送方发来的,而不是冒充的,能够验证报文在传输和存储的过程中,没有发生核篡改、重放、延迟。

1. 报文鉴别的方法

报文鉴别的实现需要加密技术,目前,报文鉴别中多实用报文摘要(Message Digest,MD)算法来实现,具体过程如下:

(1)发送方和接收方首先确定报文摘要 H(m)的固定长度。

(2)发送方通过散列函数(Hash Function)将要发送的报文进行报文摘要处理得到报文摘要 H(m)。

(3)发送方对得到的报文摘要 H(m)进行加密,得到密文 Ek[H(m)]。

(4)发送方将 Ek[H(m)]追加在报文 m 后发送给接收方。

（5）接收方成功接收到 Ek［H（m）］和报文 m 后，先给 Ek［H（m）］解密得到 H（m），然后对报文 m 进行同样的报文摘要处理得到报文摘要 H（m）1。

（6）接收方将 H（m）与 H（m）1 进行比较，如果结果是 H（m）＝H（m）1，则可以断定收到的报文是真实的，否则报文 m 在传输过程中被篡改或伪造了。

由于报文是明文方式传输，报文摘要算法也较为简单，系统只需对报文摘要进行加密、解密操作，所以这种鉴别方式对系统的要求较低，很适合 Internet 的应用。

2. 报文摘要算法 MD5

在 RFC1321 中规定的报文摘要算法 MD5 已经得到广泛应用，MD5 算法的特点是可以对任意长度的报文进行运算处理，得到的报文摘要长度均为 128 位。MD5 算法的实现过程如下：

（1）先将报文按照模 2,64 计算其余数（64 位），并将结果追加到报文后面。

（2）为使数据的总长度为 512 的整数倍，可以在报文和余数之间填充 1～512 位，但填充比特的首位应该是 1，后面是 0。

（3）将追加和填充后的报文分割为一个个 512 位的数据块，每一个 512 位的数据块又分成 4 个 128 位的小数据块，然后依次送到不同的散列函数进行 4 轮计算，每一轮又按 32 位更小的数据块进行复杂的运算，最后得到 MD5 报文摘要。

3. 安全散列算法

MD5 目前应用已经很广泛，另一个应用较为广泛的标准是由国家技术标准和技术协议（NIST）提出的安全散列算法（Secure Hash Algorithm，SHA）。SHA 与 MD5 在总体上的技术思想很相似，也是任意长度的报文作为输入，并按照 512 位长度的数据块进行处理，两者的主要差别如下：

（1）SHA 产生的报文摘要长度为 160 位，而 MD5 的报文摘要长度为 128 位。

（2）SHA 每轮有 20 步操作运算，而 MD5 仅有 4 轮。

（3）使用的运算函数不同。

SHA 比 MD5 更加安全，但 SHA 对系统的要求较高。

4. Hash 函数

Hash 函数就是把任意长度的报文通过散列算法压缩成固定长度的输出（函数值），该输出就是散列值。简单地说，Hash 函数就是一种将任意长度的报文压缩到某一固定长度的函数。Hash 函数的思想是把函数值看成输入报文的报文摘要，当输入报文中的任何一个二进制位发生变化时，都将引起 Hash 函数值的变化，其目的就是产生文件、消息或其他数据块的"指纹"。Hash 函数能够接受任意长度的消息输入，并产生定长的输出。

使用一个散列函数可以很直观地检测出数据在传输时发生的错误。在数据的发送方，对将要发送的数据应用散列函数，并将计算的结果同原始数据一同发送。在数据的接收方，同样的散列函数被再一次应用到接收到的数据上，如果两次散列函数计算出的结果不一致，就说明数据在传输过程中某些地方出现错误。

9.4　防火墙技术

防火墙(Fire Wall,FW)是由软硬件构成的网络安全设备,用于外部网络与内部网络之间的访问控制。防火墙根据人为制订的控制策略实现内外网的访问控制,对外屏蔽、隔离网络内部结构,保护网络内部信息,监测、审计穿越内外网之间的数据流,提供穿越内外网之间的数据流记录,是保证网络安全的重要设备。

9.4.1　防火墙概述

防火墙部署在内部网和外部网之间,防火墙内部的网络为"可信任的网络",而防火墙外部的网络为"不可信任的网络"。防火墙用来解决内网与外网之间的安全问题,是内部网络与外部网络通信的唯一途径。防火墙对流经内部网和外部网之间的数据包进行检查,阻止所有网络间被禁止流动的数据包,而让那些被允许的数据包通过,实现内外网的隔离和安全控制,防火墙在内外网间的连接如图 9 - 9 所示。

图 9 - 9　防火墙在内外网间的连接

防火墙主要实现以下功能:

1. 屏蔽、隔离内部与外部网络,防止内部网络信息泄露

防火墙让外部网络不能直接接触内部网络,对外隔离、屏蔽了内部网络结构,防止外部网络用户非法使用内部网络信息,以免内部网络的敏感数据被窃取,保护内部网络不受到破坏。

2. 实现内外网间的访问控制

针对网络攻击的不安全因素,防火墙采取控制进出内外网的数据包,让那些被允许的数据包通过,阻止被禁止的数据包,实时监控网络上数据包的状态,并对这些状态加以分析和处理,及时发现异常行为,并对异常行为采取联动防范措施,保证网络系统安全。

3. 控制协议和服务

针对网络本身的不安全因素,对相关协议和服务采取控制措施,让授权的协议和服务通过防火墙,拒绝没有授权的协议和服务通过防火墙,有效屏蔽不安全的服务。

4. 保护内部网络

为了防止系统漏洞等带来的安全影响,防火墙采用了自己的安全系统,同时通过漏洞扫描、入侵检测等技术,发现网络内应用系统、操作系统漏洞,发现网络入侵,通过对异常访问的限制,保护内部网络,保护内部网络中的服务应用系统。

5. 日志与审计

防火墙通过对所有内外网的网络访问请求进行日志记录,为网络管理的运行优化,为攻击防范策略制订提供重要的情报信息,为异常事件发生的追溯提供重要依据。

6. 网络地址转换

在内外网访问时,由于内外网使用了不同地址,当要实现内外网访问时,需要实现地址转换,将内网的自有地址转换为外网的公有地址。由于防火墙处于两个网络间网关的位置,所以地址转换功能也可以集成在防火墙上,通过防火墙来实现地址转换。

防火墙可以是一台独立的硬件设备,也可以是一个软件防火墙。硬件防火墙是厂家专门生产的防火墙产品,采用专门的芯片、操作系统和相应软件。硬件防火墙运行速度快、处理能力强,是大型网络系统中的重要安全设备。软件防火墙在一台主机(计算机或路由器)上,安装相应软件成为一台具有访问控制功能的防火墙,一般安装在个人计算机上的防火墙是纯软件防火墙,用于保护个人计算机免受病毒、黑客入侵和未经授权的访问。除了独立的防火墙设备,还可在路由器上安装防火墙软件构成集成防火墙功能的路由器产品,目前一般的高端路由器都集成了防火墙功能。

9.4.2　包过滤防火墙

按照防火墙工作的层次,防火墙可以分为包过滤防火墙和代理型防火墙。包过滤防火墙工作在网络层和传输层,代理型防火墙工作在应用层,包过滤防火墙又细分为包过滤防火墙和状态检测防火墙。

1. 包过滤防火墙

包过滤防火墙工作在网络层和传输层,安装在需要控制的外网与内网间。包过滤防火墙以数据包为控制单位,它在网络的进出口处对通过的数据包进行检查,并根据事先设置的安全访问控制策略的规则决定数据包是否允许通过。只有满足规则的数据包才允许进出内外网络,而其余数据包均被防火墙过滤。

包过滤防火墙工作原理如图 9 - 10 所示。包过滤防火墙逐个检查输入数据流的每个数据包的 IP 头部或传输层的头部信息,根据头部信息的源地址、目的地址、使用的端口号等,或者它们的组合来确定数据包是否可以通过。由于包过滤防火墙通过检查 IP 地址、端口信息等信息来决定包是否过滤,所以包过滤防火墙工作在网络层和传输层。

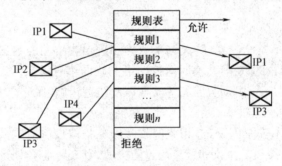

图 9 - 10　包过滤防火墙工作原理

防火墙对包的过滤规则是由网管人员事前设定的,过滤规则存放在防火墙内部,以过滤规则表的形式存在。当数据包进入防火墙时,防火墙将会读取 IP 包包头信息中的 IP 源地址、IP 目标地址、传输协议(TCP、UDP、ICMP 等)、TCP/UDP 目标端口、ICMP 消息类型等信息,并与过滤规则表中的表项逐条比对,以便确定其是否与某一条包过滤规则匹配,如果这些规则中有一项得到匹配吻合,则该数据包按照规则表规定的策略允许通过或拒绝通过。

如果到来的数据包的 IP 地址或端口地址不能和规则表中的任何一条规则相配,则采取默认处理。默认处理可以是默认为拒绝,也可以是默认为允许。

对于默认为拒绝的情况,如果收到的数据包中没有与过滤规则相匹配的表项存在,则该数据包将做拒绝处理,该数据包不能通过防火墙,即该规则遵循的是一切未被允许的访问就是禁止的准则。对于默认为允许的情况,如果收到的数据包中没有与过滤规则相匹配的表项存在,则该数据包将做允许处理,即该规则遵循的是一切未被拒绝的访问就是允许的准则。

默认方式让防火墙的规则表制订变得更为简单,对于只有少量数据包需要过滤的情况,规则表只要将这些少量的数据包设定为拒绝,并将默认设定为允许即可,这样其余没有被设定的数据包都能够通过防火墙。

规则表的实例见表 9－1。设内部网络地址为 192.168.16.0,外部网络地址为 202.203.218.0,外部网络地址是一个危险网络,访问控制策略需要拒绝该危险网络访问内部网络,同时拒绝内网络访问该危险网络。

表 9－1　规则表的实例

顺序号	访问方向	源地址	目的地址	允许/拒绝
1	出(从内网到外网)	192.168.16.0	202.203.218.0	拒绝
2	入(从外网到内网)	202.203.218.0	192.168.16.0	拒绝

数据包的过滤可以双向进行,既处理从外网到内网的数据包,也处理从内网到外网的数据包。配置防火墙时,必须事先人工配制过滤规则,确定自己的安全策略。数据包到时,防火墙与过滤规则表的比对是从第一开始,然后向下逐条进行的,所以规则的位置相对重要,频繁使用的规则应该排在前面。

包过滤防火墙能实现内外网的访问控制,由于工作是在网络层和传输层进行的,对通过数据包的速度影响不大,但包过滤防火墙也存在以下不足:

(1)防火墙不能防范不经过防火墙的攻击。例如,客户通过拨号上网,或者通过无线上网,则绕过了防火墙系统提供的安全保护,从而形成潜在的后门攻击渠道。

(2)包直接接触要访问的网络,内网容易被攻击。包过滤防火墙在规则表允许通过时,包不再做其他处理,直接允许通过。这样从外网来的数据包直接接触到内部的网络,如果这些包是恶意的数据包,则给内部网络带来极大的风险。

(3)无法识别基于应用层的恶意入侵。由于包过滤防火墙根据 IP 地址、端口地址等进行数据包通过的控制,当 IP 地址或端口是合法地址时,包过滤防火墙对其是不加隔离的,直接让其通过。这样当携带病毒的电子邮件等数据包到来时,由于地址、端口都是合法的,包过滤防火墙对此类威胁网络安全的数据包是无能为力的。

(4)无法识别 IP 地址的欺骗。由于包过滤防火墙是基于地址过滤的访问控制,外部的用户也可伪装成合法的 IP 地址访问内部网络,同样,内部用户可以伪装成合法的 IP 地址的用户来访问外部网络。包过滤防火墙对这种伪装成合法地址的访问的控制同样是无能为力的。

2. 状态检测防火墙

状态检测防火墙又称动态包过滤防火墙,相对应的传统的包过滤防火墙为静态包过滤防火墙。状态检测防火墙也是一种包过滤防火墙,只通过专门的策略来检测数据包状态,进一步提高对数据包的鉴别能力和处理能力。

状态检测防火墙有一个状态检测模块,状态检测模块建立一个状态检测表,状态检测表由过滤规则表和连接状态表两部分构成。其过滤规则表的工作情况与包过滤防火墙的过滤规则表的工作情况是相同的,连接状态表用于记录通过防火墙的数据包的连接状态,用于判断到来的数据包是新建连接的数据包,已经建立连接的数据包,还是不符合通信逻辑的异常包,然后根据情况进行相应的处理。

大部分应用协议都是按照客户机/服务器的模式工作的,当内网用户向外网服务器端发起服务请求时(如访问网站),客户端会发起一个请求连接的数据包,该数据包到达状态检测防火墙时,状态检测防火墙会检测到这是一个发起连接的初始数据包(由 SYN 标志),然后它就会把这个数据包中的信息与防火墙规则做比较,以决定是否允许通过。按照过滤规则表的相关信息,如果该数据也是允许通过的,则状态检测防火墙让其通过。

与此同时状态检测防火墙在连接状态表中新建一条会话,通常这条会话包括此连接的源地址、目标地址、源端口、目标端口、连接时间等信息,对于 TCP 连接,它还应该包含序列号和标志位等信息。当后续数据包到达时,如果这个数据包不含 SYN 标志,说明这个数据包不是发起一个新的连接的数据包,状态检测引擎就会直接把它的信息与状态表中的会话条目中的信息进行比较,如果信息匹配,说明该数据包是前面那个新建连接数据包的后续数据包,状态检测防火墙直接允许这些后续数据包通过,而不必再让这些数据包再去接受规则的检查,提高了处理效率。如果信息不匹配,数据包就会被丢弃或连接被拒绝,并且每个会话还有一个超时值,过了这个时间,相应会话条目就会在状态表中被删除。

按照这种工作方式,状态检测防火墙只需对通信双方的第一个数据包进行规则表检测,记录其连接状态,后续数据包都不必再经过规则表检测,而是直接按照与连接表的匹配情况直接允许通过或拒绝通过,大大提高了数据包的处理效率。

状态检测防火墙可以检测到非正常的连接,并拒绝非正常连接的数据包通过防火墙。例如,客户机与服务器之间建立 TCP 连接采用的三次握手数据包的顺序是:SYN、SYN + ACK、ACK。如果在防火墙连接状态表中没有向外网发出过 SYN 包的情况下,却收到了一个来自外网的 SYN + ACK 数据包,这个包的出现违反了 TCP 的握手规则,应该将该数据包丢弃。可以看出由于状态检测防火墙在数据安全和数据处理效率上的有机结合,大大提高了安全性和处理效率。

9.4.3　代理型防火墙

代理型防火墙是工作在应用层的防火墙,是应用级的防火墙。代理型防火墙从应用程序进行访问控制,允许访问某个应用程序而阻止另一些应用程序通过。同样,代理型防火墙也部署在内外网之间,在内外网之间起到中间作用,外网对内网的访问是由代理型防火墙的代理来完成的。代理类似房屋小介公司,使参与交流的双方必须借助代理来完成,否则它们之间完全是隔离的。

代理型防火墙系统的工作原理如图 9 – 11 所示,代理型防火墙通过一个代理服务器介入实现访问控制,代理服务器采用双网卡的主机实现,通过代理服务器使所有跨越防火墙的网络通信连接被分为两段。即内网与代理服务器的连接及外网与代理服务器的连接,在外部网络上的计算机系统的网络连接只能到达代理服务器,访问内网也由代理服务器完成,内外网访问的连接都终止于代理服务器,这就成功地实现了防火墙内外网上计算机系统的隔离,由于外部网络不能直接接触要访问的网络,从而降低了被攻击的可能。

图9-11 代理型防火墙系统的工作原理

代理防火墙具有代理服务器和防火墙的双重功能。从客户端来看,代理服务器就是一台真正的服务器。代理防火墙将内部网络到外部网络的连接请求划分成两个部分:代理服务器根据安全过滤规则决定是否允许这个连接,如果规则允许访问,则代理服务器就代替客户向外部网络服务器发出访问请求;当代理服务器收到外部网络中的服务器返回的访问响应数据包时,同样要根据安全规则决定是否让该数据包进入内部网络,如果允许,代理服务器将这个数据包转发给内部网络来发起这个请求的客户机。

代理型防火墙中的代理服务器除了可以对连接进行鉴别外,还可以针对特殊的网络应用协议确定数据的过滤规则,也可以对数据包进行分析,形成审计报告。

由于代理防火墙工作在应用层,形成一个应用层网关,能对网络应用进行有效控制,具有如下优点:

(1)代理防火墙通过应用层的访问规则进行访问控制,可以针对应用层进行检测和扫描,可以有效防止应用层的恶意入侵和病毒。

(2)代理服务器具有较高的安全性,由于每一个内外网之间的连接都是通过代理服务器完成的,每一个特定的应用(如FTP、HTTP、SMTP、TELNET)都有相应的代理程序提供处理。代理服务器可以针对不同的应用采用不同的程序加以处理,如建立Telnet应用网关、FTP应用网关,分别对Telnet、FTP、SMTP、HTTP应用进行处理,进一步提高了内外网访问的控制能力和安全性,代理服务器如图9-12所示。

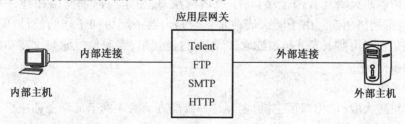

图9-12 代理服务器

(3)代理服务器在客户机和真实服务器之间完全控制会话,可以提供很详细的日志和安全审计功能。

(4)代理防火墙一般都设计了内部的高速缓存,保留了最近访问过的站点内容,当下一个用户要访问同样的站点时,可以直接从高速缓存中提取,而不必再访问远程外网服务器,可以在一定程度上提高访问速度。

由于代理服务器在通信中担任了二传手的角色,既能够实现内外网的访问,又不给内外网的计算机以任何直接会话的机会,能较好地避免入侵者使用数据驱动类型的攻击方式入侵内部网,所以具有较好的安全性。

但是事情都是一分为二的,代理防火墙由于工作在应用层,主要是通过软件方式实现以上控制功能的,所以代理防火墙的处理速度相对包过滤防火墙来说较慢,也就是说,代理防火墙安全性的提高是以牺牲速度得到的。此外,代理服务器一般具有解释应用层命令的功能,如解释 Telnet 命令、解释 FTP 命令,那么这种代理服务器就只能用于某一种服务,因此,可能需要提供多种不同代理的代理服务器,如 Telnet 代理服务器、FTP 代理服务器等,并且每个应用都必须由一个代理服务器来访问控制,当一种应用升级时,代理服务器也要进行相应的升级,所以代理服务器能提供的服务和适应性是有限的。

9.4.4　防火墙的系统结构

防火墙的系统结构是指防火墙的产品结构,根据防火墙中的部署位置及其与网络中其他设备的关系,只有选用合理的防火墙系统结构,才能使之具有最佳的安全性能,防火墙的系统结构可以分为包过滤防火墙、堡垒主机防火墙结构、单 DMZ 防火墙结构、双 DMZZ 防火墙结构等几种。

1. 屏蔽路由器防火墙

屏蔽路由器防火墙是一个包过滤防火墙,也是最简单、最常见的防火墙,其工作原理如图 9 – 13 所示。

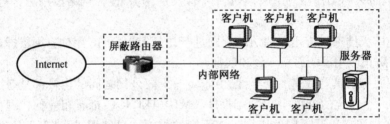

图 9 – 13　屏蔽路由器防火墙工作原理

屏蔽路由器防火墙具有两个接口:一个内网接口,用于与内部网络相连;一个外网接口,用于与外部网络相连。由于防火墙通常是与路由器一起协同工作的,所以屏蔽路由器防火墙其实是在路由器上安装包过滤软件、配置过滤规则,实现包过滤防火墙功能,一般简称为屏蔽路由器。

2. 堡垒主机防火墙

堡垒主机防火墙(也称双宿主机)实际是一台配置了两块网卡的服务器主机,其工作原理如图 9 – 14 所示。

在堡垒主机上安装防火墙软件,构成堡垒主机防火墙。堡垒主机属于代理型防火墙,在堡垒主机防火墙结构中,堡垒主机位于内部网络与外部网络之间,堡垒主机上的两块网卡分别与内部网络和外部网络相连,在物理连接上同包过滤防火墙,其中一块网卡与内部网络相连,而另一块网卡与外部网络连接。堡垒主机上运行着各种代理服务程序,按照控制策略控制转发应用程序,提供网络安全控制。

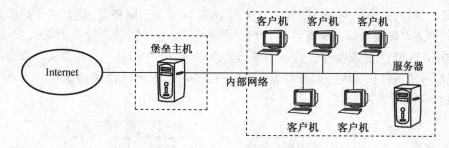

图 9-14　堡垒主机防火墙工作原理

与包过滤防火墙相比,双宿主机网关堡垒主机的系统软件可用于维护系统日志。由于双宿主机是内外网通信的传输通道,当内外网通信量较大时,双宿主机可能成为通信的瓶颈,因此双宿主机应选择性能优良的服务器主机。

堡垒主机最大的安全威胁是攻击者如果掌握了登录主机的权限,则内部网络就非常容易遭受攻击。如果堡垒主机失效,则意味着整个内部网络将被置于外部攻击之下,所以相对而言,堡垒主机防火墙仍然是一种不太安全的防火墙模式。

3. 带有屏蔽路由器的单网段防火墙

带有屏蔽器路由器的单网段防火墙由一个屏蔽路由器和一个堡垒主机组成,其工作原理如图 9-15 所示。

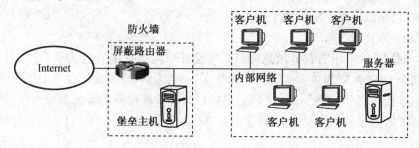

图 9-15　带有屏蔽路由器的单网段防火墙工作原理

堡垒主机只有一块网卡连接在内部网络上,是外部网络可以访问内部网络唯一的站点。网络服务由堡垒主机上相应的代理服务程序来支持,屏蔽路由让所有输入的信息必须先送往堡垒主机,并且只接受来自堡垒主机输出的信息。内网上的所有主机也只能访问堡垒主机,堡垒主机成为外部网络上的主机与内部网络上的主机之间的桥梁。包过滤路由器拒绝内部网络中的主机直接访问外部网络,内部网络主机访问外部网络的请求必须通过堡垒主机进行代理。为了保证不改变上述特定的数据包路径,屏蔽路出路应该进行必要的配置,如设置静态路由。

4. 单 DMZ 结构的防火墙

隔离区(Demilitarized Zone,DMZ)也称非军事化区。DMZ 是为了解决安装防火墙后外部网络不能访问内部网络服务器,不利于部署 Web、E-mail 等网络服务的问题而设立的一个非安全系统与安全系统之间的缓冲区域。

这个缓冲区域可以理解为一个不同于外部网络或内部网络的特殊网络区域,这个特殊网络区域位于单位内部往来和外部网络之间的小网络区域内,一般称为 DMZ 区,在 DMZ 区域内可以放置一些必须公开的服务器设施,如企业 Web 服务器,E-mail 服务器、FTP 服务器和论坛等。这样,来自外网的访问者可以访问 DMZ 区域中的服务器,获取相应的服务。但这些访问者不可能接触到部署在内网的网络服务器,也就不能获取这些内部信息,通过这样一个 DMZ 区域,能把服务于公众的服务器等设施与服务于内部人员的服务器等设施分离开来,更加有效地保护了内部服务器等设施的网络信息,单 DMZ 防火墙结构的防火墙工作原理如图9－16所示。

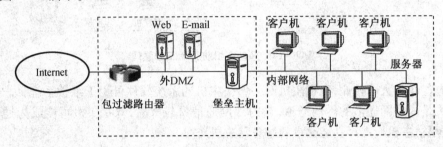

图 9－16　单 DMZ 防火墙结构的防火墙工作原理

　　单 DMZ 防火墙结构的防火墙由屏蔽路由器和堡垒主机连接在同一个网段上,确保跨防火墙的数据必须先经过屏蔽路由器和堡垒主机这两个安全单元,单 DMZ 防火墙结构中的堡垒主机是双宿主机。而 DMZ 区成为外部网络与内部网络之间附加的一个安全层。堡垒主机可以作为一个应用网关,也可以作为代理服务器。由于堡垒主机是唯一能从外网直接访问内网的主机,所以内部主机得到了保护。

　　5. 双 DMZ 防火墙结构

　　如果内部网络中要求有部分信息可以提供给外部网络直接访问共享,可以通过在防火墙中建立两个 DMZ 区来解决:一个为外 DMZ 区,一个为内 DMZ 区。在外 DMZ 区放置一些公共服务信息服务器(Web 服务器或 FTP 服务器),而这些服务器系统本身也作为外堡垒主机;在内 DMZ 区放置一些内部使用的信息服务器,双 DMZ 防火墙。工作原理如图 9－17所示。

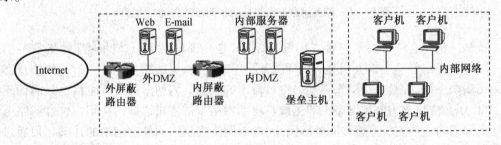

图 9－17　双 DMZ 防火墙工作原理

　　对于从外部网络来的数据包,外屏蔽路由器用于防范外部攻击,并管理对外 DMZ 的访问,内屏蔽路由器只允许接受来目的地址是堡垒主机的数据包,负责内 DMZ 到内部网络的访问。

　　对于要送到外网的数据包,内部屏蔽路由器管理堡垒主机到 DMZ 网络的访问,防火墙系统让内部网络上的站点只访问堡垒主机,屏蔽路由器只接受来自堡垒主机去往外网的数据包。

　　部署带 DMZ 的防火墙系统有如下好处:入侵者必须突破几个不同的设备,如外部屏蔽路由器、内部屏蔽路由器、堡垒主机等,才能攻击内部网络,攻击难度大大加强,相应地,内部网络的安全性也就大大加强,但相应地投资成本也是最高的。

9.5 入侵检测技术

9.5.1 入侵检测系统

入侵检测系统(Intrusion Detection System,IDS)是继防火墙、数据加密等保护措施后的新一代安全保障系统,是为保证计算机系统的安全而设计的一种能够及时发现并报告系统中未授权或异常现象的技术。入侵检测既能检测出外部网络的入侵行为,又能监督内部网络中未授权的活动,目前已经成为防火墙之后的第二道安全网关。

做一个形象的比喻:假如防火墙是一幢大楼的门锁,那么 IDS 就是这幢大楼里的监视系统。一旦小偷爬窗进入大楼,或内部人员有越界行为,只有实时监视系统才能发现情况并发出警告。利用审计记录,入侵检测系统能够识别出任何不希望有的活动,从而限制这些活动,保护系统的安全。

入侵检测系统的应用能在入侵攻击对系统发生危害前检测到入侵攻击,并利用报警与防护系统驱逐入侵攻击。在入侵攻击过程中,能减少入侵攻击所造成的损失。被入侵攻击时,收集入侵攻击的相关信息,作为防范系统的知识,添入知识库内,以增强系统的防范能力。

典型的入侵检测系统由信息收集、信息分析和结果处理3部分构成,信息处理流程如图9-18 所示。

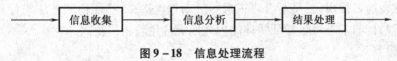

图 9 – 18 信息处理流程

1. 信息收集

入侵检测的第一步是信息收集。收集内容包括系统、网络、数据及用户活动的状态和行为。由放置在不同网段的探测器或不同主机的代理来收集信息,包括系统和网络日志文件、网络流量、非正常的目录和文件改变、非正常的程序执行。

2. 信息分析

收集到的有关系统、网络、数据及用户活动的状态和行为等信息,被送到信息分析检测引擎,通过分析检测来发现入侵。当检测到入侵时,产生一个告警并发送给控制台。

3. 结果处理

控制台按照告警产生预先定义的响应采取相应措施,既可以重新配置路由器或防火墙,也可以终止进程、切断连接、改变文件属性等保护措施。

9.5.2 入侵检测系统的分类

从检测系统所分析的对象出发,可以把入侵检测系统分为基于网络的入侵检测系统、基于主机的入侵检测系统和混合式入侵检测系统3种类型。

基于网络的入侵检测系统(Network IDS)主要由管理站和探测器构成。入侵检测系统的输入数据来源于网络的数据流量包,探测器放置在比较重要的网段内,不停地监视网段中的各种数据包。对每一个数据包或可疑的数据包进行特征分析,如果数据包与产品内置的某些规则吻合,探测器将向管理站报告,管理站将发出警报甚至直接切断网络连接。目前,大部分入侵检测产品是基于网络的。

基于主机的入侵检测产品(Host IDS)通常安装在被重点检测的主机上,入侵检测系统的输入数据来源于主机系统的审计日志,主要是对该主机的网络实时连接,以及对系统审计日志进行智能分析和判断。如果其中主体活动十分可疑(特征或违反统计规律),入侵检测系统就会采取相应措施,以达到保护主机的目的。

基于网络的入侵检测产品和基于主机的入侵检测产品都有其不足之处,单纯使用一类产品会造成主动防御体系不全面。但是,它们的缺憾是互补的,将这两种技术结合起来实现的入侵检测系统就是混合式入侵检测系统。混合式入侵检测系统既可以发现网络中的攻击信息,也可以从主机系统日志中发现异常情况。

混合入侵检测系统由多个部件组成,各个部件分布在网络的各个部分,所以混合式入侵检测系统又称为分布式入侵检测系统。混合式入侵检测系统的各个部分共同完成数据信息采集、数据信息分析,并通过中心的控制部件进行数据汇总、分析处理、产生入侵报警等结果处理。

按照入侵检测系统所采用的分析方法,可分为特征检测、异常检测及协议分析3种。

1. 特征检测

特征检测(Signature – based Detection)假设入侵者活动可以用一种模式来表示,系统的目标是检测主体活动是否符合这些模式。通过模式匹配,发现违背安全政策的行为。特征检测可以将已有的入侵方法检查出来,但对新的入侵方法无能为力。其难点在于如何设计模式,既能够表达入侵现象,又不会将正常的活动包含进来,特征检测方法与计算机病毒的检测方式类似,目前基于对包特征描述的模式匹配应用较为广泛。

2. 异常检测

异常检测(Anormaly Detection)的假设是入侵者活动异于正常主体的活动。根据这一理念建立主体正常活动的活动档案,将当前主体的活动状况与活动档案相比较,当违反其统计规律时,认为该活动可能是入侵行为。异常行为检测通常采用阈值检测,如用户在一段时间内存取文件的次数、用户登录失败的次数、进程的 CPU 利用率、磁盘空间的变化等。异常检测的难题在于如何建立活动档案及如何设计统计算法,从而不把正常的操作作为入侵或忽略真正的入侵行为。

3. 协议分析

协议分析是一种新一代的入侵检测技术,它利用网络协议的高度规则来快速检测攻击的存在。协议分析入侵检测系统结合了高速数据包捕获、协议分析与命令解析、特征模式匹配几种方法,较大地提高了入侵检测的准确性。

新一代协议分析 IDS 网络入侵检测引擎包含超过数量众多的命令解析器,可以在不同的上层应用协议上,对每一个用户命令做出详细分析,协议解析也大大减少了模式匹配 IDS 系统中常见的误报现象。

使用命令解析器可以确保一个特征串的实际意义被真正理解,辨认出串是不是攻击或可疑的。在基于协议分析的 IDS 中,各种协议都被解析,如果出现 IP 碎片设置,数据包将首先被重装,然后通过详细分析来了解潜在的攻击行为。

新一代协议分析 IDS 系统网络传感器采用新设计的高性能数据包驱动器,使其不仅支持线速百兆流量检测,并且千兆网络传感器具有高达 900M 网络流量的 100% 检测能力,不会忽略任何一个数据包。

9.5.3　入侵检测系统部署

IDS 入侵检测系统是一个监听设备,无须跨接在任何链路上,自身也不产生网络流量。因此,对 IDS 部署的要求是 IDS 应当挂接在所关注的流量流经的链路上。在这里,所关注的流量指的是来自高危网络区域的访问流量和需要进行统计、监视的网络报文。目前大部分网络都采用交换式网络结构。因此,IDS 在交换式网络中的位置一般部署在尽可能靠近攻击源或尽可能靠近受保护资源的地方。网络中,这些位置通常是:

(1) Intemet 接入路由器后的第一台交换机上;

(2) 重点保护的主机上,服务器子网区域的交换机上;

(3) 重点保护网段的局域网交换机上;

(4) DMZ 网段的交换机上。

工作时每个受监视的主机、交换机都运行着一个监视模块,用于采集相关信息,然后通过通信代理将采集的信息传达到控制主机,控制主机汇集从各个监视模块送来的相关事件信息,送到主机的事件分析器根据规则库进行事件分析处理,然后根据规则制订的相应方式通过事件响应单元进行结果处理。

9.6　网　络　管　理

随着计算机网络的发展和普及,网络规模不断扩大,复杂性不断增加,异构性越来越高。

一个网络往往由若干大大小小的子网组成,集成了多种平台,包括不同厂家、公司的网络设备和通信设备,同时,网络中还有许多网络软件提供各种服务。这种复杂性使得网络管理和控制难以用传统的人工方式完成。随着用户对网络性能的要求越来越高,如果没有一个高效的网络管理系统对网络系统进行管理,就很难保证为用户提供令人满意的网络服务。网络管理是网络发展中一个很重要的关键技术,对网络的发展有着很大的影响,并已成为现代通信网络中重要的问题之一。

9.6.1　网络管理的概念

网络管理实际上就是控制一个复杂的计算机网络并使其达到最高效率的过程。一般来说,网络管理是以提高整个网络系统的工作效率、管理水平和维护水平为目标的,是对网络系统的活动及资源进行监测、分析、控制和规划的系统。

网络管理系统由一组监测和控制网络的软件组成,它可以帮助网络管理者维护和监视网络的运行。另外还可以产生网络信息日志,用来分析和研究网络。

网络管理系统通常可分为管理系统和被管系统。管理系统包含管理程序、管理代理、管理信息库和信息传输协议等,它不仅提供了管理员与被管对象的界面,而且还通过管理进程完成各项管理任务;被管系统由被管对象和管理代理组成,被管对象指网络上的软设施,管理代理通过代理进程完成程序下达的管理任务。在管理程序中和被管系统中都有管理信息库(MIB),它们用于存储管理中用到的信息和数据。网络管理协议是为管理信息而定义的网络传输协议。

网络管理系统一般由以下两部分组成:

(1)一个单独的操作员界面。它具有对用户非常友好的指令系统,功能强大,可以完成主要的网络管理任务。

(2)少量的单独设备。网络管理要求的硬件和软件资源绝大部分已被集成在现存的网络设备上。

一个网络管理系统在逻辑上由管理对象、管理进程和管理协议3个部分组成:

(1)管理对象是经过抽象的网络元素,对应于网络中具体可操作的数据,如记录设备或设施工作状态的状态变量、设备内部的工作参数和设备内部用来表示性能的统计参数等。有的管理对象是外部可以对其进行控制的,另有一些管理对象则只是可读但不可修改的。

(2)管理进程是负责对网络中的设备和设施进行全面管理和控制(通过对管理对象的操作)的软件,它根据网络中各个管理对象的变化决定对不同的管理对象采取不同的操作。

(3)管理协议负责在管理系统与管理对象之间传递操作命令,并负责解释管理操作命令。实际上,管理协议就是保证管理信息库 MIB(管理进程的一个部分,用于记录网络中管理对象的信息,如状态类对象的状态代码、参数类管理对象的参数值等)中的数据与具体设备中的实际状态、工作参数保持一致。

9.6.2 网络管理的功能

通常将网络管理的功能按其作用分为3部分:操作(包括运行状态显示、操作控制、告警、统计、计费数据的收集与存储和安全控制等)、管理(包括网络配置、软件管理、计费和账单生成、服务分配、数据收集、网络数据报告、性能分析、支持工具和人员、资产和规划管理等)和维护(包括网络测试、故障告警、统计报告、故障定位、服务恢复和网络测试工具等)。因此,网管系统也可称为网络的操作管理和维护系统。

网络管理系统应尽可能开放,不要因一个产品而限制了整个网络系统的发展。

网络管理除了能将用户今天的网络环境很好地管理外,还要能配合其环境的成长,也就是除能很好地利用现有环境的功能外,还能够满足用户系统在节点增长、增加设备、对新功能加入等方面不断发展的需求,即对投资的保护。

从技术角度看,网管系统的发展趋势包括如下几个方面:

(1)高灵活性。由于网络的环境越来越大,网管系统必须具备很高的灵活性。

(2)高可用性。如对系统中的一些关键任务,网管系统应能注意到并反映出来。

(3)高使用性。对复杂的环境应以简单的方式完成。

(4)高安全性。这是网络运行越来越重要的要求。

一个功能完善的网络管理系统,对网络的使用有着极为重要的意义。它通常具有以下5个方面的功能:

1. 配置管理

配置管理是指网络中每个设备的功能、相互间的连接关系和工作参数,它反映了网络的状态。网络是经常需要变化的,需要调整网络配置的原因有很多,主要有以下几点:

（1）为向用户提供满意的服务，网络必须根据用户需求的变化，增加新的资源与设备，调整网络的规模，以增强网络的服务能力。

（2）网络管理系统在检测到某个设备或线路发生故障时，以及在故障排除过程中，都将影响到部分网络的结构。

（3）通信子网中某个节点的故障会造成网络上节点的减少与路由的改变。

对网络配置的改变可能是临时性的，也可能是永久性的。网络管理系统必须有足够的手段来支持这些改变，无论这些改变是长期的还是短期的。有时甚至要求在短期内自动修改网络配置，以适应突发性的需要。

配置管理就是用来识别、定义、初始化、控制与监测通信网中的管理对象。配置管理是网络管理中对管理对象的变化进行动态管理的核心。当配置管理软件接到网络管理员或其他管理功能设施的配置变更请求时，配置管理服务首先确定管理对象的当前状态并给出变更合法性的确认，然后对管理对象进行变更操作，最后验证变更确实已经完成。

2. 故障管理

故障管理是用来维持网络的正常运行的。网络故障管理包括及时发现网络中发生的故障，找出网络故障产生的原因，必要时启动控制功能来排除故障。控制功能包括诊断测试、故障修复或恢复、启动备用设备等。

故障管理是网络管理功能中与检测设备故障、差错设备的诊断、故障设备的恢复或故障排除有关的网络管理功能，其目的是保证网络能够提供连续、可靠的服务。

常用的故障管理工具有网络管理系统、协议分析器、电缆测试仪、冗余系统、数据档案和备份设备等。

3. 性能管理

网络性能管理活动是持续地评测网络运行中的主要性能指标，以检验网络服务是否达到了预定的水平，找出已经发生或潜在的瓶颈，报告网络性能的变化趋势，为网络管理决策提供依据。性能管理指标通常包括网络响应时间、吞吐量、费用和网络负载。

对于性能管理，通过使用网络性能监视器（硬件和软件），能够给出一定性能指示的直方图。利用这一信息，预测将来对硬件和软件的需求，验明潜在的需要改善的区域及潜在的网络故障。

4. 记账管理

记账管理主要对用户使用网络资源的情况进行记录并核算费用。在企业内部网中，内部用户使用网络资源并不需要交费，但是记账功能可以用来记录用户对网络的使用时间、统计网络的利用率与资源使用等内容。通过记账管理，可以了解网络的真实用途，定义它的能力和制定政策，使网络更有效。

5. 安全管理

安全管理功能是用来保护网络资源的安全。安全管理活动能够利用各种层次的安全防卫机制，使非法入侵事件尽可能少发生；能够快速检测未授权的资源使用，并查出侵入点，对非法活动进行审查与追踪，能够使网络管理人员恢复部分受破坏的文件。在安全管理中可以通过使用网络监视设备，记录使用情况，报告越权或提供对高危险行为的警报。作为一个网络管理员，应该意识到潜在的危险，并用一定方法减少这些危险及其后果。

9.7 简单网络管理协议 SNMP

SNMP 是 TCP/IP 协议族的一个应用层协议,它是随着 TCP/IP 的发展而发展起来的。由于它满足了人们长久以来对通用网络管理标准的需求,而且本身简单明了,实现起来比较容易,占用的系统资源少,所以得到了众多网络产品厂家的支持,成为实际上的工业标准,基于该协议的网络管理产品在市场上占有统治地位。

在 TCP/IP 发展的前期,由于规模和范围有限,网络管理的问题并未得到重视。直到 20 世纪 70 年代仍然没有正式的网络管理协议,当时常用的一个管理工具就是现在仍在广泛使用的 Internet 控制报文协议(Internet Control Message Protocol,ICMP)。ICMP 通过在网络实体间交换 echo 和 echo – reply 的报文对,测试网络设备的可达性和通信线路的性能。ping 就是一个我们熟知的 ICMP 工具。

随着 Internet 的发展,连接到 Internet 上的组织和实体也越来越多。这些各自独立的实体在主观和客观上都要求能够独立地履行各自的子网管理职责,因此要求有一种更加强大的标准化的网络管理协议实现对 Internet 的网络管理。

20 世纪 80 年代末,Internet 体系结构委员会采纳 SNMP 作为一个短期的网络管理解决方案;1992 年推出了它的更新版本 SNMP Version2(SNMPv2),增强了 SNMPvl 的安全性和功能。现在 SNMP 已经有了 SNMPv3。

9.7.1 SNMP 的管理模型

SNMP 管理模型如图 9 – 19 所示,它最大的特点就是简单。它的设计原则是尽量减少网络管理对系统资源的需求,尽量减少代理(Agent)的复杂性。它的整个管理策略和体系结构的设计都体现了这一原则。

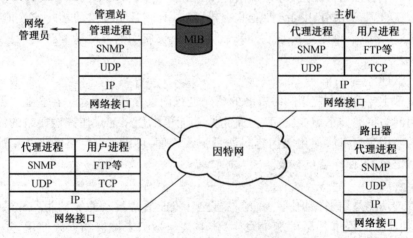

图 9 – 19 SNMP 管理模型

9.7.2 SNMP 通信报文

SNMP 标准主要由 3 部分组成:SNMP、管理信息结构 SMI(Structure of Management

lnformation)和 MIB。SNMP 主要涉及通信报文的操作处理,协议规定了 manager 与 agent 通信的方法,定义了它们之间交换报文的格式和含义及每种报文的处理方法。

SNMP 中规定的网络管理操作有 5 种:Get-Request、Get-Next-Request、Set-Request、Get-Response 和 Trap。其中:

Get-Request 被 manager 用来从 agent 取回某些变量的值;

Get-Next-Request 被 manager 用来从 agent 取回某变量的下一个变量的值;

Set-Request 被 manager 用来设置(或改变)agent 上某变量的取值;

Get-Response 是 agent 向 manager 发送的应答;

Trap 被 agent 用来向 manager 报告某一异常事件的发生。

Get-Request、Get-Next-Request 和 Set-Request 这三种操作都具有原子(Atomic)特性,即如果一个 SNMP 报文中包括了对多个变量的操作,agent 不是执行所有操作,就是都不执行(例如一旦对其中某个变量的操作失败,其他的操作都不再执行,已执行过的操作也要恢复)。

SNMP 报文格式如图 9-20 所示。

SNMP message

Version	Community	SNMP PDU

Get/GetNext/Set PDU

PDU type	Request ID	0	0	Variable bindings

Response PDU

PDU type	Request ID	Error status	Error index	Variable bindings

Trap PDU

PDU type	enterprise	Agent addr	Generic trap	Specific trap	Time stamp	Variable bindings

Variable bindings

Name1	Value1	Name2	Value2	…	Namen	Namen

图 9-20 SNMP 报文格式

Version 域表示 SNMP 协议的版本,它在 SNMP 中是 Versiop-1(0)。data 域存放实际传送的报文,报文有 5 种,分别对应上述 5 种操作。Community 域是为增加系统的安全性而引入的,它的作用相当于口令(Password)。

在 SNMP 标准中还规定了报文的传输格式。引入传输格式的目的,是为了定义一种标准的数据表示格式,这种表示格式与数据的内部处理格式无关,为内部处理格式不同的系统之间交换数据带来了方便。发送方在发出报文前,先将报文转换成传输格式,接收方收到后,再转换成它的内部处理格式。SNMP 的传输格式必须遵照 ASN.1 的 BER(Basic Encoding Rules)规范。BER 规定,每个要传输的数据都由 3 个域构成:tag、length 和 value。tag 域表示数据的 ASN.1 类型;length 域表示数据的长度(字节数);value 域表示数据的实际编码。如整数 12,它的 ASN.1 类型是 02,长度是一个字节,值为 01,BER 编码就是 020112。复杂的数据类型(如结构)由简单的数据类型复合而成,其编码格式为:tag length tag length value…tag length value。

9.7.3 SNMP 的安全机制

SNMP 网络管理有几个特征,它包含一个管理站和一组代理之间的一对多的关系:管理站能够取得和设置代理中的对象,并从代理接收 trap。因此,从操作或控制的角度看,管理站"管理"多个代理,也可能有多个管理站,其中的每一个管理站管理全部代理或这些代理的一个子集,这些子集可能重叠。

我们也可以将 SNMP 网络管理看作是一个在一个代理和多个管理站之间的一对多的关系。每个代理控制它本地的 MIB,而且必须能够控制多个管理站对该 MIB 的使用。该控制有 3 个方面:认证服务,代理可以把对 MIB 的访问限制在授权的管理站;访问策略,代理可以赋予不同的管理站不同的访问特权;转换代理服务,一个代理可以作为其他被管理站的转换代理,为其他被管理系统实现认证服务和访问策略。

9.7.4 管理信息标准

管理信息结构(SMl)和管理信息库(MIB)两个协议是关于管理信息的标准,它们规定了被管理的网络对象的定义格式,MIB 库中包含的对象,以及访问这些对象的方法。SMI 协议规定了一组定义和标识 MIB 变量的原则。它规定所有的 MIB 变量必须用 ASN.1(即抽象语法表示法(1))定义。

每个 MIB 变量都有一个用来标识的名称。在 SMI 中,这个名称以对象标识符(object identifier)表示。对象标识符相互关联,共同构成一个分层结构。在这个分层结构里,一个对象的标识符是由从根出发到对象所在节点的途中所经过的一个数字标号序列组成。

在 Internet 节点下的 mgmt 节点,专门为管理信息库分配了一个子树,命名为此 mib2(1)。所有的 MIB 变量都在 mib 节点下,因此它们的名称(对象标识符)都以 iso. org. dod. internet. mgmt. mib 开头,数字表示为 1. 3. 6. 1. 2. 1。

MIB 协议规定管理信息库中应保存的网络对象,以及允许对每个对象的操作。设计 MIB 的目标之一,就是建立一个通用的数据存储格式,使被管理对象与管理协议无关。SNMP 问世后,各网络产品的厂商纷纷采用 SNMP,不断推出了能够支持各种网络产品的 MIB 协议。一些厂商也根据自己产品的特点,将标准的 MIB 加以扩充,增加自己特有的内容,这就使得 SNMP 能管理的对象越来越多。1991 年推出了 MIB 的第二个版本 MIB‐Ⅱ,其中将管理对象分为 11 类,每一类在 mib 节点下都对应一棵子树。

9.7.5 SNMPv2

在大型的、多厂商产品构成的复杂网络中,管理协议的明晰是至关重要的。SNMP 标准取得成功的主要原因就是它的简单性,但同时 SNMP 标准的简单性又是 SNMP 的缺陷所在。为了使协议简单易行,SNMP 简化了不少功能,如没有提供成批存取机制,对大块数据进行存取效率很低;没有提供足够的安全机制,安全性很差;只在 TCP/IP 协议上运行,不支持其他网络协议;没有提供 manager 与 manager 之间通信的机制,只适合集中式管理,不利于分布式管理;只适于监测网络设备,不适于监测网络本身。

针对上述问题,对 SNMP 的改进工作一直在进行,如 1991 年 11 月推出了 RMON 的 MIB,加强了 SNMP 对网络本身的管理能力。它使得 SNMP 不仅能管理网络设备,还能收集局域网和互联网上的数据流量等信息。1992 年 7 月,针对 SNMP 缺乏安全性的弱点,又公布了 S – SNMP(Secure SNMP)草案。

1993 年年初,又推出了 SNMP Version2 即 SNMPv2(推出 SNMPv2 后,原 SNMP 就被称为 SNMPv1)。SNMPv2 包容了以前对 SNMP 所做的各项改进工作,并在保持了 SNMP 清晰性和易于实现的优点的基础上,功能更强,安全性更好。

SNMPv2 既支持高度集中的网络管理策略,又支持分布式管理策略。在后一种情况下,一些站点可以既充当 manager 又充当 agent,同时扮演两个角色。作为 agent,它们接收更高一级管理站的请求命令,这些请求命令中的一部分与 agent 本地的数据有关,这时直接应答即可;另一部分则与远地 agent 上的数据有关,这时 agent 就以 manager 的身份向远地 agent 请求数据,再将应答传给更高一级的管理站。在后一种情况下,它们起的是代理作用。SNMPv2 对 SNMP 提供的关键增强包括管理信息结构(SMI)、协议操作、管理者 – 管理者能力和安全性。

SNMPv2 相对 SNMPv1 着重在管理信息结构、管理者之间的通信能力和协议操作方面进行了改进,但该版本仍然存在安全缺陷,对管理系统安全的威胁主要有以下几个方面:

(1)信息篡改(Modification):SNMPv2 标准允许管理站(Manager)修改 agent 上的一些被管理对象的值。破坏者可能会将传输中的报文加以改变,改成非法值,从而进行破坏。因此,协议应该能够验证收到的报文是否在传输过程中被修改过。

(2)冒充(Masquerade):SNMPv2 标准中虽然有访问控制能力,但这主要是从报文的发送者来判断的。那些没有访问权的用户可能会冒充其他合法用户进行破坏话动。因此,协议应该能够验证报文发送者的真实性,判断是否有人冒充。

(3)报文流的改变(Message Stream Modification):由于 SNMPv2 标准是基于无连接传输服务的,报文的延迟、重发及报文流顺序的改变都有可能发生。某些破坏者可能会故意将报文延迟、重发或改变报文流的顺序,以达到破坏的目的。因此,协议应该能够防止报文的传输时间过长,以免给破坏者留下机会。

(4)报文内容的窃取(Disclosure):破坏者可能会截获传输中的报文,窃取它的内容。特别在创建新的 SNhGv2pany 时,必须保证它的内容不被窃取,因为以后关于这个 pany 的所有操作都依赖于它。因此,协议应该能够对报文的内容进行加密,保证它不会被窃听者获取。

针对上述安全性问题,SNMPv2 中增加了验证(Authentication)机制、加密(Privacy)机制,以及时间同步机制来保证通信的安全。

SNMPv2 标准中增加了一种叫作 Pany 的实体。Party 是具有网络管理功能的最小实体,它的功能是一个 SNMPv2 entity(管理实体)所能完成的全部功能的一个子集。每个 manager 和 agent 上都分别有多个 party,每个站点上的各个 Pany 彼此是平等的关系,各自完成自己的功能。实际的信息交换都发生在 party 与 party 之间(在每个发送的报文里,都要指定发送方和接收方的 party)。每个 party 都有一个唯一的标识符(Party Nentity)、一个验证算法和参数及一个加密算法和参数。Party 的引入增加了系统的灵活性和安全性,可以赋予不同人员以不同的管理权限。SNMPv2 中的三种安全性机制:验证(Authentication)机制、加密(Privacy)机制和访问控制(Access Control)机制,都工作在 party 一级,而不是 manager/agent 一级。

SNMPv2 标准的核心就是通信协议,它是一个请求/应答式的协议。这个协议提供了在 manager 与 agent、manager 与 manager 之间交换管理信息的直观、基本的方法。

每条 SNMPv2 的报文都由 digest、authlnfo、privDst 等域构成。如果发送方、接收方的两个 party 都采用了验证(Authentication)机制,它就包含与验证有关的信息,否则它就为空(取 NULL)。验证的过程如下:发送方和接收方的 party 都分别有一个验证用的密钥(Secret Key)和一个验证用的算法。报文发送前,发送方先将密钥值填入 Digest 域,作为报文的前缀,然后根据验证算法对报文中 Digest 域以后(包括 Digest 域)的报文数据进行计算,计算出一个摘要值(Digest),再用摘要值取代密钥,填入报文中的 Digest 域。接收方收到报文后,先将报文中的摘要值取出来,暂存在一个位置,然后用发送方的密钥填入报文中的 Digest。将这两个摘要值进行比较,如果相同,就证明发送方确实是 srcParty 域中所指明的那个 party,报文是合法的;如果不同,接收方判断发送方非法,验证机制就可以防止非法用户"冒充"某个合法 party 进行破坏。

authlnfo 域中还包含两个时间戳(Time Stamps),用于发送方与接收方之间的同步,以防止报文被截获和重发。

SNMPv2 的另一大改进是可以对通信报文进行加密,以防止监听者窃取报文内容。除了 privD5t 域外,报文的其余部分都可以进行加密。发送方与接收方采用同样的加密算法(如 DES)。

通信报文还可以不加任何安全保护,或只进行验证,也可以两者兼顾。

9.8　网络故障排除

网络中可能出现的故障多种多样,如不能访问网上邻居,不能登录服务器,不能收发电子邮件,不能使用网络打印机,某个网段或某个 VLAN 工作失常或整个网络都不能正常工作等。概括起来,从设备看,就是网络中的某个、某些主机或整个网络都不能正常工作;从功能看,就是网络的部分或全部功能丧失。由于网络故障的多样性和复杂性,对网络故障进行分类有助于快速判断故障性质,找出原因并迅速解决问题,使网络恢复正常运行。

9.8.1　网络故障的分类

根据网络故障的性质把故障分为连通性故障、协议故障与配置故障。

1. 连通性故障

连通性故障是网络中最常见的故障之一,体现为计算机与网络上的其他计算机不能连通,即所谓的"ping 不通"。

连通性故障主要有如下表现:

(1)计算机在网上邻居中看不到自己;

(2)计算机在网上邻居中只能看到自己,而看不到同一网段的其他计算机;

(3)计算机无法登录服务器;

(4)计算机无法通过局域网连入 Internet;

(5)网络中的部分计算机运行速度十分缓慢;

(6)整个网络瘫痪。

导致连通性故障的原因主要如下:

(1)网卡硬件故障;

(2)网卡驱动程序未正确安装;

（3）网络协议未安装或未正确设置；

（4）网线、跳线或信息插座故障；

（5）集线器硬件故障；

（6）交换机硬件故障；

（7）交换机设置有误，如 VLAN 设置不正确；

（8）路由器硬件故障或配置有误；

（9）网络供电系统故障。

由上可见，发生连通性故障的位置可能是主机、网卡、网线、信息插座、集线器、交换机、路由器，而且硬件本身或者软件设置的错误都可能导致网络不能连通。为了分析方便起见，这里把连通性故障限定为硬件的连通性问题。协议或配置问题导致的连通性故障归在协议故障和配置故障里。

2. 协议故障

协议故障也是一种配置故障，只是由于协议在网络中的地位十分重要，故专门将这类故障独立出来讨论。

协议故障主要有如下表现：

（1）计算机无法登录服务器；

（2）计算机在网上邻居中看不到自己，也看不到或查找不到其他计算机；

（3）计算机在网上邻居中既看不到自己，也无法在局域网中浏览 Web，收发 E-mail；

（4）计算机在网上邻居中能看到自己和其他成员，但无法在局域网中浏览 Web，收发 E-mail；

导致协议故障的原因如下：

（1）协议未安装。仅实现局域网通信，需安装 NetBEUI、IPX/SPX 或 TCP/IP 协议，实现 Internet 通信，需安装 TCP/IP 协议；

（2）协议配置不正确，TCP/IP 协议涉及的基本配置参数有 4 个，即 IP 地址、子网掩码、DNS 和默认网关，任何一个设置错误，都可能导致故障发生；

（3）在同一网络或 VLAN 中有两个或两个以上的计算机使用同一计算机名称或 IP 地址。

3. 配置故障

配置错误引起的故障也在网络故障中占有一定的比重。网络管理员对服务器、交换机、路由器的不当设置，网络使用者对计算机设置的不当修改，都会导致网络故障。

配置故障主要有如下表现：

（1）计算机无法访问任何其他设备；

（2）计算机只能与某些计算机而不是全部计算机进行通信；

（3）计算机无法登录至服务器；

（4）计算机无法通过代理服务或路由器接入 Internet；

（5）计算机无法在 Intranet 的 E-mail 服务器里收发电子邮件；

（6）计算机能使用 Intranet 的 Web 和 E-mail 服务器，但无法接入 Internet；

（7）整个局域网均无法访问 Internet。

导致配置故障的原因如下：

（1）服务器配置错误。例如，域控制器未设置用户或已到期的用户将无法登录，服务器配置错误导致 Web、E-mail 或 FTP 服务停止。

（2）代理服务器或路由器的访问列表设置不当,阻止有权用户或全部用户接入 Internet。

（3）第三层交换机的路由设置不当,用户将无法访问另一 VLAN 的计算机。

（4）当交换机配置安全端口后,非授权用户对该端口的访问会使得端口锁死,从而导致该端口所连接的计算机无法继续访问网络。

（5）用户配置错误。例如,浏览器的"连接"设置不当,用户将无法通过代理服务器接入 Internet;邮件客户端的邮件服务器设置不当,用户将无法收发 E-mail。

由上可见,配置故障较多地表现在不能实现网络所提供的某些服务上,如不能接入 Internet,不能访问某个服务器或不能访问某个数据库等,但能够使用网络所提供的另一些服务。与硬件连通性故障在表现上有较大差别,硬件连通性故障通常表现为所有的网络服务都不能使用。这是判定为硬件连通性故障还是配置故障的重要依据。

9.8.2 网络故障的检测

在分析故障现象,初步推测故障原因之后,就要着手对故障进行具体的检测,以准确判断故障原因并排除故障,使网络运行恢复正常。

1. 硬件工具

总的来说,网络测试的硬件工具可分为两大类:一类用作测试传输介质（网络）;一类用作测试网络协议、数据流量。

典型的测试传输介质的工具是网络线缆测试仪,这种测试仪的使用方法非常简单明了,在此不做详细介绍。

测试网络协议和数据流量的典型工具是多功能网络测试仪,这是一种比较常见的网络检测工具,可以说是网络检测的多面手,多功能网络测试仪通常被定义为一种网络维护工具,当然这也不妨碍它在工程中的实用性。顾名思义,由于该类产品都是多功能集成型,所以产品档次没有明显的差别,大致都包括以下功能:

（1）电缆诊断

电缆诊断功能与网络线缆测试仪是一致的,主要是对网络线缆的连通性进行测试,以判断连接网络两端的线缆是否良好。

（2）POE 测试

随着网络技术的发展,许多网络设备厂商都推出了基于以太网供电（Power Over Ethernet,POE）的交换机技术,以解决一些电源布线比较困难的网络环境中需要部署低功率终端设备的问题。POE 可以在现有的以太网 Cat.5 布线基础架构不做任何改动的情况下,为一些基于 IP 的终端（如 IP 电话机、无线局域网接入点 AP、网络摄像机等）传输数据信号的同时,还能为此类设备提供直流供电,用以在确保结构化布线安全的同时保证现有网络的正常运作,最大限度地降低成本。网络测试仪能够自动模拟不同功率级别的 PD 设备,获取 PSE 设备的供电电压波形,根据不同的设备环境进行检测并在屏幕上给出 PSE 供电输出的电压波形。网络测试仪可以智能地模拟不同功率级别的以太网受电 PD（Power Device）设备来检测以太网供电 PSE（Power Sourcing Equipment）的可用性和性能指标,包括设备的供电类型、可用输出功率水平、支持的供电标准及供电电压。

（3）识别端口

在一些使用时间较长的网络环境中,经常会出现配线架端的标识磨损或丢失,技术人员在排查故障时,很难确定发生故障的 IP 终端连接在交换机的哪一个端口。往往需要反复排查才能加以区分。网络测试仪针对这种情况提供了端口闪烁功能,通过设置自身的端口状态,使相连的交换机端口 LED 指示灯按照一定的频率关闭和点亮,让管理人员一目了然地确定远端端口所对应的交换机端口。

(4)扫描线序

网络测试仪通常提供双绞线电缆线序扫描功能,图形化显示双绞线电缆端到端连接线序。核对双绞线末端到末端连接符合 EIA/TIA 568 绞线标准,该功能可替代测线器进行双续线线序验证。

(5)定位线缆

网络测试仪通常可以搭配音频探测器进行线缆查找,以便发现线缆位置和故障点。

(6)链路识别

链路识别功能主要用于判断以太网的链路速率,十兆、百兆或是千兆,而且该类设备通常可以判断网络的工作状态:半双工或全双工。

(7)ping

网络测试仪本身即是一个 IP 终端,可以对网络(IP)层进行连通性能测试,使网络管理和维护人员在大多数情况下都无须携带笔记本计算机即可对故障点进行测试以排除故障。可扩展的 ping ICMP 连通性测试,根据用户定义信息,重复对指定 IP 地址进行连通性和可靠性测试。

(8)数据管理

数据管理通常是一个附加功能,用来查看管理工作记录和情况。

多功能网络测试仪的典型产品有 Fluke Link Runner Pro 和 NTOOLER nLink – Ex 网络测试仪。

2. 软件工具

Windows 自带了一些常用的网络测试命令,可以用于网络的连通性测试、配置参数测试和协议配置、路由跟踪测试等。常用的命令有 ping、ipconfig、tracert、PathPing、netstat 等。这几个命令的使用比较简单,如果需要查看帮助信息可以直接在窗口输入"命令符"或"命令符/?"。

商业化的测试软件基本上都自带了网络管理系统,典型的有 Cisco works for windows 和 Fluke Network Inspector。

9.8.3 网络故障的排除

按照网络故障的性质,可以将网络故障划分成连通性故障、协议故障和配置故障。那么在网络故障检测和排除过程中,对这种分类方法的三种故障类型也有相应的故障诊断技术。

1. 连通性故障排除步骤

(1)确认连通性故障

当出现一种网络应用故障时,如无法浏览 Internet 的 Web 页面,首先尝试使用其他网络应用,如收发 E-mail、查找 Internet 上的其他站点或使用局域网络中的 Web 浏览等。如果其他一些网络应用可正常使用,如能够在网上邻居中发现其他计算机,或可"ping"其他计算机,那么可以排除内部网连通性有故障。查看网卡的指示灯是否正常。正常情况下,在不传送数据时,网卡的指示灯闪烁较慢,传送数据时,闪烁较快。无论指示灯是不亮还是不闪,都表明有故障存在。如果网卡不正常,则需更换网卡。"ping"本地的 IP 地址,检查网卡和 IP 网络协议是否安装完好。如果"ping"得通,说明该计算机的网卡和网络协议设置都没有问题。问题出在计算机与网络的连接上。这时应当检查网线的连通性和交换机及交换机端口的状态。如果"ping"不通,说明 TCP/IP 协议有问题。在控制面板的"系统"中查看网卡是否已经安装或是否出错。如果在系统中的硬件列表中没有发现网络适配器,或网络适配器前方有一个黄色的"y",说明网卡未安装正确,需将未知设备或带有黄色的"!"网络适配器删除,刷新安装网卡。并为该网卡正确安装和配置网络协议,然后进行应用测试。如果网卡无法正确安装,说明网卡可能损坏,必须换一块网卡重试。使用"ipconfig/all"命令查看本地计算机是否安装 TCP/IP 协议,是否设置好 IP 地址、子网掩码和默认网关及 DNS 域名解析服务。如果尚未安装协议,或协议尚未设置好,则安装并设置好协议后,重新启动计算机执行基本检查的操作。如已经安装协议,认真查看网络协议的各项设置是否正确。如果协议设置有错误,修改后重新启动计算机,然后再进行应用测试。如果协议设置正确,则可确定是网络连接问题。

(2)故障定位

到连接至同一台交换机的其他计算机上进行网络应用测试。如果仍不正常,在确认网卡和网络协议都正确安装的前提下,可初步认定是交换机发生了故障。为了进一步确认,可再换一台计算机继续测试,进而确定交换机故障。如果在其他计算机上测试结果完全正常,则说明交换机没有问题,故障发生在原计算机与网络的连通性上;否则说明交换机有故障。

(3)故障排除

如果确定交换机发生故障,应首先检查交换面板上的各指示灯闪烁是否正常。如果所有指示灯都在非常频繁地闪烁或一直亮着,可能是由于网卡损坏而发生广播风暴,关闭再重新打开电源后试试看能否恢复正常。如果恢复正常,找到红灯闪烁的端口,将网线从该端口中拔出。然后找该端口所连接的计算机,测试并更换损坏的网卡。如果面板指示灯一个也不亮,则先检查一下 UPS 是否工作正常,交换机电源是否已经打开,或电源插头是否接触不良。如果电源没有问题,则说明交换机硬件出了故障,更换交换机。如果确定故障发生在某一个连接上,则首先应测试、确认并更换有问题的网卡。若网卡正常,则用线缆测试仪对该连接中涉及的所有网线和跳线进行测试,确认网线的连通性。重新制作网线接头或更换网线。如果网线正常,则检查交换机相应端口的指示灯是否正常,更换一个端口再试。

(4)对 ping 命令在连通性故障检测与排除中的应用总结

ping 本机的 IP 地址、主机名或域名。环回测试成功,可以确认本机的网卡安装驱动正常,TCP/IP 设置正常。如果是 ping 本机域名返回成功响应,除表明网卡、TCP/IP 配置正常外,还表明 DNS 服务器对本机的域名解析正常。ping 同一子网内或同一 VLAN 中其他计算机的 IP 地址。ping 同一 VLAN 中其他计算机的地址,如果测试不成功,则应确认 IP 地址、子网掩码的设置是否正确。如果设置有误,重新设置后再试;如果设置正确或再试仍不成功,则应确认交换机的 VLAN 设置是否正确。如果设置有误,重新设置后再试;如果设置正确,或再试仍不成功,则应确认网络连接是否正常。应对网络设备和通信介质逐段进行测试,检查并排除故障。ping 广域网或 Internet 中远程主机的 IP 地址。ping 远程主机的地址,如果不成功,应确认远程主机网卡的设置是否正确;如果测试不成功,则应在控制面板的网络与拨号连接的本地连接属性中查看默认网关设置是否正确。如果设置不正确,重新设置后再试,默认网关应设为路由器的局域网或广域网端口的 IP 地址;如果设置正确或重试仍不成功,则应确认路由器的配置是否正确。如果该计算机被加入禁止出站访问的 IP 控制列表中,那么该机将无法访问 Internet,自然也就 ping 不通远程主机了。如果路由器配置正确,该机也有访问权限,则应确认远端设备和线路是否正常。从其他计算机 ping 远程主机,如果从任意一台计算机 ping 任意一台远程主机的连接都超时,或丢包率都非常高,则应当与电信服务商或 ISP 共同检查广域网或 Internet 连接,包括线路、Modem,本地和远程路由器的设置等。

ping 远程主机的域名。如果 ping IP 地址响应正常而 ping 域名不成功,则应确认使用 DNS 服务器设置是否正确。在本机控制面板的网络与拨号连接的本地连接属性中查看域名服务器设置是否正确,如首选或备用的 DNS 服务器的 IP 地址设置是否正常等。如果设置不正确,重新设置后再试;如果设置正确或再试仍不成功,则分以下两种情况处理。

如果 Intranet 自有 DNS 服务器,则查看 DNS 服务器的配置,确认 Intranet 的 DNS 服务器配置是否正确。如果是使用 ISP 的 DNS 服务器,则可 ping 其 IP 地址,看能否 ping 通;与 ISP 联系,确认 ISP 的 DNS 服务器工作是否正常。

2. 协议故障排除步骤

当计算机出现协议故障现象时,应当按照以下步骤进行故障的定位。

检查计算机是否安装有 TCP/IP 协议或相关协议,如欲访问 Novell 网络,则还应添加 IPX/SPX 等。

检查计算机的 TCP/IP 属性参数配置是否正确。如果设置有问题,将无法浏览 Web 和收发 E-mail,也无法享受网络提供的其他 Intranet 或 Internet 服务。

使用 ping 命令,测试与其他计算机和服务器的连接状况。

在控制面板的网络属性中,单击文件及打印共享按钮,在弹出的文件及打印共享对话框中检查一下是否已选择允许其他用户使用我的文件和允许其他计算机使用我的打印机复选框。如果没有,全部选中或选中一个。否则,将无法使用共享文件夹或共享网络打印机。

若某台计算机屏幕提示名字或 IP 地址重复,则在网络属性的标识中重新为该计算机命名或分配 IP 地址,使其在网络中具备唯一性。

至于广域网协议的配置,可参见路由器配置的内容。

3. 配置故障排除步骤

检查发生故障计算机的相关配置。如果发现错误,修改后,再测试相应的网络服务能否实现。如果没有发现错误,或相应的网络服务不能实现,则执行下一步骤。

测试同一网络内的其他计算机是否有类似的故障,如果有,说明问题肯定出在服务器或网络设备上;如果没有,也不能排除服务器和网络设备存在配置错误的可能性,都应对服务器或网络设备的各种设置、配置文件进行认真仔细地检查。

9.8.4 网络设备的诊断技术

其实前面所介绍的各种故障诊断技术,有一个共同点,就是首先要确定故障的位置,然后再对产生故障的设备进行故障分析和排除。如果将每种设备可能的故障、故障产生的原因和故障的解决办法归纳出来,无疑可以大大提高故障排除的效率。这种按故障位置(设备类型)划分的网络故障诊断技术,是与实际的故障解决过程相一致的。解决网络故障时,我们同样先定位产生故障的设备,然后再参照相应设备的故障诊断技术来具体分析解决。

1. 主机故障

(1)协议没有安装;

(2)网络服务没有配置好;

(3)病毒;

(4)安全漏洞,比如主机没有控制其上的 finger、rpc、rlogin 等多余服务或不当共享本机硬盘等。

2. 网卡故障

(1)网卡物理硬件损坏,可用替换法;

(2)网卡驱动没有正确安装;

(3)系统的网卡记忆功能。

3. 网线和信息模块故障

(1)网线接头接触不良;

(2)网线物理损坏造成连接中断;

(3)没有按照标准制作网线接头;

(4)没有按照标准制作信息模块。

这些故障很容易用测线仪检测出来。

4. 集线器故障

(1)集线器与其他设备连接的端口工作方式不同;

(2)集线器级联故障;

(3)集线器电源故障。

可以用更换端口或者更换集线器的方法来检测集线器故障。

5. 交换机故障

(1)交换机 VLAN 配置不正确。

(2)交换机死机。可通过重启交换机的方法来判断故障原因。

也可以用替换法检测交换机故障。

6. 路由器故障

(1)串口故障排除

串口出现连通性问题时,为了排除串口故障,一般是从 show interface serial 命令开始,分析它的屏幕输出报告内容,找出问题所在。串口报告的开始提供了该接口状态和线路协议状态。接口和线路协议的可能组合有以下几种:

串口运行、线路协议运行,这是完全的工作条件。该串口和线路协议已经初始化,并正在交换协议的存活信息。

串口运行、线路协议关闭,这个显示说明路由器与提供载波检测信号的设备连接,表明载波信号出现在本地和远程的 Modem 之间,但没有正确交换连接两端的协议存活信息。路由器配置问题、Modem 操作问题、租用线路干扰或远程路由器故障、数字式 Modem 的时钟问题、通过链路连接的两个串口不在同一子网上等故障都会出现这个报告。

串口和线路协议都关闭,可能是电信部门的线路故障、电缆故障或 Modem 故障。串口管理性关闭和线路协议关闭,这种情况是在接口配置中输入了"shut down"命令。通过输入

"no shut down"命令,打开管理性关闭。接口和线路协议都运行的状况下,虽然串口链路的基本通信建立起来了,但仍然可能由于信息包丢失和信息包错误时会出现许多潜在的故障问题。正常通信时接口输入或输出信息包不应该丢失,或者丢失的量非常小,而且不会增加。如果信息包丢失有规律性增加,表明通过该接口传输的通信量超过接口所能处理的通信量。解决的办法是增加线路容量。查找其他原因发生的信息包丢失,查看"show interface serial"命令的输出报告中的输入输出保持队列的状态。当发现保持队列中信息包数量达到了信息的最大允许值,可以增加保持队列设置的大小。

(2)以太接口故障排除

以太接口的典型故障问题是带宽的过分利用,碰撞冲突次数频繁,以及使用不兼容的类型。

使用 show interface Ethernet 命令可以查看该接口的吞吐量、碰撞冲突、信息包丢失和幂类型的有关内容等。

通过查看接口的吞吐量可以检测网络的利用。如果网络广播信息包的百分比很高,网络性能开始下降。光纤网转换到以太网段的信息包可能会淹没以太口。互联网发生这种情况可以采用优化接口的措施,即在以太接口使用"no ip route – cache"命令,禁用快速转换,并且调整缓冲区和保持队列。

两个接口试图同时传输信息包到以太电缆上时,将发生碰撞。以太网要求冲突次数很少,不同的网络要求是不同的,一般情况下发现每秒有三五次冲突就应该查找冲突的原因了。

碰撞冲突产生拥塞,碰撞冲突的原因通常是由于敷设的电缆过长、过分利用或者"聋"节点。

以太网络在物理设计和敷设电缆系统管理方面应有所考虑,超规范敷设电缆可能引起更多的冲突发生。

如果接口和线路协议报告运行状态,并且节点的物理连接都完好,但是不能通信。引起问题的原因也可能是两个节点使用了不兼容的帧类型。解决问题的方法是重新配置使用相同帧类型。

如果要求使用不同帧类型的同一网络的两个设备互相通信,可以在路由器接口使用子接口,并为每个子接口指定不同的封装类型。

(3)异步通信口故障排除

互联网的运行中,异步通信口的任务是为用户提供可靠服务,但又是故障多发部位。主要的问题是,在通过异步链路传输基于 LAN 通信量时,将丢失的信息包的量降至最少。

异步通信口故障一般的外部因素是:拨号链路性能低劣、电话网交换机的连接质量问题、调制解调器的设置。

检查链路两端使用的 Modem:连接到远程计算机端口 Modem 的问题不太多,因为每次生成新的拨号时通常都初始化 Modem,利用大多数通信程序都能在发出拨号命令前发送适当的设置字符串;连接路由器端口的问题较多,这个 Modem 通常等待来自远程 Modem 的连接,连接之前,并不接收设置字符串。如果 Modem 丢失了它的设置,应采用一种方法来初始化远程 Modem。

简单的办法是使用可通过前面板配置的 Modem。

另一种方法是将 Modem 接到路由器的异步接口,建立反向 TELNET,发送设置命令配置 Modem。

show interface async 命令、showline 命令是诊断异步通信口故障使用最多的工具。

show interface async 命令输出报告中,接口状态报告关闭的唯一情况是接口没有设置封装类型。线路协议状态显示与串口线路协议显示相同。

showline 命令显示接口接收和传输速度设置及 EIA 状态显示。show line 命令可以认为是接口命令(show interface async)的扩展。show line 命令输出的 EIA 信号及网络状态:no CTS no DSR DTR RTS 表示 Modem 未与异步接口连接;CTS no DSR DTR RTS 表示 Modem 与异步接口连接正常,但未连接远程 Modem;CTS DSR DTR RTS 表示远程 Modem 拨号进入并建立连接。

确定异步通信口故障一般可用下列步骤:检查电缆线路质量;检查 Modem 的参数设置;检查 Modem 的连接速度;检查 rxspeed 和 txspeed 是否与 Modem 的配置匹配;通过 show interface async 命令和 show line 命令查看端口的通信状况;从 show line 命令的报告检查 EIA 状态显示;检查接口封装;检查信息包丢失及缓冲区丢失情况。

7. ADSL 故障

(1)ADSL 故障原因

ADSL 常见的硬件故障大多是接头松动、网线断开、集线器损坏和计算机系统故障等方面的问题。一般都可以通过观察指示灯来帮助定位。

此外,电压不正常、温度过高、雷击等也容易造成故障。电压不稳定的地方最好为 Modem 配小功率 UPS,Modem 应保持干燥通风、避免水淋、保持清洁。遇雷雨天气时,务必将 Modem 电源和所有连线拔下。Modem 如果指示灯不亮,或只有一个灯亮,或更换网线、网卡后 10 Base – T 灯仍不亮,则表明 Modem 已损坏。

线路距离过长、线路质量差、连线不合理,也是造成 ADSL 不能正常使用的原因。其表现是经常丢失同步、同步困难或一贯性速度很慢。解决的方法是:将需要并接的设备如电话分机、传真、普通 Modem 等放到分线器的 Phone 口以后;检查所有接头接触是否良好,对质量不好的网线应改造或更换。

(2)定位 ADSL 故障的基本方法

ADSL 的故障定位需要一定的经验,一般原则是:留心指示灯和报错信息,先硬件后软件,先内部后外部,先本地后外网,先试主机后查客户,充分检查后再确定。检查 ADSL Modem 电源指示灯,持续点亮为正常,如电源指示灯不亮,表明电源有问题。检查 ADSL Modem 数据指示灯,持续点亮为正常,说明用户端至 DSLAM 局端线路无故障;如该指示灯不亮,说明线路有问题。每个用户的计算机均有其固定 IP 地址,如用户改动其地址,则电信部门可提供其计算机的 IP 地址,把 IP 地址重新改回来即可。用户的计算机网卡经网线连接 Modem 后,其指示灯会闪亮,如该指示灯不能正常闪亮,说明用户网卡或网线有故障。

可以通过 ADSL Modem 上的指示灯来判断故障。

①Power:电源指示灯。如果 Power 灯不亮,则可能是 ADSL Modem 或电源适配器问题。

②Test(Diag):设备自检灯。这个指示灯一般只有在打开 ADSL 时才会闪烁,一旦设备自检完成,指示灯就会熄灭。如指示灯长亮,即表示设备未能通过自检,可以尝试重开 ADSL Modem 或对设备进行复位来解决问题。

③CD(Link):同步灯。这个指示灯表示线路连接情况。CD 灯在开机后会很快长亮,如果 CD 灯一直闪烁,表示线路信号不好或线路有问题。

④LAN:局域网指示灯。这个指示灯表示设备与计算机的连接是否正常。如果 LAN 灯不亮,计算机是无法与 ADSL Modem 通信的,这时就要检查网卡是否正常、网线是否有损。

9.9　本 章 小 结

本章对网络安全问题进行了概述,介绍了数据加密技术、防火墙技术、入侵检测技术。通过本章的学习,希望提高读者对网络安全重要性的认识,增强防范意识,不断增强网络安全保障能力。

本章还介绍了网络管理技术,网络的管理是一个比较细致、琐碎的工作。现在的网络管理可以通过操作系统自带的工具实现,并且需要辅以一定的故障检测和排查手段,网络管理可以通过 SNMP 协议实现。

习　　题

1. 网络攻击有什么特点?
2. 网络安全防御措施有几种?
3. 什么是防火墙? 防火墙应具备哪些基本功能?
4. 网络加密算法的类型有哪些? 什么是对称加密算法和非对称加密算法?
5. 列举几种著名的对称加密算法和非对称加密算法。
6. 简述网络管理协议 SNMP。
7. 网络故障的检测方法包括哪些?

第 10 章　无线局域网 WLAN

学习目标

- 了解无线局域网的基本概念
- 了解无线网络的接入技术
- 了解无线局域网的组网方式
- 了解无线网络的安全

无线局域网(Wirelesss Local Area Network,WLAN)指以无线方式接入有线网络的局域网络。WLAN 的网络主干仍然是有线网络,通过在有线网络的接入层连接无线接入设备,实现无线方式接入有线网络,并延伸了有线网络(LAN)的覆盖范围。无线局域网 WLAN 示意如图 10-1 所示。

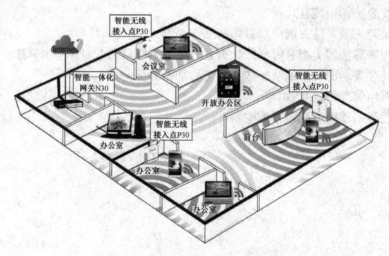

图 10-1　无线局域网 WLAN 示意图

10.1　WLAN 基础

10.1.1　WLAN 的定义

无线局域网 WLAN 广义上是指以无线电波、激光、红外线等来代替有线局域网中的部分或全部传输介质所构成的网络。WLAN 技术是基于 802.11 标准系列的,即利用高频信号(如 2.4 GHz 或 5 GHz)作为传输介质的无线局域网。

802.11 是 IEEE 在 1997 年为 WLAN 定义的一个无线网络通信的工业标准。此后这一标准又不断得到补充和完善,形成 802.11 的标准系列,如 802.11、802.11a、802.11b、802.11e、802.11g、802.11i、802.11n 等。

10.1.2　无线局域网的目的

以有线电缆或光纤作为传输介质的有线局域网应用广泛,但有线传输介质的铺设成本高,位置固定,移动性差。随着人们对网络的便携性和移动性的要求日益增强,传统的有线网络已经无法满足需求,WLAN 技术应运而生。目前,WLAN 已经成为一种经济、高效的网络接入方式。通过 WLAN 技术,用户可以方便地接入无线网络,并在无线网络覆盖区域内自由移动,彻底摆脱有线网络的束缚。

10.1.3　无线局域网的优缺点

1. 无线局域网的优点

(1)灵活性和移动性

在有线网络中,网络设备的安放位置受网络位置的限制,而无线局域网在无线信号覆盖区域内的任何一个位置都可以接入网络。无线局域网另一个最大的优点在于其移动性,连接到无线局域网的用户可以移动且能同时与网络保持连接。

(2)安装便捷

无线局域网可以免去或最大限度地减少网络布线的工作量,一般只要安装一个或多个接入点设备,就可建立覆盖整个区域的局域网络。

(3)易于进行网络规划和调整

对于有线网络来说,办公地点或网络拓扑的改变通常意味着重新建网。重新布线是一个昂贵、费时、浪费和琐碎的过程,无线局域网可以避免或减少以上情况的发生。

(4)故障定位容易

有线网络一旦出现物理故障,尤其是由于线路连接不良而造成的网络中断,往往很难查明,而且检修线路需要付出很大的代价。无线网络则很容易定位故障,只需更换故障设备即可恢复网络连接。

(5)易于扩展

无线局域网有多种配置方式,可以很快从只有几个用户的小型局域网扩展到上千用户的大型网络,并且能够提供节点间"漫游"等有线网络无法实现的特性。

2. 无线局域网的缺点

无线局域网在能够给网络用户带来便捷和实用的同时,也存在着一些缺陷。无线局域网的不足之处体现在以下几个方面:

(1)性能

无线局域网是依靠无线电波进行传输的。这些电波通过无线发射装置进行发射,而建筑物、车辆、树木和其他障碍物都可能阻碍电磁波的传输,所以会影响网络的性能。

(2)速率

无线信道的传输速率与有线信道的传输速率相比要低得多。目前,无线局域网的最大传输速率为 54 Mbit/s,只适合于个人终端和小规模网络应用。

(3)安全性

无线电波不要求建立物理的连接通道,无线信号是发散的。从理论上讲,很容易监听到无线电波广播范围内的任何信号,造成通信信息泄露。

10.1.4　行业术语

工作站 STA(Station):支持 802.11 标准的终端设备,如带无线网卡的电脑、支持 WLAN 的手机等。

射频信号:提供基于 802.11 标准的 WLAN 技术的传输介质,是具有远距离传输能力的高频电磁波。局域网射频信号是 2.4 G 或 5 G 频段的电磁波。

接入点 AP(Access Point):为 STA 提供基于 802.11 标准的无线接入服务,起到有线网络和无线网络的桥接作用。根据无线架构的划分,可以分为 FAT(胖) AP 和 FIT(瘦) AP。

无线控制器 AC(Access Controller):在集中式网络架构中,AC 对无线局域网中的所有 AP 进行控制和管理。例如,AC 可以通过与认证服务器交互信息来为 WLAN 用户提供认证服务。

CAPWAP(Control and Provisioning of Wireless Access Points):由 RFC5415 协议定义,实现 AP 和 AC 之间互通一个通用封装和传输机制。

VAP(Virtual Access Point)虚拟接入点:是 AP 设备上虚拟出来的业务功能实体。用户可以在一个 AP 上创建不同的 VAP,为不同的用户群体提供无线接入服务。

AP 域:可以将一组 AP 划分在一个域里。域的划分由企业根据实际部署进行规划,通常一个域对应一个"热点"。

SSID(Service Set Identifier)服务集标识符:表示无线网络的标识,用来区分不同的无线网络。例如,当用户在笔记本电脑上搜索可接入无线网络时,显示出来的网络名称就是 SSID。

BSSID(Basic Service Set Identifier):一群计算机设定相同的 BSS 名称,即可自成一个 group。每个 BSS 都会被赋予一个 BSSID,它是一个长度为 48 位的二进制标识符,用来识别不同的 BSS。其的主要优点是它可以作为过滤之用。

SSID 与 BSSID 的区别:

SSID 也可以写为 ESSID,用来区分不同的网络,最多可以有 32 个字符,无线网卡通过连接不同的 SSID(即 AP)并输入相应 AP 的密码就可以进入不同网络,SSID 通常由 AP 广播出来,通过 Windows 自带的扫描功能可以看当前区域内的 SSID。出于安全考虑可以不广播 SSID,此时用户就要手工设置 SSID 才能进入相应的网络。简单说,SSID 就是一个局域网的名称,只有设置为名称相同 SSID 的值的电脑才能互相通信。

BSSID 是指站点的 MAC 地址,(STA)在一个接入点,(AP)在一个基础架构模式, BSS 是由 IEEE 802.11 – 1999 无线局域网规范定义的。这个区域唯一地定义了每个 BSS 。在一个 IBSS 中,BSSID 是一个本地管理的 IEEE MAC 地址,从一个 46 位的任意编码中产生。

BSS(Basic Service Set)基本服务集:一个 AP 所覆盖的范围。在一个 BSS 的服务区域内,STA 可以相互通信。

ESS(Extend Service Set)扩展服务集:由多个使用相同 SSID 的 BSS 组成。

SSID、BSSID、BSS 与 ESS 的关系如图 10 – 2 所示。

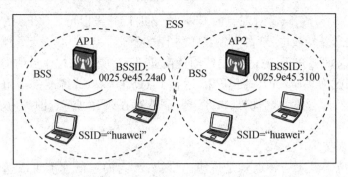

图 10 - 2　SSID、BSSID、BSS 与 ESS 的关系

10.2　无线网络的接入技术概述

1. GSM 接入技术

GSM 是一种起源于欧洲的移动通信技术标准,是第二代移动通信技术。该技术是目前个人通信的一种常见技术代表。它用的是窄带 TDMA,允许在一个射频(即蜂窝)同时进行 8 组通话。GSM 是 1991 年开始投入使用的。到 1997 年底,已经在 100 多个国家运营,成为欧洲和亚洲实际上的标准。GSM 数字网具有较强的保密性和抗干扰性,音质清晰,通话稳定,并具备容量大,频率资源利用率高,接口开放,功能强大等优点。我国于 20 世纪 90 年代初引进采用此项技术标准,此前一直采用蜂窝模拟移动技术,即第一代 GSM 技术(2001 - 12 - 31 我国关闭了模拟移动网络)。目前,中国移动、中国联通各拥有一个 GSM 网,GSM 手机用户总数在 1.4 亿以上,是世界最大的移动通信网络。

2. CDMA 接入技术

CDMA(Code - division Multiple Access),译为码分多址分组数据传输技术,被称为第 2.5 代移动通信技术。CDMA 手机具有话音清晰、不易掉话、发射功率低和保密性强等特点,发射功率只有 GSM 手机发射功率的 1/60,被称为绿色手机。更为重要的是,基于宽带技术的 CDMA 使得移动通信中视频应用成为可能。CDMA 与 GSM 一样,也是属于一种比较成熟的无线通信技术。与使用 Time - Division Multiplexing 技术的 GSM 不同的是,CDMA 并不给每一个通话者分配一个确定的频率,而是让每一个频道使用所能提供的全部频谱。因此,CDMA 数字网具有以下几个优势:高效的频带利用率和更大的网络容量、简化的网络规化、通话质量高、保密性及信号覆盖好,不易掉话等。另外,CDMA 系统采用编码技术,其编码有 4.4 亿种数字排列,每部手机的编码还随时变化,这使得盗码只能成为理论上的可能。

3. GPRS 接入技术

相对原来 GSM 的拨号方式的电路交换数据传送方式,GPRS 是分组交换技术。由于使用了分组的技术,用户上网可以免受断线的痛苦,情形大概就跟使用了下载软件 NetAnts 差不多。此外,使用 GPRS 上网的方法与 WAP 并不同,用 WAP 上网就如在家中上网,先拨号连接,而上网后便不能同时使用该电话线,但 GPRS 就较为优越,下载资料和通话是可以同时进行的。从技术上来说,如果单纯进行语音通话,不妨继续使用 GSM,但如果有数据传送需求时,最好使用 GPRS,它把移动电话的应用提升到一个更高的层次。同时,发展 GPRS 技术也十分"经济",因为它只需对现有的 GSM 网络进行升级即可。GPRS 的用途十分广泛,包括通过手机发送及接收电子邮件,在互联网上浏览等。

GPRS 的最大优势在于:它的数据传输速度非 WAP 所能比拟。目前的 GSM 移动通信网的数据传输速度为 9.6 kbit/s,而 GPRS 达到了 115 kbit/s,此速度是常用 56 K modem 理想速率的两倍。除了速度上的优势,GPRS 还有"永远在线"的特点,即用户随时与网络保持联系。

4. CDPD 接入技术

CDPD 接入技术最大的特点就是传输速度快,最高的通信速度可以达到 19.2 kbit/s。另外,在数据的安全性方面,由于采用了 RC4 加密技术,所以安全性相对较高;正反向信道密钥不对称,密钥由交换中心掌握,移动终端登录一次,交换中心自动核对旧密钥更换新的密钥一次,实行动态管理。此外,由于 CDPD 系统是基于 TCP/IP 的开放系统,因此用户可以很方便地接入 Internet,所有基于 TCP/IP 协议的应用软件都可以无须修改直接使用;应用软件开发简便;移动终端通信编号直接使用 IP 地址。CDPD 系统还支持用户越区切换和全网漫游、广播和群呼,支持移动速度达 100 km/h 的数据用户,可与公用有线数据网络互联互通。

5. 固定宽带无线接入(MMDS/LMDS)技术

宽带无线接入系统可以按使用频段的不同划分为 MMDS(Multi – channel Multi – point Distribution Service)和 LMDS(Local Multi – point Distribution Service)两大系列,中文含义为本地多点分配业务。这是一种微波的宽带技术,又被喻为无线光纤技术。它可在较近的距离实现双向传输语音、数据图像、视频、会议电视等宽带业务,并支持 ATM、TCP/IP 和 MPEG2 等标准。采用一种类似蜂窝的服务区结构,将一个需要提供业务的地区划分为若干服务区,每个服务区内设基站,基站设备经点到多点无线链路与服务区内的用户端通信。每个服务区覆盖范围为几千米至十几千米,并可相互重叠。

由于 NMDS/LMDS 具有更高带宽和双向数据传输的特点,可提供多种宽带交互式数据及多媒体业务,克服传统的本地环路的瓶颈,满足用户对高速数据和图像通信日益增长的需求,因此是解决通信网接入问题的利器。

6. DBS 卫星接入技术

DBS 卫星接入技术也叫数字直播卫星接入技术,该技术利用位于地球同步轨道的通信卫星将高速广播数据送到用户的接收天线,所以它一般也称为高轨卫星通信。其特点是通信距离远,费用与距离无关,覆盖面积大且不受地理条件限制,频带宽,容量大,适用于多业务传输,可为全球用户提供大跨度、大范围、远距离的漫游和机动灵活的移动通信服务等。在 DBS 系统中,大量的数据通过频分或时分等调制后利用卫星主站的高速上行通道和卫星转发器进行广播,用户通过卫星天线和卫星接收 Modem 接收数据,接收天线直径一般为 0.45 m 或 0.53 m。

由于数字卫星系统具有高可靠性,不像 PSTN 网络中采用双绞线的模拟电话需要较多的信号纠错,因此可使下载速率达到 400 kbit/s,而实际的 DBS 广播速率最高可达到 12 Mbit/s。目前,美国已经可以提供 DBS 服务,主要用于因特网接入,其中最大的 DBS 网络是休斯网络系统公司的 DirectPC。DirectPC 的数据传输也是不对称的,在接入因特网时,下载速率为 400 kbit/s,上行速率为 33.6 kbit/s,这一速率虽然比普通拨号 Modem 提高不少,但与 DSL 及 Cable Modem 技术仍无法相比。

7. 蓝牙技术

蓝牙(Bluetooth)实际上是一种实现多种设备之间无线连接的协议。通过这种协议能使包括蜂窝电话、掌上电脑、笔记本电脑、相关外设和家庭 Hub 等包括家庭 RF 的众多设备之间进行信息交换。蓝牙应用于手机与计算机的相连,可节省手机费用,实现数据共享、因特网接入、无线免提、同步资料、影像传递等。

虽然蓝牙在多向性传输方面上具有较大优势,但若是设备众多,识别方法和速度也会出现问题;蓝牙具有一对多点的数据交换能力,故它需要安全系统来防止未经授权的访问;蓝牙的基本通信速度为 750 kbits/s,不过现在带 4 Mbit/s IR 端口的产品已经非常普遍,而且最近 16 Mbit/s 的扩展也已经被批准。

8. HomeRF 技术

HomeRF 主要为家庭网络设计,旨在降低语音数据成本。为了实现对数据包的高效传输,HomeRF 采用了 IEEE 802.11 标准中的 CSMA/CA 模式,它与 CSMA/CD 类似,以竞争的方式来获取对信道的控制权,在一个时间点上只能有一个接入点在网络中传输数据。不像其他的协议,HomeRF 提供了对流业务(Stream Media)的真正意义上的支持。由于对流业务规定了高级别的优先权并采用了带有优先权的重发机制,这样就确保了实时性流业务所需的带宽和低干扰、低误码。

HomeRF 工作在 2.4 GHz 频段,它采用数字跳频扩频技术,速率为 50 跳每秒共有 75 个带宽为 1 MHz 跳频信道。调制方式为恒定包络的 FSK 调制,分为 2 FSK 与 4 FSK 两种。采用调频调制可以有效地抑制无线环境下的干扰和衰落。在 2 FSK 方式下,最大数据的传输速率为 1 Mbit/s,在 4 FSK 方式下,速率可达 2 Mbit/s。最新版 HomeRF 2.x 中,采用了 WBFH(Wide Band Frequency Hopping)技术来增加跳频带宽,从原来的 1 MHz 增加到 3 MHz、5 MHz,跳频的速率也增加到 75 跳每秒,其数据峰值也高达 10 Mbit/s,接近 IEEE 802.11b 标准的 11 Mbit/s,基本能满足未来的家庭宽带通信。

9. WCDMA 接入技术

WCDMA 接入技术能为用户带来了最高 2 Mbit/s 的数据传输速率,在这样的条件下,现在计算机中应用的任何媒体都能通过无线网络轻松地传递。WCDMA 的优势在于,码片速率高,有效地利用了频率选择性分集和空间的接收和发射分集,可以解决多径问题和衰落问题,采用 Turbo 信道编解码,提供较高的数据传输速率,FDD 制式能够提供广域的全覆盖,下行基站区分采用独有的小区搜索方法,无须基站间严格同步。采用连续导频技术,能够支持高速移动终端。

相比第二代的移动通信技术,WCDMA 具有更大的系统容量、更优的话音质量、更高的频谱效率、更快的数据速率、更强的抗衰落能力、更好的抗多径性、能够应用于高达 500 km/h 的移动终端的技术优势,而且能够从 GSM 系统进行平滑过渡,保证运营商的投资,为 3G 运营提供了良好的技术基础。WCDMA 通过有效的利用宽频带,不仅能顺畅地处理声音、图像数据、而且可以与互联网快速连接;此外 WCDMA 和 MPEG-4 技术结合起来还可以处理真实的动态图像。

10. 3G 通信技术

3G 通信技术又称国际移动电话 2000,该技术规定,移动终端以车速移动时,其传转数据速率为 144 kbit/s，室外静止或步行时速率为 384 kbit/s，而室内为 2 Mbit/s。但这些要求并不意味着用户可用速率就可以达到 2 Mbit/s，因为室内速率还将依赖于建筑物内详细的频率规划及组织与运营商协作的紧密程度。然而，由于无线 LAN 一类的高速业务的速率已可达 54 Mbit/s，在 3G 网络全面铺开时，人们很难预测 2 Mbit/s 业务的市场需求将会如何。

11. 无线局域网

无线局域网是计算机网络与无线通信技术相结合的产物。它不受电缆束缚，可移动，能解决因有线网布线困难等带来的问题，并具有组网灵活，扩容方便，与多种网络标准兼容，应用广泛等优点。WLAN 既可满足各类便携机的入网要求，也可实现计算机局域网远端接入、图文传真、电子邮件等多种功能。

12. 无线光接入系统（FSO）

无线红外光传输系统是光通信与无线通信的结合，通过大气而不是光纤来传输光信号。这一技术既可以提供类似光纤的速率，又不需要频谱这样的稀有资源。主要特点是：传输速率高，2～622 Mbit/s 的高速数据传输；传输距离为 200 m～6 km 的范围；由于工作在红外光波段，对其他传输系统不会产生干扰，安全性强；信号发射和接收通过光仪器，设备体积较小。

10.3　WLAN 组网方式

10.3.1　WLAN 相关设备

WLAN 网络主要有无线工作站（STA）、无线接入点（AP）、无线控制器（AC）及无线网桥等设备。

1. 无线工作站

无线工作站（STA）是带有无线网卡的 PC 机、支持无线上网的笔记本电脑或 PDA、智能手机等无线终端。

2. 无线接入点

无线接入点（Access Point，AP）是无线局域网的接入点、无线网关，它的作用类似于有线网络中的集线器。

3. 无线控制器

无线控制器（Access Controller，AC）用于"胖"AP 模式，对无线局域网中的 AP 和 STA 进行控制和管理，无线控制器还可以通过与认证服务器交换信息来为无线用户提供接入认证服务。

4. 无线网桥

无线网桥是通过无线接口将两个独立的网络（有线网络或无线网络）桥接起来的设备。

10.3.2　组网方式

目前无线局域网的组网方式主要有 Ad – Hoc 模式、Infrastructure 模式（基础架构模式）、无线漫游模式、无线桥接模式等组网方式。

1. Ad – Hoc 模式

Ad – Hoc 模式是一种对等网模式,Ad – Hoc 模式组成的网络中,只有无线工作站,没有其他设备。每个无线工作站配有无线网卡,通过无线网卡进行相互间的通信。网络中的所有无线工作站(无线终端)都可以与其他工作站直接传递信息,网络中的所有无线工作站地位平等,无须设置任何中心控制节点。网络中的一个无线工作站必须能同时"看"到网络中的其他无线工作站,否则就认为网络中断。Ad – Hoc 模式主要用来在没有基础设施的地方快速而轻松地创建无线局域网。Ad – Hoc 模式如图 10 – 3 所示。由于网络通过无线工作站独立完成相互的通信,由这些无线工作站独立构成的网络称为独立基本服务集(Independent Basic Service Set,IBSS)。

图 10 – 3　Ad – Hoc 模式

2. Infrastructure 模式(基础架构模式)

Infrastructure 模式是目前最常见的一种组网模式,这种组网模式包含一个无线 AP 和多个无线工作站及有线网络,无线 AP 通过电缆连线与有线网络建立连接,同时通过无线电波与无线工作站连接,实现了多个无线工作站之间的通信、无线工作站到有线网的桥接功能、无线工作站与有线网的通信。

AP 相当于有线局域网里的 Hub,上行传输时,无线 AP 接收来自其各个 STA 发送的无线信号,并对这些无线信号进行处理后通过电缆连线转发给连接 AP 的有线网络,同样,下行传输时,无线 AP 通过电缆连接线接收来自有线网络的信息,并对这些信号处理后以无线信号方式转发给相应的 STA。

通常一个 AP 能够覆盖几十个用户,覆盖半径上百米,可接入几十个用户终端 STA。通过一个无线访问点(AP)和多个无线工作站(STA)构成的网络称为基本服务集(BSS)。

每一个 AP 能够提供一个无线接入服务,无线网络中用服务集标识码(Service Set ID,SSID)表示每一个 AP 提供的无线接入服务,内容包括接入速率、认证加密方法、网络访问权限等。无线局域网用不同的 SSID 来标识不同的无线接入服务。

Infrastructure 模式是 WLAN 最典型的工作模式,如图 10 – 4 所示,这种模式中,有线网使用最多的是以太网,无线工作站可以通过 AP 接入以太网共享网络资源。在家庭中,也采用 Infrastructure 模式构成家庭无线网,家庭无线网中,使用最多的是 AP 通过 ADSL 接入公网,使家庭能够访问 Internet,家庭无线网组网模式如图 10 – 5 所示。

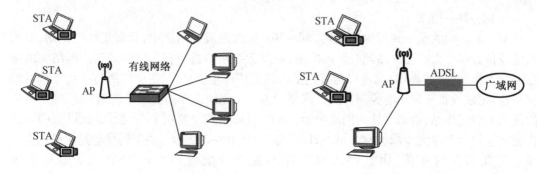

图 10 - 4　WLAN 最典型的工作模式　　　　　图 10 - 5　家庭无线网组网模式

3. 无线漫游网络

无线局域网中,将两个或两个以上的 BSS 连在一起的系统称为分布系统(Distribution System,DS),而通过 DS 把采用相同的 SSID 的多个 BSS 组合成一个大的无线网络称为扩展服务集(Extended Service Set,ESS)。

在无线局域网中,有线网(以太网)构成了分配系统 DS,通过 DS 将多个采用相同 SSID 的 BSS 的连接起来,构成了无线漫游网络,实现用户在整个网络内的无线漫游,当用户从一个位置移动到另一个位置,以及一个无线访问点的信号变弱或访问点由于通信量太大而拥塞时,可以连接到新的访问点,而不中断与网络的连接,这一点与日常使用的移动电话非常相似。扩展服务区中的每个 AP 都是一个独立的 BSS,所有 AP 共享同一个扩展服务区标识符 ESSID(每一个 AP 都采用相同的 SSID,该 SSID 名称为 ESSID)。相同 ESSID 的无线网络间可以进行漫游,不同 ESSID 的无线网络形成逻辑子网,无线漫游的无线网络如图 10 - 6 所示。

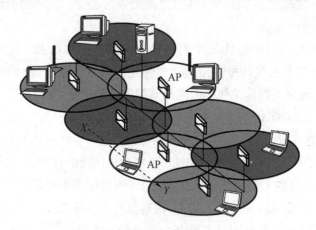

图 10 - 6　无线漫游的无线网络

4. 无线桥接模式

无线桥接模式有点对点模式和点对多点模式。点对点模式是指使用两个无线网桥,采用点对点连接方式,将两个相对独立的网络(有线、无线网络)连接在一起。当建筑物之间、网络子网之间相距较远时,可使用高增益室外天线的无线网桥,以提高其覆盖范围,实现彼此的连接,无线桥接点对点模式如图 10 - 7 所示。

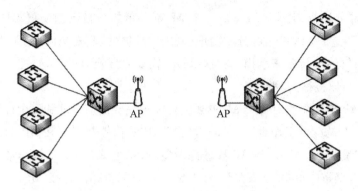

图 10 – 7　无线桥接点对点模式

点对多点模式是指使用多个无线网桥,以其中一个无线网桥为根,其他非根无线网桥分布在其周围,并且只能与位于中心的无线网桥通信,从而将多个相对独立的网络连接起来。点对多点无线网络适用于 3 个或 3 个以上的建筑物之间、园区之间,或者总部和分支机构之间的连接,无线桥接点对多点模式如图 10 – 8 所示。

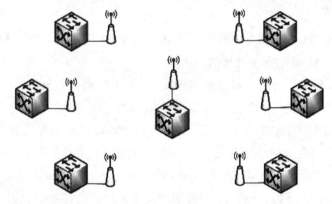

图 10 – 8　无线桥接点对多点模式

10.3.3　"胖"AP 模式

早期的无线局域网常采用的网络模式为"胖"AP(FAT AP)模式,如图 10 – 9 所示。

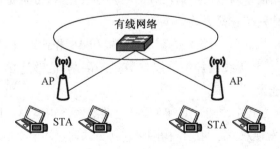

图 10 – 9　"胖"AP 模式

从图 10 – 9 中可以看到,"胖"AP 模式中,整个网络是由有线网络部分和以 AP 为中心的无线网区域部分构成,无线区域里每一个 AP 都要承担对自己的额覆盖区域范围内的所有 STA 的管理。整个无线网络部分的物理层、用户数据处理、安全认证、无线网络的管理及漫游功能等都要有 AP 设备来承担。在这里,AP 需要完成所有的传输、控制和管理的功能,处理功能复杂,所以被称为"胖"AP。

由于"胖"AP 模式需要对每个 AP 单独进行配置完成信道管理和安全性管理,组建大型无线网络时对 AP 的配置工作量巨大,同时"胖"AP 的软件都保存在 AP 上,软件升级需要逐台进行,工作量巨大。此外,当 AP 数量特别多时,每个 AP 将要承担非常庞大的任务,给忘了的管理带来繁重的负担,在安全性上,"胖"AP 的配置都保存在 AP 上,AP 设备的丢失可造成系统配置的泄露。"胖"AP 模式由于是独立管理,攻击者只要攻陷其中一个 AP,就可以通过该 AP 攻击 AP 背后的有线网络;另外,当网络中出现非法 AP 时,"胖"AP 模式下也无法抑制非法 AP 的工作,可能会导致无线用户遭受中间人攻击,因此,"胖"AP 方案并不适合安全要求较高、规模较大的无线网组网,但是"胖"AP 组网模式可由 AP 直接在有线 LAN 的基础上搭建,简单快捷,适用于家庭和小范围企业无线网络的快速覆盖。

10.3.4 "瘦"AP 模式

为了应对大规模的企业级的 WLAN 安全组网需求,人们发明了"瘦"AP + AC(FIT AP + AC)的方案来解决 AP 集中安全管理的问题。

"瘦"AP + AC 模式不再将大量管理功能放在 AP 上实现,AP 只负责 IEEE 802.11 报文传输的加解密等物理层功能、RF 空中接口等简单功能。这样 AP 的功能变得很简单,原本由 AP 负责的无线网络的管理、安全认证、漫游等功能均放到一个专门的无线控制器(AC)的设备来统一处理。在这种情况下,由于 AP 的处理功能变得非常简单,故称为"瘦"AP。

在"瘦"AP + AC 模式中,FIT AP 为零配置,硬件主要由 CPU + 内存 + RF 构成,配置和软件都从无线控制器上下载,所有 AP 的管理和无线客户端的管理都在无线控制器上完成。"瘦"AP + AC 构架中,AP 的管理、控制、安全等功能都由 AC 统一负责,解决了原来"胖"AP 模式存在的种种问题,特别适合安全要求较高的大规模企业级无线网组网。

10.3.5 AP + AC 的三种连接模式

"瘦"AP + AC 模式根据网络拓扑结构分为三种连接模式,分别是直连模式、两层结构网络连接方式和 3 层结构网络连接方式。

直连模式拓扑结构最简单,只需将"瘦"AP 直接和 AC 相连即可,AC 相当于以太网交换机的作用,但直连模式受到无线网控制器端口数量的限制,能够连接的 AP 数目有限,故一般组网都不会采取直连模式。

两层结构网络连接方式中,"瘦"AP 和 AC 通过两层网络相连,AC 和 AP 需在同一子网范围内,不需要寻址即可发现双方。两层结构网络连接方式通过两层交换机实现连接,可以实现数量较多的 FIT AP 与无线控制器连接,在连接中须保证无线控制器与 FIT AP 间为两层网络。

3 层结构网络连接方式中,"瘦"AP 和 AC 通常不在一个网内,需要通过 3 层网络设备来进行通信,AC 需要连接在 3 层交换机或者路由器上,AP 和 AC 之间通信需要进行 IP 寻址,由 3 层网络传输。3 层结构网络连接可以实现大量 AP 的连接,只需 FIT AP 与无线控制器间 3 层路由可达即可,"瘦"AP + AC 的 3 种连接方式如图 10 - 10 所示。

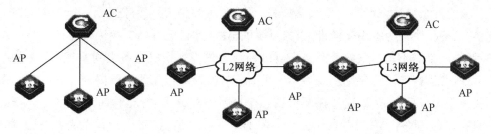

图 10 - 10　"瘦"AP + AC 的 3 种连接方式

10.3.6　大规模 WALN 组网

企业网、校园网一般规模较大,大规模的 WLAN 组网采用 3 层结构网络连接方式。由于 WLAN 是在 3 层结构有线网络的基础上在接入层延伸无线网,大规模的 WLAN 组网时首先要架构一张有足够带宽、高速交换性能和具有高可靠性及安全性的大规模 3 层结构有线局域网,在此基础上构建 WLAN。

目前大规模的 3 层结构有线局域网一般采取核心层、汇聚层、接入层 3 层网络架构模式,如图 10 - 11 所示,在核心、汇聚、接入框架的网络中,核心层交换机和汇聚层交换机都是 3 层设备,接入层可以使两层交换机,所以他们仍然是 3 层结构网络。

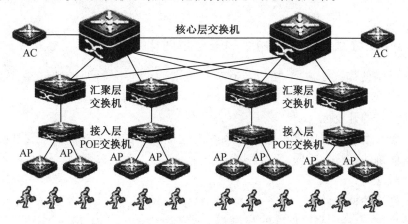

图 10 - 11　大规模 WLAN 组网

在核心、汇聚、接入架构的网络中,各层有严格的分工,每一层完成特定的功能。核心层负责对来自汇聚层的数据包进行路由选择和高速转发,核心层交换机需要较强的路由能力和高速数据转发能力;汇聚层负责路内聚合、实施控制策略、数据流量收敛,负责将接入层的数据流汇聚后转发给核心层,汇聚层交换机需要具有一定的路由能力和数据转发能力,还需具有相应的网络策略能力;接入层负责用户计算机的网络接入,完成用户接入的安全控制,接入层交换机需要具有一定端口密度,实现多个用户计算机接入网络,获取网络服务,并需要具有接入安全控制功能,实现接入安全控制。

在大规模的网络中,为了保证核心、汇聚、接入 3 层结构有线局域网有足够带宽、高速交换性能和高可靠性,通常采用双核心 + 双 AC 冗余结构来构架有限局域网,如图 10 - 11 所示。双核心冗余结构设置两台核心交换机,两台核心交换机互为备份,一个核心交换机为主交换机,另一个设为备用交换机,当主交换机出故障时,由备用交换机接替担任核心交换任务,保障网络的不中断服务。汇聚交换机和两台核心交换机设备之间实现 $N+1$ 的线路冗余设计,并运行 OSPF 路由协议,双 AC 冗余结构设置两台无线控制器,在本网络中,采用了模块化的无线控制器,即通过在两台核心交换机上配置无线控制器(AC 模块),实现 AC 设备的双冗余。两个 AC 互为备份,一台 AC 设置为主 AC,另一台 AC 设置为备 AC。同样,当 AC 出故障时,由备用 AC 接替担任主 AC 对 AP 的控制、安全及管理任务,保障无线网络的不中断服务。这样的多层双冗余设计可以极大地提升网络的可靠性,只有在两台核心交换机或双 AC 均失灵的情况下,网络才会出现故障,大大提高了网络的可靠性。

在接入层采用了 POE(Power over Ethernet)交换机,POE 指在现有的以太网铜缆布线基础结构不做任何改动的情况下,在为一些基于 IP 的终端(如 IP 电话机、无线局域网接入点 AP、网络摄像机等)传输数据信号的同时,还能为此类设备提供直流供电的技术。采用 POE 交换机能利用原有的接入层布线,在实现 AP 接入以太有线网的同时,实现对 AP 的供电,该技术能在确保现有结构化布线安全的同时保证现有网络的正常运行,最大限度地降低成本。

10.4　无线网络安全

10.4.1　无线网络与有线网络的安全性对比

在无线网络使用安全方面,可以与有线网络进行对比,从网络的开放性、移动性、动态性、不稳定性 4 个方面进行介绍。

1. 无线网络的开放性

黑客入侵有线网络的前提是突破一系列的硬件防护措施。然而,在无线网络中,入侵者所面对的防御体系较为脆弱,无线网络的开放性使黑客能够轻松进入,并极易遭到黑客的控制与监听。

2. 无线网络的移动性

相比较来说,有线网络受网线的制约,无法在较大空间范围内移动,在网络管理方面难度较低。对于无线网络来说,由于不受空间、地点的约束,能够移动的范围较大,为网络管理增加了难度,也就存在较高的安全风险。

3. 无线网络的动态性

在网络拓扑方面,有线网络的拓扑结构相对来说是固定的,在安全防范系统的设计方面较为简单,有利于大规模、多层次网络安防体系的布置。但是,无线网络的拓扑结构则是动态的,在安全防御系统的设计方面有着较高的要求,在无线网络安全系统设计方面需要大量投入。

4. 无线网络信号传输的不稳定性

有线网络通过网线进行数据传输,因此,有线网络的信号较为稳定,相比较来说,无线网络信号的传输受外界电磁环境、距离等因素的影响,导致信号质量下降,在此情况下,黑客入侵无线网络的难度会大大降低。

10.4.2　当前无线网络所面临的安全问题

目前,无线网络所面临的安全问题主要包括以下几种类型:

(1)由于无线路由器的 DNS 设置被暴力篡改,导致用户在浏览网页过程中出现非法弹窗,或者是进入钓鱼网站。

(2)由于公共场所无线网络的开放性,导致黑客对连接该无线网络的用户进行监听,用户信息因此而泄露。

(3)无线网络密码设置过于简单,黑客可以采用多种技术手段在短时间内破解密码,使网络风险增加。

(4)无线网络的信号受外部电磁环境影响较大,不法分子可以利用信号干扰无线网络的稳定性,甚至影响无线路由器的正常工作。

10.4.3　无线网络安全的防范措施

尽管无线网络技术存在诸多安全风险,但通过加强以下五个方面的网络安全防范措施,无线网络存在的风险可以大大降低:

1. 对无线路由器的 SSID 进行设置

SSID(Service Set Identifier)是无线路由器的名字,属于服务集标识,在私人无线路由器的设置方面,因为开启了 SSID 广播功能,将在一定范围内广播该无线网络的名字,也就暴露了网络位置,从而存在一定的安全风险。因此,为确保无线网络的安全性,应当在 SSID 设置方面关闭其广播功能,并对连接该无线网络的移动终端进行设置,使其能够自由访问该网络。除此之外,由于无线路由器厂商习惯性的命名方式,在 SSID 设置方面通常使用数字、字幕组合的形式,即使关闭了 SSID 广播功能,黑客依然可以借助工具来寻找范围内的无线网络。此类工具多为国外黑客开发设计,目前无法识别中文名字命名的无线网络,所以,将 SSID 修改成中文,能够有效避免黑客通过此类工具攻击、控制无线网络。

2. 启动无线路由器中的 MAC 地址过滤功能

在无线路由器设置中,启动 MAC 地址过滤可以有效防止非法 MAC 地址访问。然而,基于 MAC 地址过滤技术的无线网络安全防御策略依然存在漏洞,黑客能够通过克隆 MAC 地址的方式接入无线网络,因此,在采用 MAC 地址过滤方法的同时,还应与其他技术相配合,以提高无线网络的安全性。

3. 更改无线路由器的初始账号与密码

无论是公共无线网络,还是个人无线网络,大多数人在设置无线网络账号、密码时,为了图方便,经常默认无线路由器的出厂设置,甚至是不对无线路由器进行加密。这些无线路由器的账号、密码较为简单,如不加以修改,他人可以轻松进入无线网络系统,进而对网络安全造成隐患。因此,在设置无线路由器的过程中,应注意修改默认的无线网络名称,并尽量使用复杂的字母、数字、符号排列模式,提高无线互联网的安全性。

4. 选择正确的无线路网络加密模式

提高无线网络安全性的指标之一就是选择相对应的加密模式,目前,无线路由器的主要加密方法有 WEP 技术、WPA 技术和 WPA2 三种类型。其中,作为最早的无线网络加密方式,WEP 存在大量的安全漏洞,作为替代技术的 WPA 虽然采用了动态加密协议,却依然能够通过词典穷举的方法进行破解,后期的 WPA2 加密方式则是在 WPA 的基础上增加了 AES 加密技术,提高了无线网络的安全性。

5. 关闭无线路由器的 WPS 功能

WPS 技术是 Wi-Fi 的一种可选设置,启用 WPS 设置,能够简化无线网络配置过程中烦琐的步骤,同样也包括无线网络加密设置。然而,当前 WPS 一件设置能实用的字符串是随机的,所以,黑客能够利用软件进行破解,从而进入无线路由器内部进行管理。在这种情况下,应当关闭无线路由器的 WPS 一键设置功能,通过人工设置提高网络的安全性。

6. 公共无线网络应采用 802.1x 技术控制外部终端接入

所谓 802.1x 技术,是端口访问技术,采用该技术能够对访问网络的所有移动终端进行管理,未经授权的移动终端设备无法接入网络。公共场所的无线网络具有高度的开放性,因此,在外部移动设备接入网络后,需要通过认证才能访问网络,否则,无线网络将禁止该移动设备访问网络。目前,大多数公共无线网络均采用此类技术,尽管认证过程较为烦琐,却增加了公共无线网络的安全性。

10.5　无线局域网的类型

无线计算机网络有很多种,按其覆盖范围可分为无线个人区域网(Wireless Personal Area Network,WPAN)、无线局域网与无线城域网(Wireless MAN,WMAN)。这些网络都利用无线电波来实现计算机间相互通信,由于没有线缆,计算机可以在移动状态中收发数据。利用这些网络与其他无线技术,在不久的将来,能够实现激动人心的 5W,即任何人在任何时间、任何地点能够与任何人交换任何信息(Whoever、Whenever、Wherever、Whomever、Whatever)。无线局域网是本节的重点,下面将简单介绍无线个人区域网、无线城域网及无线局域网。

1. 无线个人区域网

无线个人区域网简称无线个域网,是在个人周围空间形成的无线网络,通常指覆盖范围在 10 m 以内的短距离无线网络,适用于连接个人使用的多个电子设备,如计算机、笔记本电脑、手机、数字相机、移动硬盘等。无线个域网本质上是一种电缆替代技术,实现无线个域网的技术有很多,如蓝牙、IEEE 802.15 系列标准。

蓝牙由爱立信、英特尔、诺基亚、IBM 和东芝等公司于 1998 年 5 月联合推出,它可以在较小的范围内以无线方式连接各类电子设备。蓝牙的通信距离大约为 10 m,最高数据传输速率可达 1 Mbit/s。蓝牙有广泛的应用,现在有蓝牙功能的手机、耳机和笔记本随处可见。

针对无线个域网,IEEE 退出了 IEEE 802.15.2 是对 IEEE 802.15.1 的改进,其目的是减轻与其他无线网络间的干扰,IEEE 802.15.3 旨在实现高速率传输,速率高达 480 Mbit/s,可用于传输高质量的音视频信号。IEEE 802.15.4 是低速率的无线个域网,速率可以低至 9.6 kbit/s,它与 IEEE 802.15.3 分工不同,可适用于不同的应用环境。

2. 无线城域网

针对无线城域网,IEEE 退出了 IEEE 802.16 标准,传输距离可达 50 km,传输速率可达 134 Mbit/s。IEEE 802.16 推出后得到了众多厂家的支持,这些厂家成立了一个组织:

WiMAX(Worldwide Interoperability for Microwave Access)论坛,旨在推动 IEEE 802.16 标准在全球的发展,所以 IEEE 802.16 网络也称为 WiMAX 网络。WiMAX 在北美、欧洲发展迅猛,现在这股热浪已经推进到亚洲,在我国发展也非常迅速。

3. 无线局域网

无线局域网的标准是 IEEE 802.11 系列标准,有 IEEE 802.11b、IEEE 802.11a 与 IEEE 802.11g 等。IEEE 802.11 推出后得到了众多厂家的支持。与 WiMAX 类似,这些厂家成立了一个组织无线保真(Wireless Fidelity,Wi－Fi)联盟,旨在推动 IEEE 802.11 标准在全球的发展,所以 IEEE 802.11 网络也称为 Wi-Fi 网络,现在很多手机都带有 Wi-Fi 功能。

IEEE 802.11b 标准规定无线局域网工作频段在 2.4～2.483 5 GHz,数据传输速率达到 11Mbit/s,支持的范围是在室外为 300 m,在办公环境中最常为 100 m。数据传输速率可以根据实际情况在 11 Mbit/s、55 Mbit/s、2 Mbit/s 和 1 Mbit/s 的不同速率间自动切换。

802.11b 工作于公共频段,容易被工作在同一频段的蓝牙、微波炉等设备干扰,且速度较低,为了解决这个问题,在 802.11b 通过的同年,802.11a 标准应运而生。该标准工作于 5.8 GHz 频段,最大数据传输速率提高到 54 Mbit/s,支持的范围是在室外为 300 m,在办公环境中最长为 100 m。

虽然 802.11a 标准比 802.11b 先进不少,但由于 802.11b 的广泛使用,无线局域网的部署和升级必须考虑到客户的既有投资,业界迫切需要一种与 802.11b 工作于同一频段且更为先进的技术来保证这种妥协,2001 年,工作于 2.4 GHz 频段数据速率最高达 54 MHz 的 802.11g 标准获得通过。

IEEE 802.11a 无线局域网的数据传输率低、网络信号不稳定、信号传输范围小等种种问题一直困扰着无线局域网的大规模应用。802.11n 标准的出现,让当前比较尴尬的无线局域网建设得到解脱。802.11n 标准将无线局域网的传输速率由目前的 54 Mbit/s 提高到 108 Mbit/s,甚至高达 500 Mbit/s 以上的数据传输速率,即在理想状态下,802.11n 将可使无线局域网传输速率达到目前传输速率的 10 倍左右。

10.6　无线局域网的组成

无线网络的硬件设备主要包括 4 种,即无线网卡、无线 AP、无线路由和无线天线。一般情况下只需几块无线网卡,就可以组建一个小型的对等式无线网络。当需要扩大网络规模时,或者需要将无线网络与传统的局域网连接在一起时,才需要使用无线 AP。只有当实现 Internet 接入时,才需要无线路由。而无线天线主要用于放大信号,以接收更远距离的无线信号,从而延长无线网络的覆盖范围。

1. 无线网卡

无线网卡的作用类似于以太网中的网卡,作为无线网络的接口,实现与无线网络的连接。无线网卡根据接口类型的不同,主要分为三种类型,即 PCMCIA 无线网卡、PCI 无线网卡和 USB 无线网卡,无线网卡如图 10－12 所示。

正如移动电话已成为固定电话的有力补充一样,无线网络也以其灵活便利的接入方式博得了众多移动用户的青睐。毋庸置

图 10－12　无线网卡

疑,无线网络在远程接入、移动接入和临时接入中都拥有无与伦比的巨大优势,随着无线网络设备价格的平民化,无线网络的实际应用也越来越多。

2. 无线 AP

无线接入点又称无线 AP(Access Point),其作用类似于以太网中的集线器,当网络中增加一个无线 AP 之后,即可成倍地扩展网络覆盖直径。另外,也可使网络中容纳更多的网络设备,无线 AP 如图 10 – 13 所示。

无线 AP 通常也拥有一个或多个以太网接口,如果网络中原来拥有安装双绞线网卡的计算机,可以选择多以太网口无线 AP,实现无线与有线的连接。否则,可只选择拥有一个以太网端口的无线 AP,从而节约购置资金。

安装于室外的无线 AP 通常称为室外无线网桥,主要用于实现无线网络的空中接力,或搭建点对点或点对多点的无线连接。

3. 无线路由器

无线路由器就是无线 AP 与宽带路由器的结合,借助于无线路由器,可实现无线网络中的 Internet 连接共享,实现 ADSL、Cable Modem 和小区宽带的无线共享接入,如果不够购置无线路由器,就必须在无线网络中设置一台代理服务器才可以实现 Internet 连接共享,无线路由器如图 10 – 14 所示。

图 10 – 13　无线 AP　　　　　　图 10 – 14　无线路由器

无线路由器通常拥有一个或多个以太网接口,如果家庭中原来拥有安装双绞线网卡的计算机,可以选择多端口无线路由器,实现无线与有线的连接,并共享 Internet。否则,可只选择拥有一个以太网端口的无线路由器。

4. 无线天线

当计算机与无线 AP 或其他计算机相距较远时,随着信号的减弱,或者传输速率明显下降,或者根本无法实现与 AP 或其他计算机之间通信,此时,就必须借助于无线天线对所接收或发送的信号进行增益,无线天线如图 10 – 15 所示。

图 10 – 15　无线天线

无线天线有很多种类型,常见的有两种,一种是室内天线,一种是室外天线。室外天线的类型比较多,一种是锅状的定向天线,一种则是棒状的全向天线。

10.7 组建无线局域网

组建无线局域网可供选择的方案有两种:一种是通过无线 AP 连接的 Infrastructure 模式;另一种是 Ad – Hoc 模式。

1. Infrastructure 模式

Infrastructure 模式指通过 AP 互联工作模式,把 AP 看作传统局域网中集线器功能。Infrastructure 模式是一种特殊模式,只要计算机上安装无线网卡,通过配置无线网卡 ESSID 值,即可组建无线对等局域网,实现设备相互联接,如图 10 – 16 所示。

2. Ad – Hoc 模式

Ad – Hoc 模式指无线对等网模式,和有线对等网一样,无线对等网也是由两台以上的安装有无线网卡的计算机,组成无线局域网环境,实现文件共享,Ad – Hoc 模式如图 10 – 17 所示,这就是最简单的无线局域网结构。

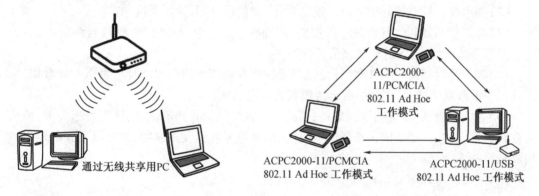

图 10 – 16 Infrastructure 模式   图 10 –17   Ad – Hoc 模式

10.8 无线局域网的媒体访问控制

IEEE 802.11 采用随机访问协议,AP 与关联到它的所有计算机工作在同一频道,两个节点(计算机或 AP)同时发送数据一定会发生干扰,无法正确接收,与以太网类似,这是无线局域网中的碰撞,以太网的 CSMA/CD 协议能否用于无线局域网? 答案是否定的,这是因为无线局域网的无线链路完全不同于以太网的有线链路,具体有以下两个原因:

(1)CSMA/CD 协议要求在发送数据的同时检测是否有碰撞发生,可是在无线环境下,无线网卡接收到信号的强度远远小于它自己发送信号的强度,难以检测到碰撞。

(2)即使付出代价提升无线网卡性能进行碰撞检测,但在某些情况下仍无法检测到碰撞,这是由无线信号的特点决定的,如图 10 –18 所示,A 和 C 同时向 B 发送数据,A 的信号与 C 的信号在 B 处发生碰撞,但由于距离过远,A 与 C 都无法接收到对方的信号,也就无法检测到碰撞,错误地认为发送成功,形成隐蔽站问题。

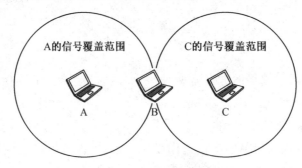

图 10 – 18　隐蔽站问题

碰撞无法检测,那就要尽可能地避免,IEEE 802. 11 采用载波监听多点接入/碰撞避免(Carrier Sense Multiple Access/Collision Avoidance,CSMA/CA)协议,与 CSMA/CD 只有一个单词不同,CSMA/CA 与 CSMA/CD 有相似的地方,但也有相当大的不同。CSMA/CA 简要描述如下:

(1)某节点有帧要发送时,先检测信道上是否有其他节点在发送数据。

(2)如果没有检测到其他节点在发送数据,即信道空闲,就发送这一帧。

(3)如果检测到其他节点在发送数据,则随机选择一个等待时间,继续检测信道,若信道空闲则递减该值,若信道忙则该值保持不变。

(4)当等待时间减少到 0 时(注意这只能发生在检测到信道空闲时),发送一帧数据,发送过程中不检测碰撞,发送完毕后等待接收方发送确认。

(5)若收到确认,则说明发送成功;若过了一定时间未收到确认,则认为发送失败,发送失败后从第(3)步开始再随机选择等待时间,反复重复直到发送成功,或者重复到一定次数后放弃发送。

CSMA/CA 与 CSMA/CD 主要有 3 点不同:

(1)不进行碰撞检测。原因如上所述。

(2)节点在信道忙时就开始等待,在信道空闲时并不立即发送,要等待时间减到 0 时才发送,这样做的目的是尽可能让不同节点在不同的时间开始发送数据,从而尽可能地避免碰撞。

(3)接收方成功接收后发送确认,发送方收到确认才认为发送成功,不进行碰撞检测,碰撞又不能完全避免,那么只能依靠确认来明确发送是否成功,根据上一节讨论的无线信号特点,无线局域网中数据出现差错的可能性远大于以太网,所以即使不发生碰撞,接收方也不一定能正确接收,同样只能依靠确认来明确发送是否成功。

10.9　本章小结

本章主要介绍了无线局域网的基本概念、无线网络的接入技术、无线局域网的组网方式、无线网络的安全、无线局域网类型、无线局域网的组成和无线局域网的媒体访问控制等内容的介绍,通过对以上内容的学习,对无线局域网技术有更好的了解。

习　题

1. 无线局域网具有哪些优点和缺点？
2. 无线网络有哪些接入技术？
3. 组建无线局域网需要哪些设备？
4. 无线局域网有哪些组网方式？
5. 何为"胖"AP 模式？
6. 当前无线网络面临哪些安全问题？
7. 无线网络安全有哪些防范措施？

习 题 答 案

第 1 章　计算机网络概述

1. 简述什么是计算机网络。

计算机网络也称计算机通信网。计算机网络的最简单定义是:一些相互连接的、以共享资源为目的的、自治的计算机的集合。

另外,从逻辑功能上看,计算机网络是以传输信息为基础目的,用通信线路将多个计算机连接起来的计算机系统的集合,计算机网络的组成包括传输介质和通信设备。

从用户角度看,计算机网络是这样定义的:存在着一个能为用户自动管理的网络操作系统。由它调用完成用户所调用的资源,而整个网络像一个大的计算机系统一样,对用户是透明的。

一个比较通用的定义是:利用通信线路将地理上分散的、具有独立功能的计算机系统和通信设备按不同的形式连接起来,以功能完善的网络软件及协议实现资源共享和信息传递的系统。

2. 简述计算机网络功能。

资源共享、数据通信、分布处理与负载均衡、提高可靠性。

3. 简述计算机网络的组成。

完整的计算机网络系统由网络硬件系统和网络软件系统组成。如定义所说,网络硬件系统由计算机、通信设备和线路系统组成。网络软件系统则主要由网络操作系统及包含在网络软件中的网络协议等部分组成。

4. 计算机网络的发展经历了哪几个阶段?

第一代网络并不是真正意义上的网络,而是一个面向终端的互联通信系统。第二代网络是在计算机网络通信网的基础上通过完成计算机网络系统结构和协议的研究,形成的计算机初期网络。第三代网络是 20 世纪 80 年代计算机局域网络的发展阶段。当时采用的是具有统一的网络体系结构并遵守国际标准的开放式和标准化的网络。进入 20 世纪 90 年代后至今都属于第四代网络,第四代网络是随着数字通信出现和光纤的接入而产生的,其特点是网络化、综合化、高速化及计算机协同能力。

5. 计算机网络如何分类?

根据网络的覆盖范围分类,分为局域网、城域网、广域网和互联网;根据网络的交换方式分类,分为电路交换网、报文交换网和分组交换网;根据网络的传输介质分类,分为有线网、光纤网和无线网;根据网络的通信方式分类,分为广播式传输网络、点到点传输网络,除了以上几种分类方法外,还可按网络信道的带宽分为窄带网和宽带网;按网络不同的用途分为科研网、教育网、商业网、企业网等。

第2章 数据通信基础

一、选择题

1. 以太网的标准是(A)。
   A. IEEE 802.3   B. IEEE 802.4   C. IEEE 802.5   D. IEEE 802.11

2. 双绞线的有线传输距离是(C)。
   A. 185 m   B. 500 m   C. 100 m   D. 1 km

3. 下列属于 OSI/RM 参考模型中数据链路层的设备是(B)。
   A. 路由器   B. 交换机   C. 集线器   D. 中继器

4. 10 Mbit/s 和 100 Mbit/s 以太网的网络直径(B)。
   A. 相同   B. 不同   C. 有时相同   D. 以上均不对

5. 进行两台计算机双机对连时,网线的两头水晶头线序(B)。
   A. 相同   B. 不同   C. 相同或不同都可以   D. 以上均不对

6. 以太网采用(A)支持总线型结构。
   A. CSMA/CD   B. 令牌环   C. 令牌总线   D. 以上都不是

7. (D)指在一条通信线路中可以同时双向传输数据的方法。
   A. 单工通信   B. 半双工通信   C. 同步通信   D. 双工通信

二、简答题

1. 数据通信系统的主要技术指标从哪些方面体现?

数据通信系统的技术指标主要从数据传输的质量和数量来体现。质量指信息传输的可靠性,一般用误码率来衡量。而数量指标包括两方面:一方面是信道的传输能力,用信道容量来衡量;另一方面是信道上传输信息的速度,相应的指标是数据传输速率。

2. 串并行通信有什么区别?

并行通信指数据以成组的方式在多个并行信道上同时进行传输,一般情况下并行传输中一次传送 8 个比特。并行通信的优点是速度快,但发送端与接收端之间有若干条线路,费用高,仅适合于近距离和高速率的通信。并行通信在计算机内部总线及并行口通信中已得到广泛的应用。

串行通信指数据以串行方式在一条信道上传输。由于计算机内部都采用串行通信,因此,数据在发送前,要将计算机中的字符进行并/串转换,在接收端再通过串/并行变换,还原成计算机的字符结构,这样才能实现串行通信。串行主的优点是收、发双方只需要一条传输信道,易于实现,成本低。串行通信通过计算机的串行口得到广泛的应用,而且在远程通信中一般采用串行通信方式。

3. 信道多路复用技术有哪几种?

信道多路复用技术一般分为频分多路复用(FDM)和时分多路复用(TDM)两种。

4. 数据交换技术有哪几种,有什么区别?

数据交换技术主要是电路交换、分组交换和报文交换。

与电路交换相比,分组交换电路利用率高,可实现变速、变码、差错控制和流量控制等功能。

与报文交换相比,分组交换时延小,具备实时通信特点。分组交换还具有多逻辑信道通信的能力。但分组交换获得的优点是有代价的。把报文划分成若干个分组,每个分组前要加一个有关控制与监督信息的分组头,增加了网路开销。所以,分组交换适用于报文不是很长的数据通信,电路交换适用于报文长且通信量大的数据通信。

5. 传输介质如何分类?

有线传输介质指在两个通信设备之间实现的物理连接部分,它能将信号从一方传输到另一方,有线传输介质主要有双绞线、同轴电缆和光纤。双绞线和同轴电缆传输电信号,光纤传输光信号。

无线传输介质指我们周围的自由空间。利用无线电波在自由空间的传播可以实现多种无线通信。在自由空间传输的电磁波根据频谱可将其分为无线电波、微波、红外线、激光等,信息被加载在电磁波上进行传输。

第3章 网络的体系结构和协议

1. 什么是 OSI 开放系统互连参考模型?

OSI 开放系统互连参考模型一般也叫 OSI 参考模型,是 ISO(国际标准化组织)组织在 1985 年研究的网络互联模型。该体系结构标准定义了网络互连的七层框架(物理层、数据链路层、网络层、传输层、会话层、表示层和应用层),即 ISO 开放系统互连参考模型。在这一框架下进一步详细规定了每一层的功能,以实现开放系统环境中的互连性、互操作性和应用的可移植性。

OSI 参考模型中不同层完成不同的功能,各层相互配合通过标准的接口进行通信。

2. OSI 模型每一层的主要功能是什么?

第 7 层应用层:OSI 中的最高层。为特定类型的网络应用提供了访问 OSI 环境的手段。应用层确定进程之间通信的性质,以满足用户的需要。应用层不仅要提供应用进程所需要的信息交换和远程操作,而且还要作为应用进程的用户代理,来完成一些为进行信息交换所必需的功能。

第 6 层表示层:主要用于处理两个通信系统中交换信息的表示方式。为上层用户解决用户信息的语法问题。它包括数据格式交换、数据加密与解密、数据压缩与终端类型的转换。

第 5 层会话层:在两个节点之间建立端连接。为端系统的应用程序之间提供了对话控制机制。此服务包括建立连接是以全双工还是以半双工的方式进行设置,尽管可以在第 4 层处理双工方式;会话层管理登入和注销过程。它具体管理两个用户和进程之间的对话。如果在某一时刻只允许一个用户执行一项特定的操作,会话层协议就会管理这些操作,如阻止两个用户同时更新数据库中的同一组数据。

第 4 层传输层:负责常规数据递送 - 面向连接或无连接。为会话层用户提供一个端到端的可靠、透明和优化的数据传输服务机制,包括全双工或半双工、流控制和错误恢复服务;传输层把消息分成若干个分组,并在接收端对它们进行重组。不同的分组可以通过不同的连接传送到主机。这样既能获得较高的带宽,又不影响会话层。在建立连接时传输层可以请求服务质量,该服务质量指定可接受的误码率、延迟量、安全性等参数,还可以实现基于端到端的流量控制功能。

第3层网络层:本层通过寻址来建立两个节点之间的连接,为源端的运输层送来的分组选择合适的路由和交换节点,正确无误地按照地址传送给目的端的运输层。它包括通过网络互联来路由和中继数据;除了选择路由之外,网络层还负责建立和维护连接,控制网络上的拥塞以及在必要的时候生成计费信息。

第2层数据链路层:在此层将数据分帧并处理流控制。屏蔽物理层,为网络层提供一个数据链路的连接,在一条有可能出差错的物理连接上,进行几乎无差错的数据传输(差错控制)。本层指定拓扑结构并提供硬件寻址。常用设备有网桥、交换机。

第1层物理层:处于 OSI 参考模型的最底层。物理层的主要功能是利用物理传输介质为数据链路层提供物理连接,以便透明地传送比特流。常用设备有(各种物理设备)网卡、集线器、中继器、调制解调器、网线、双绞线、同轴电缆。

3. 什么是网络协议?

如同一个完整的计算机系统包括硬件系统和软件系统,计算机网络只有硬件系统是不够的,还需要大量的网络系统软件来管理网络。计算机网络的目标是实现网络系统的资源共享,所以网上各系统之间要不断进行数据交换,但不同的系统可能使用完全不同的操作系统,采用不同标准的硬件设备等,差异很大。为了使不同厂家、不同结构的系统能够相互通信,通信双方必须遵守共同一致的规则和约定。在计算机网络中,为使各计算机之间或计算机与终端之间能正确地传送信息,必须对有关信息传输顺序、信息格式和信息内容等方面有一组约定和规则,这组规则即所谓的网络协议。

4. TCP/IP 指的是什么协议?

TCP/IP 是最早出现在 Internet 上的协议,是一组能够支持多台相同或不同类型的计算机进行信息交换的协议,它是一个协议的集合,简称 Internet 协议族。传输控制协议和网际协议是其中两个极其重要的协议。

5. 说明物理层的机械特性、电器特性、功能特性。

物理层处于 OSI 参考模型的最底层。物理层的主要功能是利用物理传输介质为数据链路层提供物理连接,以便透明地传送比特流。常用设备有(各种物理设备)网卡、集线器、中继器、调制解调器、网线、双绞线、同轴电缆。

6. 说明 TCP/IP 模型与 OSI 模型的对应关系。

TCP/IP 模型的应用层对应 OSI 模型的应用(表示、会话)层、TCP/IP 模型的传输层对应 OSI 模型的传输层、TCP/IP 模型的互联网层对应 OSI 模型的网络层、TCP/IP 模型的网络接口层对应 OSI 模型的数据链路层和物理层。

7. IP 地址的基本结构是怎样的?

在 IPv4 中,IP 地址为 32 位,由网络标识(Net)和主机标识(Host)两部分组成,可标识一个互联网络中任何一个网络中的任何节点。从节点标识的角度,IP 协议将节点统称为主机(Host)。

8. 什么是子网?什么是子网掩码?

子网就是将主机地址的几位用来做网络地址来将网络划分为若干子网,便于管理还能减少 IP 的浪费。

子网掩码又叫网络掩码,是一种用来指明一个 IP 地址的哪些标识是主机所在的子网,以及哪些位标识的主机的位掩码,子网掩码不能单独存在,必须配合 IP 使用。

9. 网络协议有哪些特征?

层次性。在网络分层体系结构中,网络协议也相应地被分为各层协议。N 层协议规定了 N 层实体应如何利用 $N-1$ 层提供的服务来实现 N 层所要完成的功能,从而进一步向 $N+1$ 层实体提供 N 层的服务,也就是说,N 层协议规定了 N 层实体在执行 N 层功能时的通信行为。在网络分层体系结构中,一个层次可能还会进一步划分为若干个子层,因此也就产生了相应的子层协议。另外,在实际使用中,每一层协议都有多个可供用户使用的协议。

可靠性。如果协议要承担诸如连接、流量控制及信息的传送这样一些任务,那么通信协议必须有相当的可靠性,否则将会造成通信混乱和中断。

有效性。只有通信协议有效,才能实现网络系统内各种资源共享,这是通信协议最基本的要求。

10. 网络协议的重要因素是什么?

网络协议的重要因素包括语义、语法和时序关系。

第 4 章　局域网组网技术

1. 填空题

(1)802.3 成为现行的以太网标准,并成为 TCP/IP 体系结构的一部分。

(2)我们常见的局域网拓扑结构有星型、总线型和环型等。

(3)集线器属于物理层设备,交换机属于 2 层设备,路由器属于 3 层设备。

(4)568B 线序的布线排列从左到右依次为橙白、橙、绿白、蓝、蓝白、绿、褐白、褐。

(5)局域网中的数据链路层可细分为逻辑链路控制子层和介质访问控制子层。

(6)IEEE 802.3 协议主要描述以太网技术,IEEE 802.4 协议主要描述局域网技术,IEEE 802.5 协议主要描述令牌环技术,IEEE 802.11 协议主要描述无线网技术。

(7)VLAN 可根据端口、MAC 地址和网络层划分。

(8)WLAN 通过无线技术来实现数据传输。

(9)IEEE 802.11a 定义 WLAN 工作于 5.4 G 频率,带宽为 54 M;IEEE 802.11b 定义 WLAN 工作于 2.4 G 频率,带宽为 11 M;IEEE 802.11g 定义 WLAN 工作于 2.4 G 频率,带宽为 54 M。

2. 简答题

(1)简述 CSMA/CD 技术的工作原理。

工作原理:

①若媒体空闲,则传输,否则转②。

② 若媒体忙,一直监听直到信道空闲,然后立即传输。

③ 若在传输中监听到干扰,则发干扰信号通知所有站点。等候一段时间,再次传输。

以上原理可以通俗理解为:先听后说,边说边听。

CSMA/CD(Carrier Sense Multiple Access with Collision Detection),可译为载波侦听多路访问/冲突检测,或带有冲突检测的载波侦听多路访问。所谓载波侦听(carrier sense),是网络上各个工作站在发送数据前都要侦听总线上有没有数据传输。若有数据传输(称总线为忙),则不发送数据;若无数据传输(称总线为空),则立即发送准备好的数据。所谓多路访问(multiple access)是网络上所有工作站收发数据共同使用同一条总线,且发送数据是广播式的。所谓冲突(collision),是若网上有两个或两个以上工作站同时发送数据,在总线上就会产生信号的混合,两个工作站都同时发送数据,在总线上就会产生信号的混合,两个工作站都辨别不出真正的数据是什么,这种情况称数据冲突又称碰撞。为了减少冲突发生后的影响。工作站在发送数据过程中还要不停地检测自己发送的数据,有没有在传输过程中与其它工作站的数据发生冲突,这就是冲突检测(collision detected)。

控制规程的核心问题:解决在公共通道上以广播方式传送数据中可能出现的问题(主要是数据碰撞问题)。

控制过程包含4个处理内容:监听、发送、检测、冲突处理。

① 监听:通过专门的检测机构,在站点准备发送前先侦听一下总线上是否有数据正在传送(线路是否忙)。

若忙则进入后述的退避处理程序,进而进一步反复进行侦听工作。

若闲,则一定算法原则(X坚持算法)决定如何发送。

②发送:当确定要发送后,通过发送机构向总线发送数据。

③ 检测:数据发送后,也可能发生数据碰撞。因而,要对数据边发送边检测,以判断是否冲突。

④冲突处理:当确认发生冲突后,进入冲突处理程序。有两种冲突情况:

a. 若在侦听中发现线路忙,则等待一个延时后再次侦听,若仍然忙,则继续延迟等待,一直到可以发送为止。每次延时的时间不一致,由退避算法确定延时值。

b.若发送过程中发现数据碰撞,先发送阻塞信息,强化冲突,再进行监听工作,以待下次重新发送(方法同a)。

CSMA/CD工作原理及性能分析(指标与影响因素):

CSMA/CD媒体访问控制方法的工作原理,可以概括如下:先听后说,边听边说;一旦冲突,立即停说;等待时机,然后再说。(注:听即监听、检测;说即发送数据。)

(2)简述交换机的工作原理?

当打开交换机时,里面是空的,没有任何MAC地址(即物理地址),这时当网络里的A向B发送数据时,由于交换机里没有任何地址,即查不到B的地址,所以交换机就广播到所有的计算机上,同时从A发的数据包里找到A的MAC地址记录下来,B给C发时记录B的MAC地址,同理,记录B,C,D,……的地址,当地址都记录下来时,A再给B发数据时,在交换机上能找到B的地址,交换机就不再广播,直接发到B上面,这样既提高传输速度,也节省带宽(交换机工作可以简单描述为:广播未知帧,转发已知帧)。

交换机工作原理:

交换机能够检查每一个收到的数据包,并且对该数据包进行相应的动作处理。在交换机内保存着每一个网段上所有节点的物理地址,它只允许必要的网络流量通过交换机。例如,当交换机接收到一个数据包之后,它需要根据自身已保存的网络地址表来检验数据包内所包含的发送方地址和接收方地址。如果接收方地址位于发送方地址网段,那么该数据包将会被交换机丢弃,不会通过交换机传送到其他网段;如果接收方地址与发送方地址是属于两个不同的网段内,那么该数据包就会被交换机转发到目标网段。这样,用户就可以通过交换机的过滤和转发功能,来避免网络广播风暴,减少误包和错包的出现。

（3）虚拟局域网相对于局域网有哪些优势？

虚拟局域网更具有安全稳定性，虚拟的局域网可以使局域网更加安全，它能够让比较敏感的带有数据的用户和网络的其他部分进行一定的隔离，这样就能够保护网络的机密信息了，可以有效地防止机密信息的泄露。在不同的虚拟局域网中，报文在相互传输数据信息时是要进行隔离的。同样的在一个虚拟局域网的用户和其他的虚拟局域网内的用户是不能直接传递信息的，假如不同的虚拟局域网要传输信息时，它会通过 3 层交换机，或者无线路由器等。

虚拟局域网节约成本，利用率高。虚拟局域网可以减少网络的升级需求，可以节约昂贵的成本，可以减少移动的位置和工作地点的费用。并且网络宽带的利用率更高，它可以使局域网中的第二层网络划分为多个广播域，从而可以节约宽带网络中没有必要的流量，并且也提高了功能性。虚拟局域网将网络用户和设备集中在一起，从而可以对不同地域和商业的需要有一定的支持性。

虚拟局域网具有一定的灵活性。通过虚拟局域网的技术，不同地域、网络及客户可以很好地集中在一起，这样就给大家提供一个虚拟出来的网络空间，它的效果可以和路由器一样，变得方便灵活，效率高。

（4）请仔细观察和询问学校机房或者你所在的寝室楼的计算机网络拓扑结构，并绘制出来。

略。

第 5 章　广域网与网络互联

1. 广域网与局域网相比有何区别？

局域网指在某一区域内由多台计算机互联成的计算机组。某一区域指的是同一办公室、同一建筑物、同一公司和同一学校等，一般是方圆几千米以内。局域网可以实现文件管理、应用软件共享、打印机共享、扫描仪共享、工作组内的日程安排、电子邮件和传真通信服务等功能。局域网是封闭型的，可以由办公室内的两台计算机组成，也可以由一个公司内的上千台计算机组成。

广域网是一种跨越大的、地域性的计算机网络的集合。通常跨越省、市，甚至一个国家。广域网包括大大小小不同的子网，子网可以是局域网，也可以是小型的广域网。

局域网是在某一区域内的，而广域网要跨越较大的地域，那么如何界定这个区域呢？例如，一家大型公司的总公司位于北京，而分公司遍布全国各地，如果该公司将所有的分公司都通过网络联接在一起，那么一个分公司就是一个局域网，而整个总公司网络就是一个广域网。

2. X.25、帧中继、ATM 3 种网络技术有哪些主要区别？

X.25 是一种老式的包交换技术，具有高可靠性特点。一般只适用于帧中继服务不可用的地方，最高速率可达 2 Mbit/s。帧中继一般提供 T1（1.544 Mbit/s）或更低的速率，利用共享的广域网设备，永久虚电路（PVC）使得帧中继适用于远程办公节点，最高速率可达44.736 Mbit/s。

ATM 是一种高成本的信元交换技术，提供高吞吐量，作为广域网技术，适用于服务提供商和对带宽要求敏感的应用,最高速率可达 622 Mbit/s。

三者的区别在于 x.25 与 ATM 是面向连接的,帧中继 FR 是 x.25 演变而来的,x.25 去掉校验就是 FR,ATM 与帧中继的区别是:ATM 是异步传输,FR 是同步传输。

3. ATM 技术有哪些主要特点?

(1)ATM 采用了分组交换中统计复用、动态按需分配带宽的技术。

(2)ATM 将信息分成固定长度的交换单元——信元。信元长度为 53 个字节,其中 5 个字节用来标识虚通道(VPI)和虚通路(VCI)、检测信元正确性、标识信元的负载类型。由于采用短固定长度的信元,可用硬件逻辑完成对信元的接收、识别、分类和交换,保证 155~622 Mbit/s的高速通信。

(3)ATM 网内不处理纠错重发、流量控制等一系列复杂的协议。减少网络开销,提高网络资源利用率。

(4)在 ATM 网中可承载不类同型的业务,如话音、数据、图象和视频等,这在 X.25、帧中继等网络中是不可能实现的。

(5)ATM 提供适配层(AAL)的功能。不同类型的业务在该层被转换成标准信元。

(6)ATM 是面向连接的。

(7)ATM 是目前唯一具有 QOS(服务质量)特性的技术。

(8)ATM 在专网、公网和 LAN 上都可以使用。

4. 网络互联的目的是什么?

网络互联指将不同的网络连接起来,以构成更大规模的网络系统,实现网络间的数据通信、资源共享和协同工作。随着商业需求的推动,特别是 Internet 的深入人心,网络互联技术成为现实。

网络互联可以将不同的网络或相同的网络用互连设备连接在一起形成一个范围更大的网络,为增加网络性能及安全和管理方面的考虑将原来一个很大的网络划分为几个网段或逻辑上的子网,实现异种网之间的服务和资源共享。

网络互联可以改善网络性能:提高系统的可靠性,改进系统的性能,增加系统保密性,建网方便,扩大地理覆盖范围。

5. 中继器有什么作用,有何限制?

中继器(RP repeater)是连接网络线路的一种装置,常用于两个网络节点之间物理信号的双向转发工作。中继器主要完成物理层的功能,负责在两个节点的物理层上按位传递信息,完成信号的复制、调整和放大功能,以此来延长网络的长度。由于存在损耗,在线路上传输的信号功率会逐渐衰减,衰减到一定程度时将造成信号失真,因此会导致接收错误。中继器就是为解决这一问题而设计的。它完成物理线路的连接,对衰减的信号进行放大,保持与原数据相同。一般情况下,中继器的两端连接的是相同的媒体,但有的中继器也可以完成不同媒体的转接工作。从理论上讲中继器的使用是无限的,网络也因此可以无限延长。事实上这是不可能的,因为网络标准中都对信号的延迟范围做了具体的规定,中继器只能在此规定范围内进行有效的工作,否则会引起网络故障。

6. 集线器有哪些分类?

集线器可分为无源(Passive)集线器、有源(Active)集线器和智能(Intelligent)集线器。无源集线器只负责把多段介质连接在一起,不对信号做任何处理,每一种介质段只允许扩展到最大有效距离的一半。有源集线器类似于无源集线器,但它具有对传输信号进行再生和放大从而扩展介质长度的功能。智能集线器除具有有源集线器的功能外,还可将网络的部分功能集成到集线器中,如网络管理、选择网络传输线路等。

随着计算机技术的发展,Hub 又分为切换式、共享式和堆叠共享式 3 种。

切换式 Hub:一个切换式 Hub 重新生成每一个信号并在发送前过滤每一个包,而且只将其发送到目的地址。切换式 Hub 可以使 10 Mbit/s 和 100 Mbit/s 的站点用于同一网段中。

共享式 Hub:共享式 Hub 使所有相互联接的站点共享一个最大频宽。例如,一个连接着 10 个工作站或服务器的 100 Mbit/s 共享式 Hub 所提供的最大频宽为 100 Mbit/s,与它连接的每个站点共享这个频宽的十分之一。共享式 Hub 不过滤或重新生成信号,所有与之相连的站点必须以同一速度工作(10 Mbit/s 或 100 Mbit/s)。所以共享式 Hub 比切换式 Hub 价格便宜。

堆叠共享式 Hub:堆叠共享式 Hub 是共享式 Hub 中的一种,当它们级联在一起时,可看作是网络中的一个大 Hub。当 6 个 8 口的 Hub 级联在一起时,可以看作是 1 个 48 口的 Hub。

7.网桥有哪些功能?用于连接网络时有哪些限制?

网桥工作在数据链路层,起到的作用是把多个局域网连接起来,组成更大的局域网。它的功能主要有两点:过滤和转发。

网桥只适合于用户数不太多(不超过几百个)和信息量不太大的局域网,否则有时会产生较大的广播风暴。

8.简要解释术语学习、过滤、转发。

网桥的学习指的是当设备启动时,没有关于网络的任何信息。当有数据到达时,设备会查询自己的转发表,如果表中有目的地址和端口的信息,那么就通过这个端口把数据转发;如果没有这个信息,那么就把这个数据包广播到除了源端口以外的所有端口,目的主机收到广播后,就会把自己的 MAC 地址送回给某设备,就知道了这个设备在这个端口上,并且把这个信息记录到转发表。这就是网桥的学习过程。

过滤和转发:网桥把他知道的地址信息都存在过滤数据库里。每接收一个目的地址,就和数据库里的数据进行比对,如果发现和源地址不在一个 LAN 就进行转发;如果在一个局域网下就过滤掉这个信息。

过滤数据库是怎样工作的呢? 它的转发规则是,网桥从 x 端口接收到一个帧:

(1)搜索数据库确定 MAC 地址是不是在一个端口上;

(2)如果没有找到这个 MAC 地址,那么把该帧泛洪到所有端口(x 除外);

(3)如果找到了 MAC 地址对应应该发往 y 端口,那么检查 y,如果 y 不处于阻塞态,那么就从 y 端口发送,如果是阻塞态,那么不发送。

(4)如果 MAC 地址对应的也是 x 端口,那么不发送,过滤掉这个信息。

这样网桥就能通过数据库来进行转发或者过滤了。但是我们知道,主机是可以移动的,也就是说它不一定一直待在某一个局域网下。并且,每个局域网下还可能会有新加入的主机,这些情况下过滤路由器就需要不断更新。数据库更新所用到的算法叫做后向学习算法。后向学习算法,顾名思义,就是网桥利用接收的帧的源地址进行学习。到达网桥某个端口的帧的源地址指明了来自那个入境 LAN 的方向,网桥就可以根据这个 MAC 地址来更新数据库。

9.路由器和网桥在功能上有哪些相同,哪些不同?

作为同是连接两个网络间的设备,网桥和路由器确实有些相似,不过本质上还是不同的。其中网桥又叫桥接器,它是一种在链路层实现局域网互联的存储转发设备。网桥从一个局域网接收 MAC 帧,拆封、校对、校验之后,按另一个局域网的格式重新组装,发往它的物理层。由于网桥是链路层设备,因此不处理数据链路层以上层次协议所加的报头。

路由器是在网络层实现互连的设备。它比网桥更加复杂,也具有更大的灵活性。由于路由器具有更强的不同网间的互联能力,所以其连接对象包括局域网和广域网等多种类型网络。

网桥和路由器的不同主要体现在 3 个方面:

(1)网桥是第二层的设备,而路由器是第三层的设备;

(2)网桥只能连接两个相同的网络,而路由器可以连接不同网络;

(3)网桥不隔离广播,而路由器可以隔离广播。

10.试叙述第三层交换机与网桥、交换机和路由器的区别。

局域网交换机的基本功能与网桥一样,具有帧转发、帧过滤和生成树算法功能。但是,交换机与网桥相比还存在以下不同:

(1)功能的区别

交换机工作时,实际上允许许多组端口间的通道同时工作。所以,交换机的功能体现出不仅仅是一个网桥的功能,而是多个网桥功能的集合。即网桥一般分有两个端口,而交换机具有高密度的端口。

(2)分段能力的区别

由于交换机能够支持多个端口,因此可以把网络系统划分成更多的物理网段,这样使得整个网络系统具有更高的带宽。而网桥仅仅支持两个端口,所以,网桥划分的物理网段是相当有限的。

(3)传输速率的区别

交换机与网桥数据信息的传输速率相比,交换机要快于网桥。

(4)数据帧转发方式的区别

网桥在发送数据帧前,通常要接收到完整的数据帧并执行帧检测序列 FCS 后,才开始转发该数据帧。交换机有存储转发和直接转发两种帧转发方式。直接转发方式在发送数据以前,不需要在接收完整个数据帧和经过 32 bit 循环冗余校验码 CRC 的计算检查后的等待时间。

交换机和路由器的区别:

(1)工作层次不同

最初的交换机工作在 OSI 开放式系统互联模型的数据链路层,也是第二层,而路由器则工作在 OSI 开放式系统互联模型的网络层,就是第三层。也是由于这一点所以交换机的原理比较简单,一般都是采用硬件电路实现数据帧的转发,而路由器工作在网络层,肩负着网络互联的重任,要实现更加复杂的协议,具有更加智能的转发决策功能,一般都会在路由器中跑操作系统,要实现复杂的路由算法,更偏向于软件实现其功能。

(2)数据的转发对象不同

交换机根据 MAC 地址转发数据帧,而路由器则根据 IP 地址来转发 IP 数据报/分组。数据帧是在 IP 数据包/分组的基础上封装了帧头(源 MAC 和目的 MAC 等)和帧尾(CRC 校验码)。而对于 MAC 地址和 IP 地址大家也许就搞不明白了,为何需要两个地址,实际上 IP 地址决定最终数据包要到达某一台主机,而 MAC 地址则决定下一跳将要交互给哪一台设备(一般是路由器或主机)。而且,IP 地址是软件实现的,可以描述主机所在的网络,MAC 地址是硬件实现的,每一个网卡在出厂的时候都会将全世界唯一的 MAC 地址固化在网卡的 ROM 中,所以 MAC 地址是不能被修改的,但是 IP 地址是可以被网络管理人员配置修改的。

(3)"分工"不同

交换机主要用于组建局域网,而路由器则负责让主机连接外网。多台主机可以通过网线连接到交换机,这时就组建好了局域网,可以将数据发送给局域网中的其他主机,如使用的飞秋、极域电子教室等局域网软件就是通过交换机把数据转发给其他主机的,当然像极域电子教室这样的广播软件是利用广播技术让所有的主机都收到数据的。然而,通过交换机组建的局域网是不能访问外网的(即 Internet),这时需要路由器来为我们"打开外面精彩世界的大门",局域网的所有主机使用的都是私网的 IP,所以必须通过路由器转化为公网的 IP 之后才能访问外网。

(4)冲突域和广播域不同

交换机分割冲突域,但是不分割广播域,而路由器分割广播域。由交换机连接的网段仍属于同一个广播域,广播数据包会在交换机连接的所有网段上传播,在这种情况下会导致广播风暴和安全漏洞问题。而连接在路由器上的网段会被分配不同的广播域,路由器不会转发广播数据。需要说明的是单播的数据包在局域网中会被交换机唯一地送往目标主机,其他主机不会接收到数据,这是区别于原始的集线器的,数据的到达时间由交换机的转发速率决定,交换机会转发广播数据给局域网中的所有主机。

最后需要说明的是:路由器一般有防火墙的功能,能够对一些网络数据包选择性过滤。现在的一些路由器都具备交换机的功能,一些交换机具备路由器的功能,被称为 3 层交换机,广泛使用。相比较而言,路由器的功能较交换机要强大,但是速度也较慢,价格昂贵,3 层交换机既有交换机的线性转发报文的能力,又有路由器的良好的路由功能,因此得到广泛的使用。

第 6 章　Internet 技术与 Intranet

1. 简述 Internet 的产生与发展过程。

计算机网络的形成与发展经历了 4 个阶段:

①第 1 阶段:20 世纪 60 年代至 70 年代初为计算机网络发展的萌芽阶段

主要特征:为了增加系统的计算能力和资源共享,把小型计算机连成实验性的网络。第一个远程分组交换网叫 ARPANET,是由美国国防部于 1969 年建成的,第一次实现了由通信网络和资源网络复合构成计算机网络系统。

②第 2 阶段:20 世纪 70 年代中后期是局域网络(LAN)发展的重要阶段

主要特征:局域网络作为一种新型的计算机体系结构开始进入产业部门。局域网技术是从远程分组交换通信网络和 I/O 总线结构计算机系统派生出来的。

1976 年,美国 Xerox 公司的 Palo Alto 研究中心推出以太网(Ethernet),它成功地采用了夏威夷大学 ALOHA 无线电网络系统的基本原理,使之发展成为第一个总线竞争式局域网。

③第 3 阶段:20 世纪 80 年代是计算机局域网络的发展时期

主要特征:局域网络完全从硬件上实现了 ISO 的开放系统互连通信模式协议的能力。

计算机局域网及其互联产品的集成,使得局域网与局域互连、局域网与各类主机互连,以及局域网与广域网互连的技术越来越成熟。综合业务数据通信网络(ISDN)和智能化网络(IN)的发展,标志着局域网络的飞速发展。

④第 4 阶段:20 世纪 90 年代初至今是计算机网络飞速发展的阶段

主要特征:计算机网络化,协同计算能力发展及全球互连网络(Internet)的盛行。计算机的发展已经完全与网络融为一体,体现了网络就是计算机的口号。

2. Internet 接入方式有哪些? 个人用户一般选择哪种方式?

(1)PSTN 公共电话网;

(2)ISDN;

(3)ADSL;

(4)DDN 专线;

(5)卫星接入;

(6)光纤接入;

(7)无线接入;

(8)cable modem 接入。

个人用户一般选择 ADSL、光纤接入、无线接入和 cable modem 接入,由于目前互联网应用日益广泛,因此对网络带宽的要求更大,在互联网接入方式上选择光纤接入的日益增多。

3. 什么是 Intranet?

Intranet 是企业内部网,或称内部网、内联网、内网,是一个使用与因特网同样技术的计算机网络,它通常建立在一个企业或组织的内部并为其成员提供信息的共享和交流等服务,例如万维网、文件传输、电子邮件等。

4. Internet 和 Intranet 有什么区别?

Intranet 与 Internet 相比,可以说 Internet 是面向全球的网络,而 Intranet 则是 Internet 技术在企业机构内部的实现,它能够以极少的成本和时间将企业内部的大量信息资源高效合理地传递到每个人。Intranet 为企业提供了一种能充分利用通信线路、经济而有效地建立企业内联网的方案,应用 Intranet,企业可以有效地进行财务管理、供应链管理、进销存管理、客户关系管理等。

过去,只有少数大公司才拥有自己的企业专用网,而现在不同了,借助于 Intranet 技术,各个中小型企业都有机会建立起适合自己规模的内联网企业内部网,企业关注 Intranet 的原因是它只为一个企业内部专有,外部用户不能通过 Internet 对它进行访问。

5. Internet 提供哪些服务?

浏览 WWW 服务、电子邮件 E-mail 服务、远程登录 Telnet 服务和文件传输 FTP 服务。

6. Intranet 有什么特点?

开放性和可扩展性、通用性、简易性和经济性、安全性。

第 7 章　Internet 应用

1. 评价搜索引擎的主要性能指标指的是什么？

(1)搜索引擎建立索引的方法；

(2)搜索引擎的检索功能；

(3)搜索引擎的检索效果；

(4)搜索引擎的受欢迎程度。

2. 浏览 Web 信息的几种方式是什么？

(1)浏览指定地址的网页；

(2)通过超链接浏览 Web 页面；

(3)通过历史记录浏览网页；

(4)通过收藏夹浏览网页。

3. 列出经常使用的搜索引擎。

360 安全浏览器、Google Chrome、腾讯 QQ 浏览器、搜狗浏览器、Safari 浏览器(苹果手机)、百度浏览器、火狐浏览器、傲游云浏览器等。

4. 简述电子邮件的相关协议。

SMTP 协议：简单邮件传输协议，是一组用于从源地址到目的地址传输邮件的规范，通过它来控制邮件的中转方式。SMTP 协议属于 TCP/IP 协议簇，它帮助每台计算机在发送或中转信件时找到下一个目的地。SMTP 服务器就是遵循 SMTP 协议的发送邮件服务器。SMTP 认证，简单地说就是要求必须在提供了账户名和密码之后才可以登录 SMTP 服务器，这就使得那些垃圾邮件的散播者无可乘之机。增加 SMTP 认证的目的是为了使用户避免受到垃圾邮件的侵扰。

POP 邮局协议：负责从邮件服务器中检索电子邮件。它要求邮件服务器完成下面几种任务之一：从邮件服务器中检索邮件并从服务器中删除这个邮件；从邮件服务器中检索邮件但不删除它；不检索邮件，只是询问是否有新邮件到达。POP 协议支持多用户互联网邮件扩展，后者允许用户在电子邮件上附带二进制文件，如文字处理文件和电子表格文件等，实际上这样就可以传输任何格式的文件了，包括图片和声音文件等。在用户阅读邮件时，POP 命令所有的邮件信息立即下载到用户的计算机上，不在服务器上保留。

POP3(Post Office Protocol 3)即邮局协议的第 3 个版本，是因特网电子邮件的第一个离线协议标准。

IMAP 协议：互联网信息访问协议是一种优于 POP 的新协议。和 POP 一样，IMAP 也能下载邮件、从服务器中删除邮件或询问是否有新邮件，但 IMAP 克服了 POP 的一些缺点。例如，它可以决定客户机请求邮件服务器提交所收到邮件的方式，请求邮件服务器只下载所选中的邮件而不是全部邮件。客户机可先阅读邮件信息的标题和发送者的名字再决定是否下载这个邮件。通过用户的客户机电子邮件程序，IMAP 可让用户在服务器上创建并管理邮件文件夹或邮箱、删除邮件、查询某封信的一部分或全部内容，完成所有这些工作时都不需要把邮件从服务器下载到用户的个人计算机上。

5. 简述 FTP 的工作原理。

文件传送协议 FTP 只提供文件传送的一些基本的服务,它使用 TCP 可靠的运输服务,FTP 的主要功能是减少或消除在不同操作系统下处理文件的不兼容性。

FTP 使用客户服务器方式,一个 FTP 服务器进程可同时为多个客户进程提供服务,FTP 的服务器进程由两大部分组成:一个主进程,负责接受新的请求;另外有若干个从属进程,负责处理单个请求。

在进行文件传输时,FTP 的客户和服务器之间要建立两个并行的 TCP 连接:控制连接和数据连接。控制连接在整个会话期间一直保持打开,FTP 客户所发出的传送请求,通过控制连接发送给服务器端的控制进程,但控制连接并不用来传送文件,实际用于传输文件的是数据连接。服务器端的控制进程在接收到 FTP 客户发送来的文件传输请求后就创建数据传送进程继而数据连接,用来连接客户端和服务器端的数据传送进程。数据传送进程实际完成文件的传送,在传送完毕后关闭数据传送连接并结束运行。由于 FTP 使用了一个分离的控制连接,因此 FTP 的控制信息是带外(out of hand)传送的。

当客户进程像服务器进程发出建立连接请求时,要寻找连接服务器进程的熟知端口,同时还要告诉服务器给自己的另一个端口号码,用于建立数据传送连接,接着,服务器进程用自己传送数据的熟知端口与客户进程所提供的端口号建立数据传送连接。由于 FTP 使用了两个不同的端口号,所以数据连接与控制连接不会发送混乱。

6. 电子商务的交易模式有哪些?

B2C 交易模式、B2B 交易模式、C2C 交易模式和 O2O 模式。

7. 列 3 种以上的 Internet 应用。

Web 应用、电子邮件 E-mail 和文件传输 FTP、视频点播、电子商务、即时通信。

第 8 章　网络操作系统

1. 操作系统具有哪些特征?

并发性、共享性和随机性。

2. 典型的网络操作系统有哪些?

Windows、NetWare、UNIX 和 Linux。

3. Windows 2003 分为用户态的用户进程有几种类型?

(1)系统支持进程,如登录进程 WINLOGON 和会话进程 SMSS,这类进程不是 Windows 2003 的服务,不由服务控制器启动。

(2)服务进程,如事件日志服务等。

(3)环境子系统,用于向程序提供运行环境(操作系统功能调用接口),Windows 2003 的环境子系统有 Win32/POSIX 和 OS/21.2。

(4)应用程序,如 Win32、Windows 3.1、MS－DOS、POSIX(UNIX 类型的操作系统接口的国际标准)或 OS/21.2 之一。

4. Windows 2003 有哪些常用服务?

终端服务,允许多台计算机使用终端服务功能实现会话。在运行终端服务的服务器上安装基于 Windows 的应用程序,对于连接到服务器桌面的用户都是可用的,并且在客户桌面上打开的终端会话与在每个设备上打开的会话外观与运行方式相同。

活动目录技术是一种采用 Internet 的标准技术,具有扩展性的多用途目录服务技术,能够有效地简化网络用户及资源管理,能使用户更容易寻找资源。

完善的文件服务,新增了分布式文件系统、用户配额、加密文件系统、磁盘碎片整理、索引服务、动态卷管理和磁盘管理等。

打印服务,除了对本地打印机自动检查和安装驱动程序,打印服务还支持脱机打印,打印机重新连接时,原来存储的打印任务可以继续进行。

Internet 信息服务,更新了 IIS 的版本,提供更方便的安装与管理,体现了扩展性、稳定性和可用性。

5. Linux 系统由哪些部分组成?

Linux 内核(Kernel)、操作系统与用户接口界面(Shell)、文件系统及 Linux 实用工具等。

6. Linux 有几种常见的发行版本?

TurboLinux、Red Hat Linux、Slackware Linux、红旗 Linux。

第9章　网络管理与网络安全

1. 网络攻击有什么特点?

(1)损失巨大

由于攻击和入侵的对象是网络上的计算机,所以一旦成功,就会使网络中成千上万台计算机处于瘫痪状态,从而给计算机用户造成巨大的经济损失。

(2)威胁社会和国家安全

一些计算机网络攻击者出于各种目的经常把政府要害部门和军事部门的计算机作为攻击目标,从而对社会和国家安全造成威胁。

(3)手法隐蔽、计算机攻击的手段五花八门

网络攻击者既可以通过监视网上数据来获取别人的保密信息;也可以通过截取别人的帐号和口令堂而皇之地进入别人的计算机系统;还可以通过一些特殊的方法绕过人们精心设计好的防火墙等。这些过程都可以在很短的时间内通过任何一台联网的计算机完成。因而犯罪不留痕迹,隐蔽性很强。

(4)以软件攻击为主

几乎所有的网络入侵都是通过对软件的截取和攻击从而破坏整个计算机系统的,导致了计算机犯罪的隐蔽性。

2. 网络安全防御措施有几种?

(1)防火墙;

(2)虚拟专用网;

(3)虚拟局域网;

(4)漏洞检测;

(5)入侵检测;

(6)密码保护;

(7)安全策略;

(8)网络管理员。

3. 什么是防火墙? 防火墙应具备哪些基本功能?

防火墙(Fire Wall,FW)是由软硬件构成的网络安全设备,用于外部网络与内部网络之间的访问控制。防火墙根据人为制定的控制策略实现内外网的访问控制,对外屏蔽、隔离网络内部结构,保护网络内部信息,监测、审计穿越内外网之间的数据流,提供穿越内外网之间的数据流记录,是保证网络安全的重要设备。

(1)屏蔽、隔离内部与外部网络,防止内部网络信息泄露

防火墙让外部网络不能直接接触内部网络,对外隔离、屏蔽了内部网络结构,防止外部网络用户非法使用内部网络信息,以免内部网络的敏感数据被窃取,保护内部网络不受破坏。

(2)实现内外网间的访问控制

针对网络攻击的不安全因素,防火墙采取控制进出内外网的数据包,让那些被允许的数据包通过,阻止被禁止的数据包,实时监控网络上数据包的状态,并对这些状态加以分析和处理,及时发现异常行为,并对异常行为采取联动防范措施,保证网络系统安全。

(3)控制协议和服务

针对网络本身的不安全因素,对相关协议和服务采取控制措施,让授权的协议和服务通过防火墙,拒绝没有授权的协议和服务通过防火墙,有效屏蔽不安全的服务。

(4)保护内部网络

为了防止系统漏洞等带来的安全影响,防火墙采用了自己的安全系统,同时通过漏洞扫描、入侵检测等技术,发现网络内应用系统、操作系统漏洞,发现网络入侵,通过对异常访问的限制,保护内部网络,保护内部网络中的服务应用系统。

(5)日志与审计

防火墙通过对所有内外网的网络访问请求进行日志记录,为网络管理的运行优化,为攻击防范策略制订提供重要的情报信息,为异常事件发生的追溯提供重要依据。

(6)网络地址转换

在内外网访问时,由于内外网使用了不同地址,当要实现内外网访问时,需要实现地址转换,将内部网络的自有地址转换为外网的公有地址。由于防火墙处于两个网络间网关的位置,所以地址转换功能也可以集成在防火墙上,通过防火墙来实现地址转换。

4. 网络加密算法的类型有哪些? 什么是对称加密算法和非对称加密算法?

对称加密算法是应用较早的加密算法,技术较为成熟,在对称加密算法中,实现加密的过程是数据发送方将明文(原始数据)和加密密钥一起经过特殊加密算法处理后,使其变成复杂的加密密文发送出去。接收方收到密文后,使用加密的密钥及相同算法的逆算法对密文进行解密,使其恢复成明文。在对称加密算法中,使用的密钥只有一个,发送方和接收方都使用这个密钥对数据进行加密和解密,这就要求解密方事先必须知道加密密钥。

非对称加密技术将密钥分解成一对,一个用于加密,另一个用于解密,这两个密钥一个称为公钥,一个称为私钥,公钥可以通过非保密方式向他人公开,在加密时使用,私密不是公开的,是需要保密的,在解密时使用,非对称加密的这对密钥中的任何一个都可以称为公钥,相应地,另外一个就作为私钥。

5. 列举几种著名的对称加密算法和非对称加密算法。

对称加密算法:DES、IDEA、恺撒密码。

非对称加密算法:ECC、RSA。

6.简述网络管理协议 SNMP。

SNMP 是 TCP/IP 协议族的一个应用层协议,它是随着 TCP/IP 的发展而发展起来的。由于它满足了人们长久以来对通用网络管理标准的需求,而且本身简单明了,实现起来比较容易,占用的系统资源少,所以得到了众多网络产品厂家的支持,成为实际上的工业标准,基于该协议的网络管理产品在市场上占有统治地位。

7.网络故障的检测方法包括哪些?

(1)硬件工具

总的来说,网络测试的硬件工具可分为两大类:一类用做测试传输介质(网络);一类用做测试网络协议、数据流量。

典型的测试传输介质的工具是网络线缆测试仪,这种测试仪的使用方法非常简单明了,在此不做详细介绍。

测试网络协议和数据流量的典型工具是多功能网络测试仪,这是一种比较常见的网络检测工具,可以说是网络检测的多面手,多功能网络测试仪通常被定义为一种网络维护工具,当然这也不妨碍它在工程中的实用性。顾名思义,由于该类产品都是多功能集成型,所以产品档次没有明显的差别,大致都包括以下一些功能:

①电缆诊断

电缆诊断与网络线缆测试仪是一致的,主要是对网络线缆的连通性进行测试,以判断连接网络两端的线缆是否良好。

②POE 测试

随着网络技术的发展,许多网络设备厂商都推出了基于以太网供电(Power Over Ethernet,POE)的交换机技术,以解决一些电源布线比较困难的网络环境中需要部署低功率终端设备的问题。POE 可以在现有的以太网 Cat.5 布线基础架构不做任何改动的情况下,在为一些基于 IP 的终端(如 IP 电话机、无线局域网接入点 AP、网络摄像机等)传输数据信号的同时,还能为此类设备提供直流供电,用以在确保结构化布线安全的同时保证现有网络的正常运作,最大限度地降低成本。网络测试仪能够自动模拟不同功率级别的 PD 设备,获取 PSE 设备的供电电压波形,根据不同的设备环境进行检测并在屏幕上给出 PSE 供电输出的电压波形。网络测试仪可以智能地模拟不同功率级别的以太网受电 PD(Power Device)设备来检测以太网供电 PSE(Power Sourcing Equipment)的可用性和性能指标,包括设备的供电类型、可用输出功率水平、支持的供电标准及供电电压。

③识别端口

在一些使用时间较长的网络环境中,经常会出现配线架端的标识磨损或丢失,技术人员在排查故障时,很难确定发生故障的 IP 终端连接在交换机的哪个端口。往往需要反复排查才能加以区分。网络测试仪针对这种情况提供了端口闪烁功能,通过设置自身的端口状态,使相连的交换机端口 LED 指示灯按照一定的频率关闭和点亮,让管理人员一目了然地确定远端端口所对应的交换机端口。

④扫描线序

网络测试仪通常提供双绞线电缆线序扫描功能,图形化显示双绞线电缆端到端连接线序。核对双绞线末端到末端连接符合 EIA/TIA 568 绞线标准,该功能可替代测线器进行双续线线序验证。

⑤定位线缆

网络测试仪通常可以搭配音频探测器进行线缆查找,以便发现线缆位置和故障点。

⑥链路识别

链路识别功能主要应用于判断以太网的链路速率,十兆、百兆或是千兆,而且该类设备通常可以判断网络的工作状态:半双工或全双工。

⑦Ping

网络测试仪本身即是一个 IP 终端,可以对网络(IP)层进行连通性能测试,使网络管理和维护人员在大多数情况下都无须携带笔记本计算机即可对故障点进行测试以排除故障。可扩展的 Ping ICMP 连通性测试,根据用户定义信息,重复对指定 IP 地址进行连通性和可靠性测试。

⑧数据管理

数据管理通常是一个附加功能,用来查看管理工作记录和情况。

多功能网络测试仪的典型产品有 Fluke Link Runner Pro 和 NTOOLER nLink – Ex 网络测试仪。

(2)软件工具

Windows 自带了一些常用的网络测试命令,可以用于网络的连通性测试、配置参数测试和协议配置、路由跟踪测试等。常用的命令有 ping、ipconfig、tracert、PathPing、netstat 等几种。这几个命令的使用比较简单,如果需要查看帮助信息可以直接在窗口输入命令符或命令符/?。

商业化的测试软件基本上都自带了网络管理系统,典型的有 Cisco works for windows 和 Fluke Network lnspector。

第 10 章　无线局域网 WLAN

1.无线局域网具有哪些优点和缺点?

(1)无线局域网的优点

①灵活性和移动性

在有线网络中,网络设备的安放位置受网络位置的限制,而无线局域网在无线信号覆盖区域内的任何一个位置都可以接入网络。无线局域网另一个最大的优点在于其移动性,连接到无线局域网的用户可以移动且能同时与网络保持连接。

②安装便捷

无线局域网可以免去或最大限度地减少网络布线的工作量,一般只要安装一个或多个接入点设备,就可建立覆盖整个区域的局域网。

③易于进行网络规划和调整

对于有线网络来说,办公地点或网络拓扑的改变通常意味着重新建网。重新布线是一个昂贵、费时、浪费和琐碎的过程,无线局域网可以避免或减少以上情况的发生。

④故障定位容易

有线网络一旦出现物理故障,尤其是由于线路连接不良而造成的网络中断,往往很难查明,而且检修线路需要付出很大的代价。无线网络则很容易定位故障,只需更换故障设备即可恢复网络连接。

⑤易于扩展

无线局域网有多种配置方式,可以很快从只有几个用户的小型局域网扩展到上千用户的大型网络,并且能够提供节点间"漫游"等有线网络无法实现的特性。

(2)无线局域网的缺点

无线局域网在能够给网络用户带来便捷和实用的同时,也存在着一些缺陷。无线局域网的不足之处体现在以下几个方面:

①性能

无线局域网是依靠无线电波进行传输的。这些电波通过无线发射装置进行发射,而建筑物、车辆、树木和其他障碍物都可能阻碍电磁波的传输,所以会影响网络的性能。

②速率

无线信道的传输速率与有线信道的传输速率相比要低得多。目前,无线局域网的最大传输速率为 54 Mbit/s,只适合于个人终端和小规模网络应用。

③安全性

无线电波不要求建立物理的连接通道,无线信号是发散的。从理论上讲,很容易监听到无线电波广播范围内的任何信号,造成通信信息泄露。

2.无线网络有哪些接入技术?

(1) GSM 接入技术;

(2) CDMA 接入技术;

(3) GPRS 接入技术;

(4) CDPD 接入技术;

(5) 固定宽带无线接入(MMDS/LMDS)技术;

(6) DBS 卫星接入技术;

(7) 蓝牙技术;

(8) HomeRF 技术;

(9) WCDMA 接入技术;

(10) 3G 通信技术;

(11) 无线局域网;

(12) 无线光接入系统(FSO)。

3.组建无线局域网需要哪些设备?

无线工作站(STA)、无线接入点(AP)、无线控制器(AC)及无线网桥等设备。

4.无线局域网有哪些组网方式?

(1)Ad – Hoc 模式;

(2)Infrastructure 模式(基础架构模式);

(3)无线漫游网络;

(4)无线桥接模式。

5.何为"胖"AP 模式?

"胖"AP 模式中,整个网络是由有线网部分和以 AP 为中心的无线网区域部分构成,在无线区域里每一个 AP 都要承担对自己的额覆盖区域范围内的所有 STA 的管理。整个无线网络部分的物理层、用户数据处理、安全认证、无线网络的管理及漫游功能等都需要有 AP

设备来承担。在这里,AP 需要完成所有的传输、控制和管理功能,处理功能复杂,所以被称为"胖"AP。

6. 当前无线网络面临哪些安全问题?

(1)由于无线路由器的 DNS 设置被暴力篡改,导致用户在浏览网页过程中出现非法弹窗,或者是进入钓鱼网站。

(2)由于公共场所无线网络的开放性,导致黑客对连接该无线网络的用户进行监听,用户信息因此泄露。

(3)无线网络密码设置过于简单,黑客可以采用多种技术手段在短时间内破解密码,使网络风险增加。

(4)无线网络的信号受外部电磁环境影响较大,不法分子可以利用信号干扰无线网络的稳定性,甚至影响无线路由器的正常工作。

7. 无线网络安全有哪些防范措施?

(1)对无线路由器的 SSID 进行设置;

(2)启动无线路由器中的 MAC 地址过滤功能;

(3)更改无线路由器的初始帐号与密码;

(4)选择正确的无线路由器网络加密模式;

(5)关闭无线路由器的 WPS 功能;

(6)公共无线网络应采用 802.1x 技术控制外部终端接入。

参 考 文 献

[1] 钟娅,王彬. 计算机网络与应用教程[M]. 成都:电子科技大学出版社,2016.

[2] 谢希仁. 计算机网络[M]. 7 版. 北京:电子工业出版社,2017.

[3] 邓世昆. 计算机网络[M]. 北京:北京理工大学出版社,2018.

[4] 严体华,张武军. 网络管理员教程[M]. 5 版. 北京:清华大学出版社,2017.

[5] 仝军,赵治,田洪生. 计算机网络基础[M]. 北京:北京理工大学出版社,2018.

[6] 龙根炳. 计算机网络技术及应用[M]. 北京:北京理工大学出版社,2017.

[7] 吴阳波,廖发孝. 计算机网络原理与应用[M]. 北京:北京理工大学出版社,2017.

[8] 王巍. 计算机网络技术[M]. 北京:北京理工大学出版社,2016.

[9] 徐劲松. 计算机网络应用技术[M]. 北京:北京邮电大学出版社,2015.

[10] 特南鲍姆,韦瑟罗尔. 计算机网络[M]. 5 版. 严伟,潘爱民,译. 北京:清华大学出版社,2012.

《计算机网络与应用》考试大纲

一、课程性质与设置目的

1. 课程性质、地位与任务

本书重点阐述计算机网络原理和技术,深入浅出、易学易用、注重能力,对易混淆的地方和实用性较强的内容进行了重点提示和讲解,有助于提高学生的综合应用水平及实践能力。本书已成为计算机、电子、通信等专业的重要课程之一。

一个从事计算机科学技术的工作者,当他掌握了计算机网络与应用的知识,将有利于他利用计算机网络开展相关应用。

2. 课程基本要求

计算机网络与应用是计算机专业及非计算机专业学生可以同时使用的基础课程,尤其是针对应用型本科、高职高专学生学习、自学考试。通过本课程的学习,要求应考者:

（1）掌握计算机的基础网络连接方法;

（2）掌握计算机网络在运行中的安全问题;

（3）掌握网络在实际工作中的应用、注意事项及安装方法等。

3. 本课程与有关课程的联系

计算机网络与应用作为计算机技术的课程之一,先修课程为计算机文化基础、计算机组成原理;其他相关课程如计算机网络维护技术、计算机系统结构、计算机系统导论及计算机网络安全等。

二、课程内容与考核目标

第1章　计算机网络概述

1. 课程内容

（1）认识计算机网络

（2）计算机网络的产生和发展

（3）计算机网络的组成

（4）计算机网络的功能

（5）计算机网络的分类

（6）网络标准化组织

2. 学习目的与要求

认识计算机网络,了解计算机网络的产生与发展过程,进一步讲解计算机网络的组成、分类及功能。

重点:使学生掌握计算机网络根据不同的指标所属的不同分类。

3.考核知识点与考核要求

(1)认识计算机网络,要求达到理解层次。

(2)计算机网络的产生与发展,要求达到理解层次。

(3)计算机网络的组成,要求达到理解层次。

(4)计算机网络的功能,要求达到理解层次。

(5)计算机网络的分类,要求达到领会层次。

(6)网络标准化组织,要求达到理解层次。

第2章 数据通信基础

1.课程内容

(1)数据通信基本概念

(2)通信信道的分类

(3)数据通信系统的主要技术指标

(4)并行和串行通信

(5)数据传输的同步技术

(6)数据通信的方向

(7)信号的传输方式

(8)信道多路复用技术

(9)数据交换技术

(10)传输介质

2.学习目的与要求

了解计算机网络通信的基本概念、指标等相关知识。熟练掌握并行和串行通信的数据传输技术及数据交换所使用的介质等。

重点:数据通信系统的主要技术指标,通信信道的分类及传输介质要求。

3.考核知识点与考核要求

(1)数据通信基本概念,要求达到理解层次。

(2)通信信道的分类,要求达到理解层次。

(3)数据通信系统的主要技术指标,要求达到理解层次。

(4)并行和串行通信,要求达到理解层次。

(5)数据传输的同步技术,要求达到领会层次。

(6)数据通信的方向,要求达到领会层次。

(7)信号的传输方式,要求达到领会层次。

(8)信道多路复用技术,要求达到领会层次。

(9)数据交换技术,要求达到领会层次。

(10)传输介质,要求达到领会层次。

第3章 网络的体系结构和协议

1. 课程内容

（1）计算机网络的体系结构

（2）ISO/OSI 参考模型

（3）TCP/IP 参考模型

（4）两种分层结构的比较

（5）网络协议

（6）IP 地址与子网掩码

2. 学习目的与要求

通过本章学习应该熟练掌握网络协议、IP 地址与子网掩码等知识。

重点：网络协议、IP 地址分配与子网掩码。

3. 考核知识点与考核要求

（1）计算机网络的体系结构，要求达到理解层次。

（2）ISO/OSI 参考模型，要求达到领会层次。

（3）TCP/IP 参考模型，要求达到领会层次。

（4）两种分层结构的比较，要求达到领会层次。

（5）网络协议，要求达到领会层次。

（6）IP 地址与子网掩码，要求达到领会层次。

第4章 局域网组网技术

1. 课程内容

（1）局域网概述

（2）局域网协议和体系结构

（3）架设局域网的硬件设备

（4）局域网主要技术

（5）虚拟局域网

2. 学习目的与要求

要求学生掌握常见的局域网拓扑结构和特点、理解 IEEE 802 标准，理解两类介质访问控制的原理、掌握主要的局域网组网设备的功能与选择、了解局域网可采用的技术、掌握虚拟局域网（VLAN）技术。

3. 考核知识点与考核要求

以太网、无线局域网互连。

第 5 章　广域网与网络互联

1. 课程内容

(1)广域网技术

(2)广域网链路的选择

(3)广域网的实施

(4)网络互联

2. 学习目的与要求

要求学生必须掌握广域网技术、广域网设备及广域网链路的选择。

重点:广域网技术、广域网的实施及网络互联。

3. 考核知识点与考核要求

(1)广域网技术,要求达到领会层次。

(2)广域网链路的选择,要求达到领会层次。

(3)广域网的实施,要求达到领会层次。

(4)网络互联,要求达到理解层次。

第 6 章　Internet 技术与 Intranet

1. 课程内容

(1)Internet 概述

(2)Internet 接入方式

(3)Internet 服务

(4)Intranet 网络

2. 学习目的与要求

要求了解 Internet 的相关知识。

重点:熟练掌握 Internet 接入方式及其所带来的服务,掌握 Intranet 网络。

3. 考核知识点与考核要求

(1)Internet 概述,要求达到领会层次。

(2)Internet 接入方式,要求达到领会层次。

(3)Internet 服务,要求达到理解层次。

(4)Intranet 网络,要求达到领会层次。

第 7 章　Internet 应用

1. 课程内容

(1)浏览 WWW

（2）信息查询与搜索引擎

（3）电子邮件

（4）文件传输协议

（5）电子商务

（6）其他 Internet 应用

2. 学习目的与要求

要求了解 WWW 的基础知识、搜索引擎的相关技术、电子邮件的工作原理和相关协议、文件传输协议的相关知识、电子商务的相关知识和另外 3 种 Internet 的应用。

重点：掌握万维网的基本概念，了解信息查询与搜索引擎的相关技术。

3. 考核知识点与考核要求

（1）浏览 WWW，要求达到领会层次。

（2）搜索引擎，要求达到领会层次。

（3）电子邮件，要求达到领会层次。

（4）文件传输协议，要求达到领会层次。

（5）电子商务与电子政务，要求达到理解层次。

（6）其他 Internet 应用，要求达到理解层次。

第 8 章　网络操作系统

1. 课程内容

（1）操作系统及网络操作系统概述

（2）Windows 系列操作系统

（3）UNIX 操作系统

（4）Linux 操作系统

（5）Mac OS X 操作系统

2. 学习目的与要求

要求了解操作系统的地位、功能和特征，网络操作系统的概念，掌握 Windows 系列的操作系统、UNIX 操作系统、Linux 操作系统和 Mac OS 操作系统等几种典型的网络操作系统提供的服务。

3. 考核知识点与考核要求

（1）操作系统及网络操作系统概述，要求达到理解层次。

（2）Windows 系列、UNIX、Linux 和 Mac OS X 操作系统，要求达到理解层次。

第 9 章　网络管理与网络安全

1. 课程内容

（1）网络安全概述

（2）数据加密技术

（3）密钥分配与管理

（4）防火墙技术

（5）入侵检测技术

（6）网络管理

（7）简单网络管理协议 SNMP

（8）网络故障排除

2.学习目的与要求

了解计算机网络安全的含义、计算机网络攻击的特点、计算机网络中的安全缺陷及产生的原因、网络攻击及其防护技术、防御措施；了解数据加密技术、数据加密标准、数字签名技术；了解密钥分配的基本方法、对称密钥分配方案、非对称密钥分配方案和报文鉴别；了解防火墙技术概述、包过滤防火墙、代理型防火墙和防火墙的系统结构；理解解入侵检测系统、入侵检测系统的分类、入侵检测系统部署；了解网络管理的概念、网络管理的功能、SNMP 的管理模型、SNMP 通信报文、SNMP 的安全机制、管理信息标准和 SNMPv2；理解网络故障的分类、网络故障的检测和网络故障的排除。

3.考核知识点与考核要求

（1）网络安全相关知识，要求达到领会层次。

（2）数据加密技术、入侵检测和密钥分配，要求达到领会层次。

（3）网络管理和简单网络管理协议，要求达到领会层次。

（4）网络故障排除，要求达到理解层次。

第 10 章 无线局域网 WLAN

1.课程内容

（1）WLAN 基础

（2）无线网络的接入技术概述

（3）WLAN 组网方式

（4）无线网络安全

（5）无线局域网类型

（6）无线局域网的组成

（7）组建无线局域网

（8）无线局域网的媒体访问控制

2.学习目的与要求

了解 WLAN 的定义、无线局域网目的、无线局域网的优缺点、无线网络的接入技术概述、WLAN 组网方式、WLAN 相关设备掌握无线局域网的组网方式，分清"胖"AP 模式和"瘦"AP 模式，以及 AP + AC 的三种连接模式；掌握大规模 WALN 组网方法；了解无线网络安全相关知识、当前无线网络所面临的安全问题和无线网络安全的防范措施；无线局域网类型、无线局域网的组成，如何组建无线局域网及无线局域网的媒体访问控制方法。

3.考核知识点与考核要求

（1）WLAN 基础，要求达到理解层次。

（2）无线网络安全，要求达到理解层次。

（3）无线网络的组成及组网技术，要求达到理解层次。

三、有关说明与实施要求

1. 自学考试大纲的目的和作用

本课程的自学考试大纲按照计算机及应用专业（独立本科段）自学考试计划的要求，结合自学考试的特点而确定。其目的是对个人自学、社会助学和课程考试命题进行指导和规定。

本课程的自学考试大纲明确了课程学习的内容及深广度，规定了课程自学考试的范围和标准。因此，它是编写自学考试教材和辅导书的依据，是社会助学组织进行自学辅导的依据，是自学者学习教材、掌握课程内容知识范围和程度的依据，也是进行自学考试命题的依据。

2. 课程自学考试大纲与教材的关系

本课程的自学考试大纲是考生进行学习和备考的依据。教材是学习掌握课程知识的基本内容和范围，教材的内容是大纲所规定的课程知识和内容的扩展与发挥。

3. 自学教材

选用由哈尔滨工程大学出版社出版的，石敏主编的《计算机网络与应用》。

4. 自学要求和学习方法指导

本大纲的课程基本要求是依据专业考试计划和专业培养目标而确定的。课程基本要求明确了课程的基本内容，以及对基本内容掌握的程度。基本要求中的知识点构成了课程内容的主体部分。因此，课程基本内容掌握程度和课程考核的知识点是高等教育自学考试考核的主要内容。

本课程是计算机及应用专业（独立本科段）的专业课程，学分为 $4+1$（实验），课程自学时间预计为 318 h，学习时间分配建议如下：

章	课程内容	自学时间/h
1	计算机网络概述	14
2	数据通信基础	18
3	网络的体系结构	46
4	局域网技术	40
5	广域网与网络互联	44
6	Internet 技术与 Intranet	36
7	网络操作系统	40
8	网络操作系统	20
9	网络管理与网络安全	32
10	无线局域网 WLAN	28

附录 题型举例

一、填空题(每空 2 分,共 32 分)

1. 计算机网络按照规模可以分为_____、_____和_____。

2. 网络互联的类型一般可以分成 4 种,分别是_____、_____、_____和_____。

3. 路由器的路由可以分为_____和_____两类。

4. 广域网的基本结构可分为资源子网和_____两部分。

5. 按照信号方向与时间关系,数据通信可分为单工通信、半双工通信和_____ 3 种。

6. 从目前发展情况来看,局域网可分为共享介质局域网和_____两类。

7. 决定局域网性能的主要技术要素是网络拓扑、传输介质和_____ 3 方面。

8. 调制解调器中把数字信号转换成模拟信号的过程称为_____。

9. _____属于高层网络互连设备。

10. IP 地址能够唯一地确定 Internet 上每台计算机的_____。

二、选择题(每题 2 分,共 30 分)

1. 计算机网络发展过程中,( )对计算机网络的形成与发展影响最大。
   A. ARPANET   B. OCYOPUS   C. DATAPAC   D. Newhall

2. 目前实际存在与使用的广域网基本都是采用( )拓扑。
   A. 网状   B. 环型   C. 星型   D. 总线型

3. 计算机网络分为广域网、城域网、局域网,其划分的主要依据是网络的( )。
   A. 拓扑结构   B. 控制方式   C. 作用范围   D. 传输介质

4. 两台计算机利用电话线路传输数据信号时需要的设备是( )
   A. 调制解调器   B. 网卡   C. 中继器   D. 集线器

5. 域控制器的安装可以通过( )来完成。
   A. mmc   B. cmd   C. netstat   D. dcpromo

6. 网络管理信息系统的分析设计以( )。
   A. 功能模块设计为中心   B. 数据分析为中心
   C. 系统拓扑结构设计为中心   D. 系统规模分析为中心

7. 在 OSI 参考模型中,( )处于模型的最底层。
   A. 传输层   B. 网络层   C. 数据链路层   D. 物理层

8. 在 OSI 参考模型中,( )处于模型的最底层。
   A. 传输层   B. 网络层   C. 数据链路层   D. 物理层

9. 交换式局域网的核心设备是( )。
   A. 中继器   B. 局域网交换机   C. 聚线器   D. 路由器

10. 10BASE－T 标准规定连接节点与集线器的非屏蔽双绞线的距离最长为( )。
    A. 50 m   B. 500 m   C. 100 m   D. 185 m

11. 我们常说的"Novell 网"是指采用( )操作系统的局域网系统。
    A. UNIX   B. NetWare   C. Linux   D. Windows NT

12. 在各种 NetWare 网络用户中,( )对网络的运行状态与系统安全性负有重要的责任。

A. 网络管理员　　　　B. 普通网络用户　　　　C. 组管理员　　　　D. 网络操作员

13. Internet 的通信协议是(　　　)。

A. TCP/IP　　　　B. OSI/IOS　　　　C. NETBEUI　　　　D. NWLINK

14. 把计算机网络分为有线网和无线网的主要分类依据是(　　　)。

A. 网络成本　　　　B. 网络的物理位置　　　C. 网络的传输介质　　　D. 网络的拓扑结构

15. 在数据通信中,通信的方式按照数据的流向可以分为(　　　)。

A. 并行通信和串行通信　　　　　　　　B. 半双工通信和全双工通信

C. 单工通信和全双工通信　　　　　　　D. 单工通信、半双工通信和全双工通信

16. www. nankai. edu. cn 不是 IP 地址,而是(　　　)。

A. 硬件编号　　　　B. 域名　　　　C. 密码　　　　D. 软件编号

17. WWW 浏览器是用来浏览 Internet 上主页的(　　　)。

A. 数据　　　　B. 信息　　　　C. 硬件　　　　D. 软件

18. elle@ nankai. edu. cn 是一种典型的用户(　　　)。

A. 数据　　　　B. 硬件地址　　　　C. 电子邮件地址　　　　D. WWW 地址

19. 我们将文件从客户机传输到 FTP 服务器的过程称为(　　　)。

A. 下载　　　　B. 浏览　　　　C. 上传　　　　D. 邮寄

20. 在 Internet 上,实现文件传输的协议是什么?(　　　)

A. htpp　　　　B. ftp　　　　C. www　　　　D. hypertext

三、判断题(每题 1 分,共 15 分)

1. 在 ftp 服务器端有 2 个端口,分别为 21 和 20。　　　　　　　　　　(　　　)

2. 通过 netstat – r 命令可以显示计算机中每个协议的使用状态。　　　(　　　)

3. DNS 在活动目录可以作为定位服务,它扩展了 DNS 的功能。　　　(　　　)

4. 网络管理可以分为 5 个功能域,分别为故障管理、配置管理、计费管理、规划管理和安全管理。　　　　　　　　　　　　　　　　　　　　　　　　　　　　(　　　)

5. 防火墙通常指设置在不同网络或者网络安全域之间的一系列的部件的组合。　(　　　)

6. 如果互连的局域网高层采用不同的协议,这时用普通的路由器就能实现网络的互连。　　　　　　　　　　　　　　　　　　　　　　　　　　　　　　(　　　)

7. 多协议路由器是一种在高层实现网络互连的设备。　　　　　　　　(　　　)

8. 在使用粗缆组建以太网时,需要使用带 BNC 接口的以太网卡、BNC、T 型连接器与粗同轴电缆。　　　　　　　　　　　　　　　　　　　　　　　　　(　　　)

9. 交换式局域网的基本拓扑结构可以是星型的,也可以是总线型的。　(　　　)

10. 在数据传输中,多模光纤的性能要优于单模光纤。　　　　　　　　(　　　)

11. 在线路交换、数据报与虚电路方式中,都要经过线路建立、数据传输与线路拆除这 3 个阶段。　　　　　　　　　　　　　　　　　　　　　　　　　　　(　　　)

12. 第 3 层交换技术也称 IP 交换技术。　　　　　　　　　　　　　　(　　　)

13. 统一资源定位器的英文缩写为 http。　　　　　　　　　　　　　(　　　)

14. 网桥可以用来连接两个以太网络,并且这两个网络可以使用不同的网络通信协议。　　　　　　　　　　　　　　　　　　　　　　　　　　　　　　(　　　)

15. 10. 1. 1. 255 是一个广播地址。　　　　　　　　　　　　　　　(　　　)

四、简答题（共23分）

1. 简述调制与解调。（8分）

2. 简述计算机局域网软、硬件的基本组成。（9分）

3. 简述 TCP 协议和 UDP 协议的特点。（6分）